工科の
電磁気学

生駒英明・小越澄雄・村田雄司 共著

培風館

まえがき

電磁気学は物理学のなかの一つの学問としてきわめて美しい体系にまとめられているが，同時に工学や技術の面から見てたいへん有用な学問でもあり，理学や工学のどの分野においても重要な基礎的な科目であることはいうまでもない。しかし，他の科目，例えば力学や電気回路理論などと比較すると，その内容がかなり抽象的であるために難解な科目とされている。これは電界や磁界あるいは電位といった概念がなかなか目で見えるように理解できないためであると考えられる。とくに工学系の学生諸君には抽象概念がどうも苦手であるという人が多いように見受けられる。しかも電磁気学という科目はどの大学でも1，2年という低学年のときに学習するようなカリキュラムになっているのが普通のようであり，この事実もまた電磁気学の深い理解をなかなか難しくしている要因の一つではないかと思われる。

筆者らは東京理科大学において長年にわたって電磁気学の講義を行ってきたものであるが，その間このいささか難解な科目をいかに分かりやすく説明するかということに腐心してきた。この教科書はそのときの経験に基づいて工学系の学生諸君にも分かりやすいように書いたものである。そのため，可能な限り，抽象的な記述や複雑な数学は避け，具体的に(目にみえるように)記述するようにした。またあまり数学的な厳密さにはこだわらず，理解しやすい書き方を心掛けた。しかし基本的な概念や法則はやはり極めて重要であるので(やや抽象的でも)すべて網羅している。また具体例に則した例題とその解答をできるだけ多く掲載してある。これは一見，抽象的に見える諸法則や公式が決して抽象的なものではなく，実際例に応用できるものであることを理解してもらいたいためである。また文章での説明内容の理解を助けるため，図面を紙数の許す限り，多数用いて記述した。さらに演習問題をできるだけ多く掲載し，その解答もなるべく詳しく記述してある。これはこの教科書が同時に演習の教科書としても使用できるようにとの意図からである。また上記のような本書の特徴からして，本書が学生諸君が参考書として自分で勉強する場合にも有効な参考書となり得ると考えている。

なお本書の標題は「工科の電磁気学」となっているが，理学系の学生諸君にも基礎的な知識の習得のためには十分な内容を網羅しており，役に立ち得るものと考えている。さらに学生諸君のみならず，企業において職務の必要上，また電磁気学を勉強し直そうという技術者の方々にも十分お役に立てるものと思われる。本書が読者の方々に少しでもお役に立てれば幸いである。

なお本書の出版にいろいろご尽力頂いた(株)培風館の村山高志氏，石黒俊雄氏に感謝の意を表します。

2000 年 1 月

著　者

目　　次

1 電荷と静電界

電荷の間に作用する電気力はクーロンによって詳しく研究されたが，そのあとで「電界」を考えることによってさらに理解しやすくなる。この章では，電界の概念を理解し，いろいろな場合について電界を求める計算を行う。さらに電界の発想から生まれる電位の概念を学ぶ。概念の理解と計算力をつけることは当然必要なことであるが，それに加えて，人間が自然現象を理解する一つの考え方を理解して欲しい。

1.1 電　荷

物体が電気を帯びることを**帯電**といい，物体表面などに動かないでいる電気を**静電気**という。絶縁体を摩擦すると静電気が起こることはよく知られている。紀元前のギリシャで，哲学者の一人であったターレスは，宝石の一種であるコハクの帯電現象を記録している。彼によれば，コハクを摩擦するとほこりを吸い付けたり，また摩擦したコハク同士が反発する不思議な力を発揮するようになる。これは，コハクを摩擦したために静電気が発生した結果である。このことは後世になってわかったことであるが，ターレスの記述は静電気が発揮する力学的な現象をはじめて記録したものとされている。いわば静電気学のはじまりである。

電気という言葉は現在では広い意味に使われているが，物体の帯電などを表すのに**電荷**という言葉を使う。静電気現象は，電荷が動かないで存在する現象である。電荷量の単位は**クーロン**（[C]と書き表す）である。

電荷は電子あるいはイオンに起因するものであって，電子1個は-1.602×10^{-19}Cの電荷量を持つ。電子の電荷量の絶対値を**電気素量**（素電荷）という。ある系で電荷の出入りがなければ，電荷の代数和は常に一定である。これを**電**

荷保存則という。一方の極性の電荷がどこかに現れれば，別の場所に反対極性の電荷が現れていることになる。

絶縁体は電荷を帯びるとその電荷を永久に保ち続ける。ただしこれは理想的な絶縁体の場合であって，現実の絶縁体では長時間の間に徐々に電荷を失う。導体は電流を流す性質がある。もし導体を地面に置いておけば，導体に与えた電荷は直ちに地面に流れてしまうから帯電することはない。しかし，導体でも絶縁体の糸で吊すなどの方法で電気的に周囲から絶縁しておけば帯電させることができる。

1.2　クーロンの法則

1.2.1　点電荷間に作用する力

静電気を帯びた物体の間には電気力(静電気力，クーロン力ともいう)が作用する。この電気力は**クーロンの法則**によって定量的に表される。クーロン(1722～1806，フランスの物理学者，土木工学者)は，秤を用いて当時としては極めて正密な測定を行い，1785 年にこの法則を発見した。

電荷を持った極めて小さい物体，正確には大きさをもたない電荷を**点電荷**という。本書では，q[C]の電荷量を持つ点電荷を，「点電荷 q」というように表現する場合もあるので，断っておく。いま，q_1 および q_2[C]に帯電した 2 つの点電荷が r_{12}[m]離れて存在するとき，クーロンの法則は次の式で表現される(図 1.1)。

$$F=k\frac{q_1q_2}{{r_{12}}^2}=\frac{1}{4\pi\varepsilon_0}\cdot\frac{q_1q_2}{{r_{12}}^2}\quad[\mathrm{N}] \tag{1.1}$$

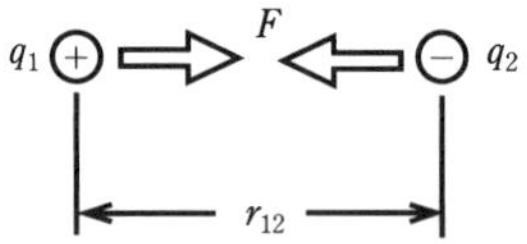

図 1.1　クーロンの法則

ここで，F は力，k および ε_0 は式の左右の単位を合わせるための定数である。ε_0 は真空の誘電率と呼ばれ，

$$\varepsilon_0=8.854\times10^{-12}\quad[\mathrm{F/m}] \tag{1.2}$$

の値を有する。この単位の意味は後でわかる。また，

$$k=1/4\pi\varepsilon_0=8.988\times10^{9}\quad[\mathrm{m/F}] \tag{1.3}$$

である。これらの定数は，単位としてSI単位系を用いた場合の値であり，異なった単位系ではその値も異なる。過去に広く用いられていたcgsesu(cgs静電単位系)では，rにcmを，Fにdyneを，qにesuの単位(静電単位)を用い，kは1になる。

式(1.1)で力Fはq_1とq_2の符号が等しいときは反発力に，異なるときは吸引力になる。すなわち，

$$\left.\begin{array}{l} F>0 \;:\; \text{斥力} \\ F<0 \;:\; \text{引力} \end{array}\right\} \tag{1.4}$$

である。

【例題1.1】　電子2個が1nm離れて存在するとき，両者の間に作用する電気力を求めよ。n(ナノ)は10^{-9}を示す。

(解)　電子の持つ電荷は$e=-1.602\times10^{-19}$Cであるから，作用する力をFとすると，

$$F=\frac{(-1.602\times10^{-19})^2}{4\times3.14\times(8.854\times10^{-12})\times(1\times10^{-9})^2}=2.30\times10^{-10}\quad \mathrm{N}$$

力は強さだけでなく方向があり，本来ベクトルで表される(図1.2)。電荷量q_1[C]の点電荷が電荷量q_2[C]の点電荷に及ぼす電気力は，

$$\begin{aligned}\boldsymbol{F}_{12}&=\frac{1}{4\pi\varepsilon_0}\cdot\frac{q_1q_2}{r_{12}{}^2}\cdot\frac{\boldsymbol{r}_{12}}{r_{12}}\\&=\frac{1}{4\pi\varepsilon_0}\cdot\frac{q_1q_2}{r_{12}{}^2}\cdot\boldsymbol{i}_{12}\quad[\mathrm{N}]\end{aligned} \tag{1.5}$$

ここに，$\boldsymbol{r}_{12}$はq_1からq_2に向かうベクトル，$\boldsymbol{i}_{12}$はq_1からq_2に向かう単位ベクトル(長さ1のベクトル)である。

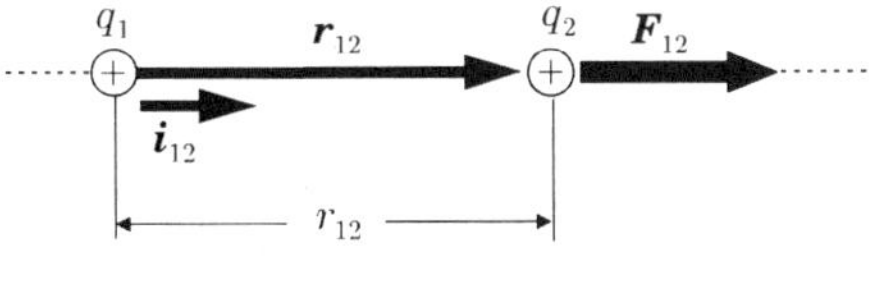

図 1.2　クーロンの法則：ベクトルで力を表す

1.2.2　多数の電荷による電気力

点電荷が幾つもあるとき，一つの点電荷に作用する電気力は，各点電荷の作用力の合成になる(図1.3)。これは力学的な力の合成と同じである。したがって，電荷量$q_1, q_2, \cdots, q_n$の点電荷が存在するとき，点電荷q_0に作用する電気

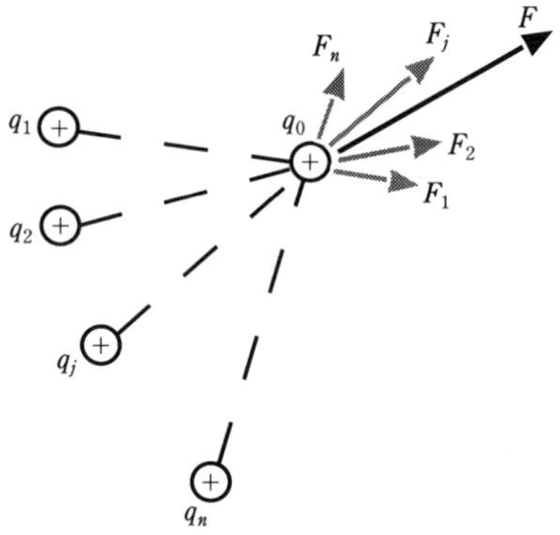

図 1.3 複数電荷によるクーロン力

力 $\boldsymbol{F}$ は,

$$\boldsymbol{F}=\sum_{i=1}^{n}\frac{1}{4\pi\varepsilon_0}\cdot\frac{q_0q_i}{r_i^2}\cdot\boldsymbol{i}_i \tag{1.6}$$

で表される。ここで r_i は q_0 と q_i の間の距離, $\boldsymbol{i}_i$ は q_i から q_0 に向かう単位ベクトルである。

1.3 電 界

1.3.1 電界の考え方

クーロンの法則は, 電荷の間に作用する電気力を, 電荷相互間に働く力としてとらえている。しかし現在では, この電気力を「電界」の作用として説明している。

電荷があるとその周りの空間は特殊な状態になる。その空間に別の電荷を持ってくるとその電荷に電気力が作用する。このような状態を**電界**ができているという(図 1.4)。特に, 電荷の量と配置が変化しない状態での電界を**静電界**という。

電荷量 q[C]の点電荷が電荷量 q'[C]の点電荷に作用する電気力 $\boldsymbol{F}$[N]は, q の作り出す電界が q' に作用する力と考える。qq' の間の距離を r[m]とすると, $q\to q'$ の方向の単位ベクトルを $\boldsymbol{i}_r$ として,

$$\begin{aligned}\boldsymbol{F}&=\frac{1}{4\pi\varepsilon_0}\cdot\frac{qq'}{r^2}\cdot\boldsymbol{i}_r=\frac{1}{4\pi\varepsilon_0}\cdot\frac{q}{r^2}\cdot\boldsymbol{i}_r\cdot q'\\&=\boldsymbol{E}q'\quad[\mathrm{N}]\end{aligned} \tag{1.7}$$

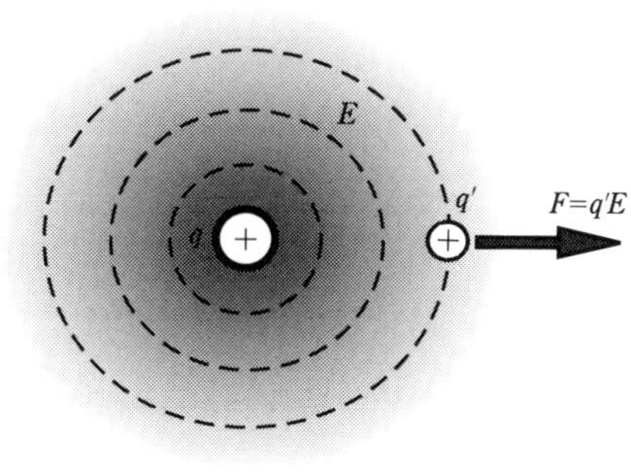

図 1.4 電界の概念

ここに,

$$\boldsymbol{E}=\frac{1}{4\pi\varepsilon_0}\cdot\frac{q}{r^2}\cdot\boldsymbol{i}_r \quad [\mathrm{V/m}] \tag{1.8}$$

この(1.8)式で与えられる $\boldsymbol{E}$ が,電荷量 q[C]の点電荷が作り出す電界である。電界の単位は,(1.7)式から逆算すれば[N/C]となるが,(1.8)式に示すように[V/m]が使われている。単位に書かれているVは電圧の単位の[V](ボルト)である。

話を一般化するためにここで q' をあらためて q とおき,任意の電界 $\boldsymbol{E}$ の中に q[C]の点電荷がある場合を考えるとこれに作用する力 $\boldsymbol{F}$ は,

$$\boldsymbol{F}=q\boldsymbol{E} \quad [\mathrm{N}] \tag{1.9}$$

であり,これを電界について書き直すと,電界は

$$\boldsymbol{E}=\boldsymbol{F}/q \quad [\mathrm{V/m}] \tag{1.10}$$

で与えられることがわかる。すなわち電界は単位正電荷($q=1$ C の電荷)に作用する電気力である。式(1.10)は電界の定義を与える式になる。しかし,帯電体を電界中に持って行くとき,この電荷によって電界が変化してしまう場合が考えられるため,厳密には(1.10)式ではなく,一般に次の式を使う。

$$\boldsymbol{E}=\lim_{\Delta q\to 0}\frac{\Delta\boldsymbol{F}}{\Delta q} \quad [\mathrm{V/m}] \tag{1.11}$$

この式は,電界中に持ってくる電荷の量を無限小にし,電界を変化させることのない状態で,単位電荷当たりに作用する電気力を電界とすることを意味している。

1.3.2　電界の座標成分による表示

電界 $\boldsymbol{E}$ はベクトルであるから，その x，y，z 軸の成分 E_x，E_y，E_z によって次のように表される。

$$\boldsymbol{E}=(E_x, E_y, E_z)=\boldsymbol{i}_xE_x+\boldsymbol{i}_yE_y+\boldsymbol{i}_zE_z \quad [\mathrm{V/m}] \tag{1.12}$$

座標の点 $\mathrm{P}_1(x_1, y_1, z_1)$ に電荷量 q_1[C]の点電荷があるとする。P 点(x, y, z)での電界を求めてみよう（図 1.5）。PP_1 間の距離 r は

$$r=\sqrt{(x-x_1)^2+(y-y_1)^2+(z-z_1)^2} \tag{1.13}$$

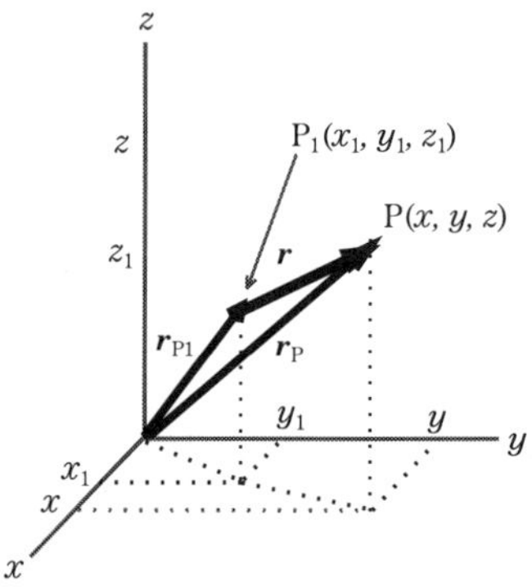

図 1.5　電界の xyz 成分表示

であるから，電界の各座標成分は，

$$E_x=\frac{1}{4\pi\varepsilon_0}\cdot\frac{q_1}{r^2}\cdot\frac{x-x_1}{r}$$

$$=\frac{1}{4\pi\varepsilon_0}\cdot\frac{q_1(x-x_1)}{\{(x-x_1)^2+(y-y_1)^2+(z-z_1)^2\}^{3/2}} \quad [\mathrm{V/m}] \tag{1.14 a}$$

同様に，

$$E_y=\frac{1}{4\pi\varepsilon_0}\cdot\frac{q_1(y-y_1)}{\{(x-x_1)^2+(y-y_1)^2+(z-z_1)^2\}^{3/2}} \quad [\mathrm{V/m}] \tag{1.14 b}$$

$$E_z=\frac{1}{4\pi\varepsilon_0}\cdot\frac{q_1(z-z_1)}{\{(x-x_1)^2+(y-y_1)^2+(z-z_1)^2\}^{3/2}} \quad [\mathrm{V/m}] \tag{1.14 c}$$

となる。

【例題 1.2】　xyz 座標で点(2, 1, 3) m に電荷量 $q=3.14\times10^{-5}$C の点電荷がある。点(5, 3, 4) m での電界を求めよ。

（解）　(1.14)式にしたがって計算すればよい。

$$r=\sqrt{(5-2)^2+(3-1)^2+(4-3)^2}=\sqrt{14}$$

$$E_x=\frac{3.14\times10^{-5}}{4\times3.14\times8.854\times10^{-12}}\cdot\frac{5-2}{14^{3/2}}=1.62\times10^4 \quad \mathrm{V/m}$$

同様にして,

$$E_y=1.08\times10^4 \quad \mathrm{V/m}$$

$$E_z=0.54\times10^4 \quad \mathrm{V/m}$$

$$\therefore \quad E=\sqrt{1.62^2+1.08^2+0.54^2}\times10^4=2.02\times10^4 \quad \mathrm{V/m}$$

$$\boldsymbol{E}=(1.62\boldsymbol{i}_x+1.08\boldsymbol{i}_y+0.54\boldsymbol{i}_z)\times10^4 \quad \mathrm{V/m}$$

電界の x, y, z 軸との角度 α, β, γ を求めると以下のようになる。

$$\alpha=\cos^{-1}(1.62/2.02)=36.7^\circ$$

$$\beta=\cos^{-1}(1.08/2.02)=57.7^\circ$$

$$\gamma=\cos^{-1}(0.54/2.02)=74.5^\circ$$

1.3.3 複数点電荷による電界(図 1.6)

点電荷がいくつもある場合には, 電界はそれぞれの点電荷が作る電界のベクトル和になる。すなわち, $q_1, q_2, \cdots, q_n$ の点電荷がある場合, それぞれが単独に存在する場合の電界を $\boldsymbol{E}_1, \boldsymbol{E}_2, \boldsymbol{E}_3, \cdots, \boldsymbol{E}_n$ とすると, すべての電荷によって作られる電界 $\boldsymbol{E}$ は,

$$\boldsymbol{E}=\boldsymbol{E}_1+\boldsymbol{E}_2+\boldsymbol{E}_3+\cdots+\boldsymbol{E}_n \quad [\mathrm{V/m}] \tag{1.15}$$

これは, 電界に関する重ね合わせの理が成り立っているという。電荷量 q_1, $q_2, q_3, \cdots, q_n$ の点電荷がそれぞれ $\mathrm{P}_1, \mathrm{P}_2, \mathrm{P}_3, \cdots, \mathrm{P}_n$ の各点にあるとし, P_i の座標が $\mathrm{P}_i=(x_i, y_i, z_i)$ であるとすると, 点 $\mathrm{P}(x, y, z)$ での電界の成分は以下の

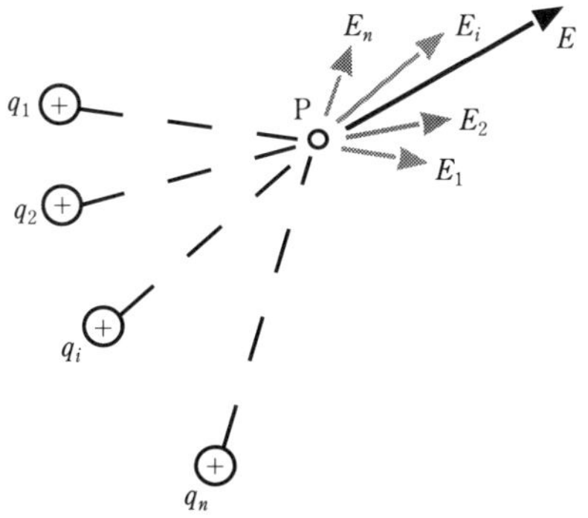

図 1.6 複数点電荷による電界

式で表される。

$$\left.\begin{aligned}E_x&=\sum\frac{1}{4\pi\varepsilon_0}\frac{q_i(x-x_i)}{\{(x-x_i)^2+(y-y_i)^2+(z-z_i)^2\}^{3/2}}\quad[\mathrm{V/m}]\\E_y&=\sum\frac{1}{4\pi\varepsilon_0}\frac{q_i(y-y_i)}{\{(x-x_i)^2+(y-y_i)^2+(z-z_i)^2\}^{3/2}}\quad[\mathrm{V/m}]\\E_z&=\sum\frac{1}{4\pi\varepsilon_0}\frac{q_i(z-z_i)}{\{(x-x_i)^2+(y-y_i)^2+(z-z_i)^2\}^{3/2}}\quad[\mathrm{V/m}]\end{aligned}\right\}\qquad(1.16)$$

1.3.4 連続分布電荷による電界

(1) 線分布電荷

糸のように細長い物体が帯電している場合，この物体は線電荷を持っているという。線電荷の帯電状態は単位長さ当たりの電荷量で表す。これを線電荷密度といい，単位は[C/m]である。

線電荷密度 λ[C/m]に帯電している線状物体 L 上の点Oを原点とし，ここからの距離 l で線上の位置を表すことにする。線電荷から離れたP点の電界を考えよう(図1.7)。

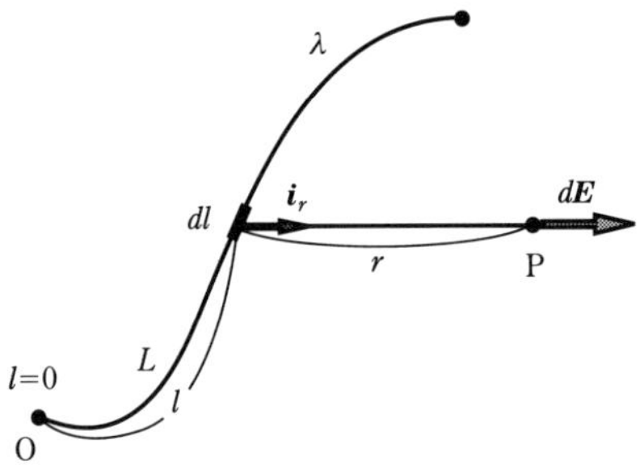

図 1.7 線分布電荷による電界

いま L 上の原点から距離 l の点で微小長さ dl をとると，この部分は

$$dq=\lambda dl\quad[\mathrm{C}]\qquad(1.17)$$

に帯電した点電荷と見なすことができる。dl 部分とP点との距離を r，dl からPへ向かう単位ベクトルを $\boldsymbol{i}_r$ とすると，dl 部分によるP点の電界は，

$$d\boldsymbol{E}=\frac{\lambda dl}{4\pi\varepsilon_0 r^2}\boldsymbol{i}_r\qquad(1.18)$$

$d\boldsymbol{E}$ を $l=0$ から l_0 まで積分すれば，長さ l_0 の帯電曲線がP点に作る電界を求めることができる。線電荷 L 全体による電界は，

$$\boldsymbol{E}=\int_L \frac{\lambda dl}{4\pi\varepsilon_0 r^2}\boldsymbol{i}_r \quad [\mathrm{V/m}] \tag{1.19}$$

積分記号に付いている L は，曲線 L 全体にわたって積分することを意味する。

（2）　面分布電荷

面が帯電している場合，帯電状態をその単位面積あたりの電荷量である面電荷密度で表す。面電荷密度の単位は[C/m²]である。帯電した面 S の作る電界を求めるには，面内の微小面積 ds の作る電界を求め，これを S 全体にわたって積分する(図1.8)。面電荷密度 σ[C/m²]に帯電している面の外部の点Pにおける ds による電界は，

$$d\boldsymbol{E}=\frac{1}{4\pi\varepsilon_0}\cdot\frac{\sigma ds}{r^2}\boldsymbol{i}_r \tag{1.20}$$

$\boldsymbol{i}_r$ は ds からP点に向かう単位ベクトルである。面 S による電界は，

$$\boldsymbol{E}=\int_S \frac{1}{4\pi\varepsilon_0}\cdot\frac{\sigma ds}{r^2}\cdot\boldsymbol{i}_r \quad [\mathrm{V/m}] \tag{1.21}$$

となる。

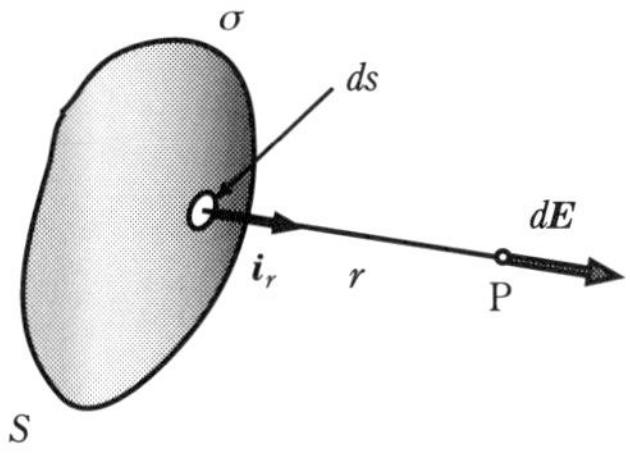

図 1.8　面分布電荷による電界

（3）　体積分布電荷

電荷が体積的に分布している場合，その帯電状態は体積電荷密度で表される。体積電荷密度の単位は[C/m³]である。帯電した体積 V の領域がP点に

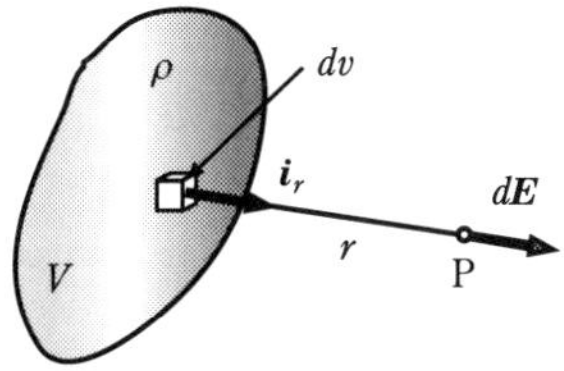

図 1.9　体積分布電荷による電界

作る電界は，線分布および面分布電荷の場合と同じように，微小体積 dv の作る電界を体積 V 全体にわたって積分することによって求められる(図 1.9)。体積電荷密度 ρ[C/m³]に帯電した体積部分による電界は，

$$\boldsymbol{E}=\int_V \frac{1}{4\pi\varepsilon_0}\cdot\frac{\rho dv}{r^2}\boldsymbol{i}_r \quad [\mathrm{V/m}] \tag{1.22}$$

【例題 1.3】　一様な線電荷密度 λ[C/m]に帯電した，無限の長さをもつ直線状帯電体 L から r[m]離れた点 P の電界を求めよ(図 1.10)。

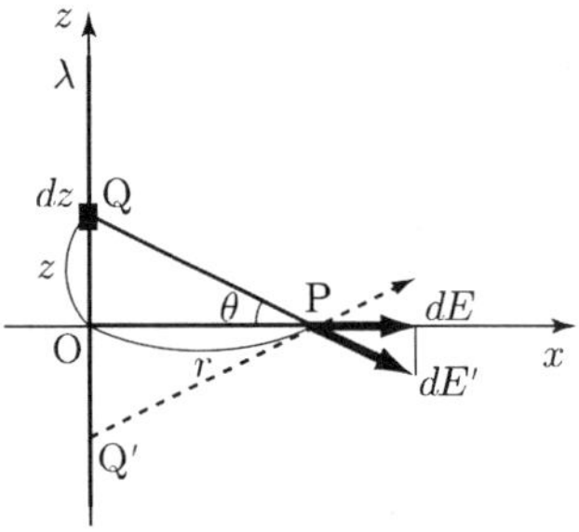

図 1.10　直線状帯電体による電界

(解)　L を z 軸上に，P を x 軸上にとる。L 上で原点から z の距離の点 Q の微小な長さ dz 部分が P 点に作る電界 dE' は，

$$dE'=\frac{1}{4\pi\varepsilon_0}\cdot\frac{\lambda}{r^2+z^2}dz \quad [\mathrm{V/m}]$$

であり，その方向は QP の延長線上を向いている。電界の方向と x 軸のなす角 θ は z の値によって変化する。しかし，L は無限の長さがあるから，点 Q がどこにあっても原点に対してこれに対する対称点 Q′ が存在し，この点での dz の長さの部分が点 P に作る電界を合わせて考えれば，電界の最終的な方向は x 軸方向となる。すなわち，電界の x 軸方向成分 dE を計算し，これを $z=-\infty$ から ∞ まで積分すれば求める答になる。

$$dE=\cos\theta\, dE'$$

$$E=\int_{-\infty}^{\infty}dE=2\int_0^{\infty}\frac{1}{4\pi\varepsilon_0}\frac{\lambda r}{(r^2+z^2)^{3/2}}dz$$

ここで，$\cos\theta=r/\sqrt{r^2+z^2}$ である。また，

$$\tan\theta=z/r$$

であるから，

$$dz=r\sec^2\theta\, d\theta$$

$$\therefore \quad E=\frac{\lambda}{2\pi\varepsilon_0 r}\int_0^{\pi/2}\cos\theta\, d\theta=\frac{\lambda}{2\pi\varepsilon_0 r}[\sin\theta]_0^{\pi/2}$$
$$=\lambda/2\pi\varepsilon_0 r \quad [\mathrm{V/m}]$$

である。

【例題 1.4】 半径 a の円板が一様な電荷密度 σ[C/m²]に帯電している。円板の中心からこれに垂直に h の距離の点 P での電界を求めよ(図 1.11)。

(解) 円板の中心を原点として，xy 面を円板の面とし，z 軸上の原点から h の距離の点を P とする。原点を中心として xy 面に半径 r $(r<a)$ および $r+dr$ の円を描き，x 軸を起点として原点から円板上で角度 θ および $\theta+d\theta$ をなす直線を引く。$ds=rd\theta dr$ の微小面積の部分を σds の電荷を持つ点電荷と同じに考え，この部分が点 P に作る電界を求める。この電界の向きは ds から P へ向かう方向であるが，幅 dr の円環上で今考えている ds 部分の原点に対する対称点があるから，この部分が作る電界も合わせて考えると，結局電界は z 軸方向になることがわかる。ds 部分が点 P に作る電界の z 軸方向成分は，$r^2+h^2=R$ とおいて，

$$dE=\frac{\sigma r d\theta dr}{4\pi\varepsilon_0 R}\cdot\frac{h}{R^{1/2}}=\frac{\sigma rh}{4\pi\varepsilon_0 R^{3/2}}d\theta dr$$

求める電界は，これを θ について一周 $(0\to 2\pi)$，r について $0\to a$ まで積分して得られる。

$$E=\int_0^{2\pi}\int_0^a\frac{\sigma hr}{4\pi\varepsilon_0 R^{3/2}}drd\theta$$
$$=\int_0^a\frac{\sigma hr}{2\varepsilon_0 R^{3/2}}dr$$

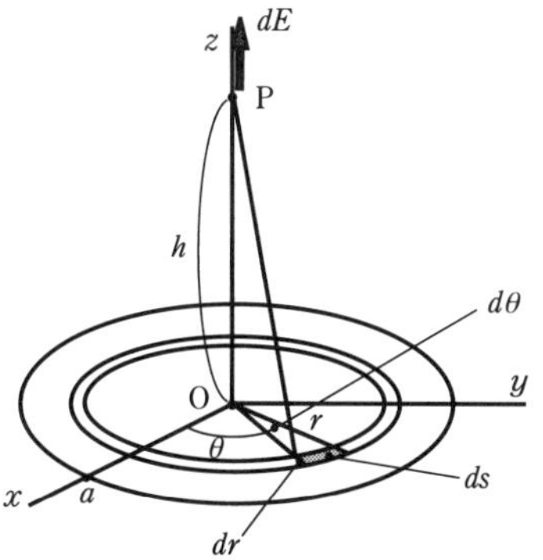

図 1.11 円板帯電体による電界

ここで,

$$dR = 2r dr$$

であるから,

$$E = \int_{R'}^{R''} \frac{\sigma h r}{2\varepsilon_0 R^{3/2}} \frac{dR}{2r} = \frac{\sigma h}{4\varepsilon_0} [-2R^{-1/2}]_{R'}^{R''} = \frac{\sigma h}{2\varepsilon_0} [-(r^2+h^2)^{-1/2}]_0^a$$

$$= \frac{\sigma}{2\varepsilon_0}\left(1 - \frac{h}{\sqrt{a^2+h^2}}\right) \quad [\mathrm{V/m}]$$

特に表面($h=0$)では，$E=\sigma/2\varepsilon_0$ になる。

1.4 電気力線

1.4.1 電気力線とその性質

電界の様子は，**電気力線**によって視覚に訴えるように描くことができる。電気力線は以下のような性質をもつ仮想曲線である。

（1） その接線方向が電界の方向を示す。

（2） 正電荷から出て負電荷に入る。

（3） 途中で枝分かれしたり，合流したりしない。

（4） 電気力線に垂直な単位面積の平面を貫く電気力線の本数がその場所の電界の強さに等しい。

まず基本的な例として，絶対値の等しい正負の電荷を持つ 2 つの点電荷が，ある距離離れている場合の電気力線を示す。図 1.12(a)の A，B 点に q[C]および $-q$[C]の点電荷があると，電気力線は図の曲線で描かれる。

図で任意の点 P に第 3 の電荷 q'(正極性の電荷)を置くと，これには q によって電気力 $\boldsymbol{F}_1$ が，$-q$ によって $\boldsymbol{F}_2$ が作用する。実際に q' に作用する電気力はこの 2 つの力の合力 $\boldsymbol{F}$ になる。$\boldsymbol{F}$ と $\boldsymbol{E}$ は方向が同じであるから，$\boldsymbol{E}$ がこの点での電気力線の接線方向になっている様子がわかるであろう。P 点を細かく動かすことによって詳細な電気力線を描くことができる。

図 1.12(b)は単独の正電荷による電気力線である。電気力線は正電荷から出て負電荷に向かうが，この場合は負電荷はどこにあるのであろうか。宇宙全体で正負の電荷は等量存在すると考えている。そこで，いま考えている空間にはこの正電荷以外に何も無いとすると，負電荷は正電荷を無限遠のかなたで取り囲む宇宙の果てに存在することになる。そのため，正電荷から出る電気力線は，この電荷を囲む宇宙の果ての負電荷に向かって放射状になるのである。反対に(c)の負電荷の場合には，宇宙の果てに存在する正電荷から負電荷に電気

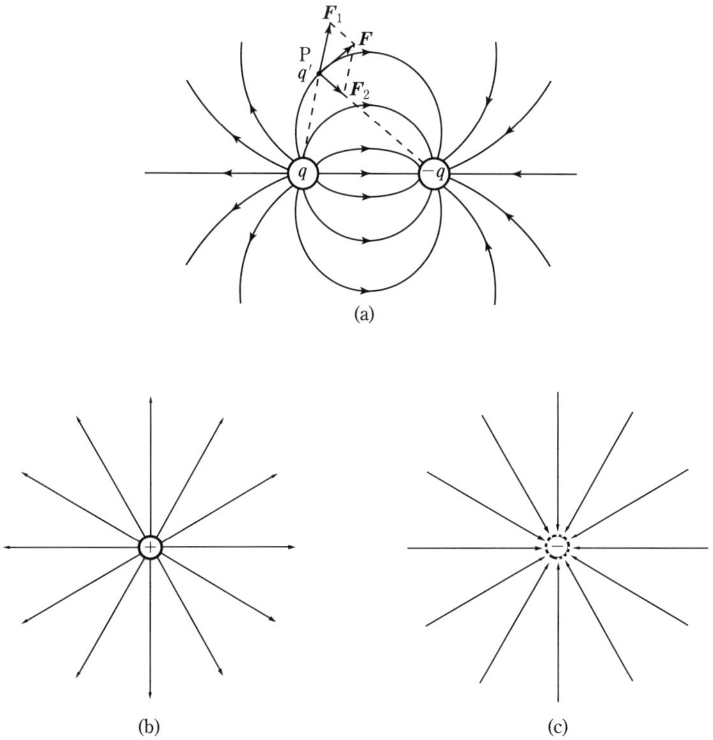

図 1.12　(a)絶対値の等しい正負の点電荷による電気力線，(b)正電荷による電気力線，(c)負電荷による電気力線

力線が向かうのである。

このような考えから，絶対値の異なる正負の電荷による電気力線も描くことができよう(演習問題 1.12 参照)。

1.4.2　電気力線の本数と電界

電気力線に垂直な微小面 ds を貫く電気力線の本数を dN とすると，電界 E に対して次の関係が成り立つ。

$$E=\frac{dN}{ds} \tag{1.23}$$

したがって電気力線に垂直なある面積 S を貫く電気力線の総本数 N は，

$$N=\int_s Eds \tag{1.24}$$

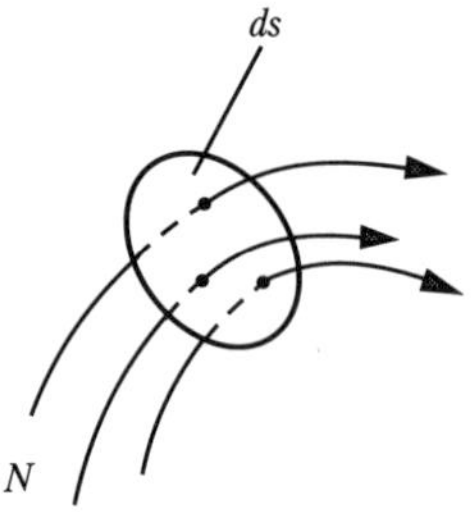

図 1.13　電気力線と電界(電気力線の本数)

となる(図 1.13)。

【例題 1.5】　q[C]の点電荷から出る電気力線の本数を求めよ。

(**解**)　点電荷から距離 a[m]離れた点の電界は

$$E=q/4\pi\varepsilon_0 a^2$$

したがって q を中心とした半径 a の球面を貫く電気力線の総本数 N は,

$$N=\int_S E ds=E\int_S ds=\frac{q}{4\pi\varepsilon_0 a^2}4\pi a^2$$
$$=q/\varepsilon_0$$

ここで, E は点電荷から距離 a の球面上ではどこでも一定であるから積分の外に出すことができる。また $\int_S ds$ は半径 a の球面の面積であるから $4\pi a^2$ である。この結果から, q[C]の点電荷から q/ε_0 本の電気力線が出ることがわかった(図 1.14)。

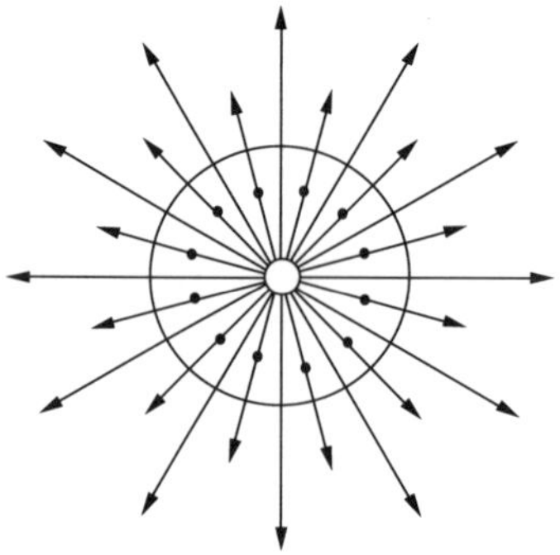

図 1.14　点電荷から出る電気力線の総本数

1.4.3　電気力線の方程式

電界の方向と電気力線の方向は一致しているから，図1.15のように電気力線の微小な長さ $\boldsymbol{ds}$ の x，y，z 成分を dx，dy，dz とすると，次の関係が成り立つ。

$$dx/E_x = dy/E_y = dz/E_z \tag{1.25}$$

この式は，電気力線を与える微分方程式である。

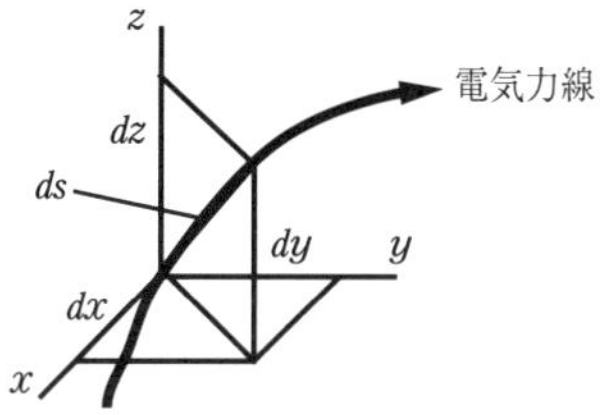

図 1.15　電気力線の方程式

1.5　ガウスの法則と電界計算への応用

1.5.1　ガウスの法則

電界内に任意の仮想的な閉曲面 S（どこにも開いているところのない，閉じた面。ガウス面ともいう）を考える。ガウス面上に微小面積 ds をとり，この部分での電界を $\boldsymbol{E}$ とすると，次の式が成り立つ。

$$\int_S \boldsymbol{E}\boldsymbol{ds} = q/\varepsilon_0 \tag{1.26}$$

これを**ガウスの法則**という（図1.16）。ここで，q はガウス面内にある電荷の総量である。ガウス面内に n 個の点電荷があれば，式(1.26)の右辺は $\sum q_i/\varepsilon_0$ であり，体積的に分布している電荷であれば，$\int \rho dv/\varepsilon_0$ になる。

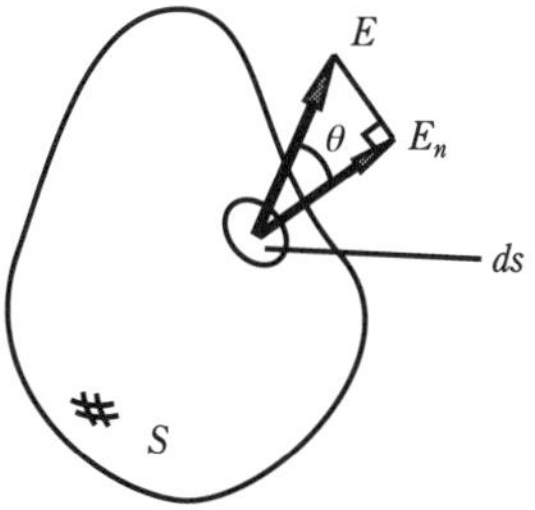

図 1.16　ガウスの法則

$\boldsymbol{ds}$ は微小面積 ds をベクトルで表したもので，ds の値に等しく，これに垂直なベクトルである。$\boldsymbol{E}\boldsymbol{ds}$ は $\boldsymbol{E}$ と $\boldsymbol{ds}$ の内積で，

$$\boldsymbol{E}\boldsymbol{ds} = Eds\cos\theta = E\cos\theta\, ds = E_n ds \qquad (1.27)$$

である。ここに θ は ds に立てた垂線と $\boldsymbol{E}$ のなす角，E_n は $\boldsymbol{E}$ の ds に垂直な成分である。

この法則は抽象的であって，その内容を理解するためには実際にこの法則を利用する計算を行ってみるとよい。この法則を利用して電界を求めることができる。

【例題 1.6】　点電荷の周囲の電界を求めよ（図 1.17）。

（**解**）　q[C]の点電荷があるとき，これを中心に半径 r[m]の球面をガウス面とする。すると電界はこのガウス面に垂直になるから，

$$E_n = E$$

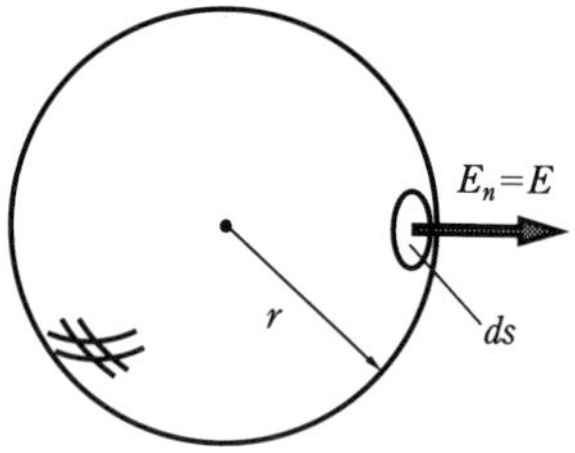

図 1.17　点電荷周囲の電界の計算

ガウスの法則の左辺は，

$$\int_S E_n ds = E\int_S ds = E\cdot 4\pi r^2$$

右辺は，

$$q/\varepsilon_0$$

よって，

$$4\pi r^2 E = q/\varepsilon_0$$

$$E = q/4\pi\varepsilon_0 r^2 \quad [\mathrm{V/m}]$$

点電荷から r[m]離れた位置の電界はこのようになり，これは当然(1.8)式と同じになっている。

【例題 1.7】 直線状帯電体の周りの電界(図 1.18)。

(解) 例題 1.3 をガウスの法則を用いて解く。単位長さ当たり λ[C/m]の電荷を持つ無限に長い直線状帯電体がある。これを中心軸として半径 r[m]，長さ l[m]の円筒を考え，これをガウス面とする。円筒の曲面では面に対して電界は垂直だから，

$$E_n = E$$

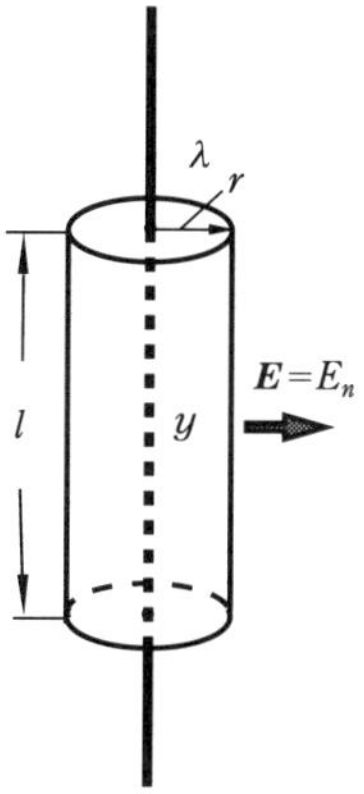

図 1.18 線電荷周りの電界の計算

また両端面では電界は面に対して平行だから，

$$E_n = 0$$

よって，ガウスの法則の左辺は，

$$\int_S E_n ds = E\int_S ds = E \cdot 2\pi rl$$

電界は直線状帯電体から等距離の点ではどこでも同じ(定数)であるから，積分の外に出した。また右辺は，

$$q/\varepsilon_0 = \lambda l/\varepsilon_0$$

ゆえに，

$$E \cdot 2\pi rl = \lambda l/\varepsilon_0$$

$$E = \lambda/2\pi\varepsilon_0 r \quad [\mathrm{V/m}]$$

【例題 1.8】 電荷密度 σ[C/m²]に帯電した薄い膜がある。電界を求めよ。

(解) 膜の表裏に同じ強度の電界が出来る。電界の方向は膜に対して垂直である。そこで，膜を貫いて膜に垂直な側面と平行な端面をもつ円筒面をガウス面とし，ガウスの法則を適用する(図 1.19)。端面の面積を S[m²]と

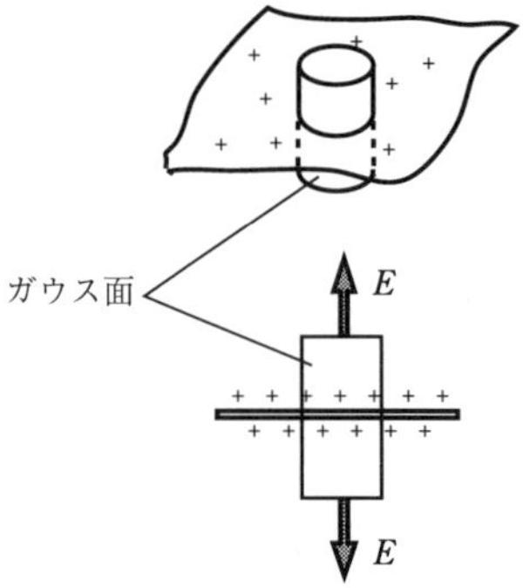

図 1.19　帯電した面による電界の計算

すると，片方の端面では

$$\int_S E_n ds = ES$$

側面では $E_n=0$ である。E は両面にあるから，

$$2ES = \sigma S/\varepsilon_0$$

$$\therefore E = \sigma/2\varepsilon_0 \quad [\mathrm{V/m}]$$

【例題 1.9】　電荷密度 σ[C/m²]に帯電した金属面の電界を求めよ。

（**解**）　導体内では $E=0$ である（2 章 2.1 参照）から，電界は導体外部だけにできる。導体面を貫き，その側面が導体面に垂直で，端面が導体面に平行である円筒面をガウス面とすると，円筒面の端面の面積 $S=1\,\mathrm{m}^2$ として，

$$E = \sigma/\varepsilon_0 \quad [\mathrm{V/m}]$$

となる。この電界は，帯電した膜や，絶縁体の場合の 2 倍になる。

【例題 1.10】　体積電荷密度 ρ[C/m²]で一様に帯電した半径 a[m]の球形領域の内外の電界を求めよ（図 1.20）。

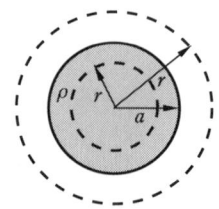

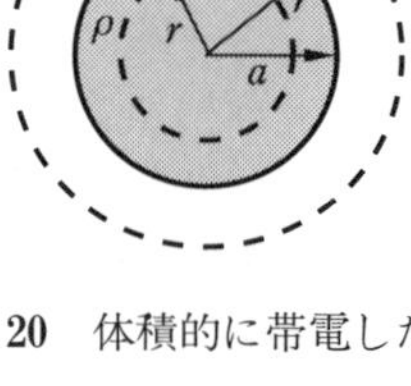

図 1.20　体積的に帯電した球体

(解)　① 球内の電界($r<a$)

球の中心から半径 r[m]($r<a$)の球面をガウス面とする。この場合，球面の中心に対して電荷は対称に分布しているから，電界は中心から放射状になっている。したがって，電界はガウス面に垂直で，$E_n=E$ と書いてよく，またガウス面上では同じ強さであるから，ガウスの法則の左辺は，

$$\int_S E_n dS = E_n \int_S dS = E \cdot 4\pi r^2$$

右辺は，

$$q/\varepsilon_0 = 4\pi r^3 \rho / 3\varepsilon_0$$

したがって，

$$E = r\rho/3\varepsilon_0 \quad [\mathrm{V/m}]$$

② 球外の電界($r>a$)

帯電球領域と中心を同じくして，半径が a より大きい球面をとり，これをガウス面とすると，ガウスの法則の右辺の電荷は半径 a の球面内のすべての電荷になる。そこで，

$$E \cdot 4\pi r^2 = 4\pi a^3 \rho / 3\varepsilon_0 \quad (r>a)$$
$$\therefore \quad E = a^3\rho/3\varepsilon_0 r^2 \quad [\mathrm{V/m}]$$

体積的に帯電した球の内部では，電界は球の中心からの距離 r に比例して増加し，外側では 2 乗に反比例することがわかる。図 1.21 にこの様子を示す。

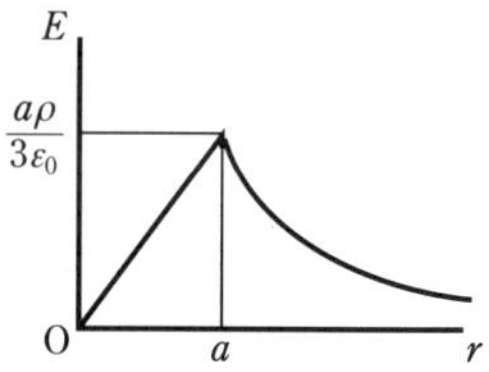

図 1.21　体積的に帯電した球体の内外の電界

また，$r<a$ の場合に重要なことは，球は全体に帯電しているのであるが，球内の電荷のうち，半径 r と a の間にある電荷は上の計算には全く入っていないことである。ガウスの法則では，ガウス面の内側にある電荷のみが効力をもち，ガウス面の外側にある電荷は関係しない。このことは

再確認しておくべきである。

1.5.2　ガウスの法則の証明

（1）　立体角（図 1.22）

ガウスの法則の証明を行うために，まず立体角の説明をしよう。空間にある曲面 S_0 に対して，その縁に向けて点 O から無数の直線を引く。さらに O を中心にして半径 r の球面（この球面は点 O から見て面 S_0 より近いようにする）を作る。直線群と球面との交点を連ねた面 S は，面 S_0 の球面への投影面となる。ここで，

$$\omega = S/r^2 \quad [\mathrm{sr}] \tag{1.28}$$

を S_0 が点 O で張る**立体角**，あるいは点 O から S_0 を見込む立体角という。立体角 ω の単位は**ステラジアン**[sr]である。立体角は見えている面の大きさを表すものではなく，O 点から見た広がりを表している。同じ大きさの面でも近くにあれば広がって見え，遠くにあればその広がりは狭い。立体角が S_0 を S_0 までの距離の 2 乗で割らずに，半径 r の球面への投影面 S を r の 2 乗で除して表す理由は，S_0 が点 O からの視線に対して傾いていたり，面そのものが曲面であるときにも，はっきりと定義できるからである。

S_0 がどんどん大きくなってくると O 点から見る空間を広く覆うようになり，最後には全空間を覆うようになる。この状態が S_0 の最大値であるが，このとき，

$$\omega = \omega_0 = 4\pi r^2/r^2 = 4\pi \quad [\mathrm{sr}] \tag{1.29}$$

すなわち，立体角で 4π[sr]は平面角の 2π[rad]に相当する角度であるともい

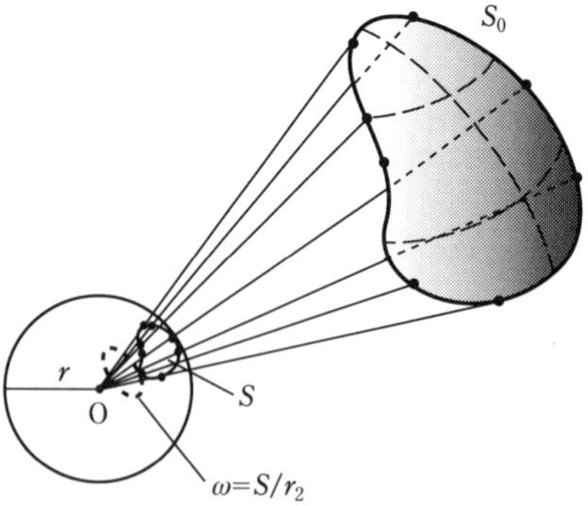

図 1.22　立体角

える。

（2） ガウスの法則の証明(図 1.23(a))

① 電荷がガウス面の内部にある場合

電荷量 q の点電荷を囲む閉曲面 S 上に，微小面積 ds をとる。この部分での電界と面のベクトル $\boldsymbol{ds}$ とのなす角を θ とすると，

$$\boldsymbol{E}\boldsymbol{ds} = E_n ds = E\cos\theta\ ds$$

$$= Eds\cdot\cos\theta = \frac{q}{4\pi\varepsilon_0 r^2}ds\cdot\cos\theta = \frac{q}{4\pi\varepsilon_0}\frac{ds\cdot\cos\theta}{r^2}$$

$$= \frac{q}{4\pi\varepsilon_0}d\omega \tag{1.30}$$

$ds\cdot\cos\theta$ は，点電荷と ds 部分を結ぶ直線に対する垂直な面への ds の投影であるから，$ds\cos\theta/r^2$ は点電荷から ds を見込む立体角 $d\omega$ に等しいのである(図 1.22 で S の位置を S_0 の位置に持ってきたと考える)。よって，

$$\int_S \boldsymbol{E}\boldsymbol{ds} = \frac{q}{4\pi\varepsilon_0}\int_S d\omega \tag{1.31}$$

ここで $\int_S d\omega = 4\pi$ であるから，

$$\int_S \boldsymbol{E}\boldsymbol{ds} = q/\varepsilon_0 \tag{1.26}$$

② 電荷がガウス面の外側にある場合(図 1.23(b))

この場合には，ガウス面上の微小面積 ds_1 を電荷 q から見込む円錐は，反対側のガウス面上でもう 1 カ所交わる。この面積を ds_2 とする。電界の方向を図のように仮定すると，ds_1 では面のベクトル $\boldsymbol{ds}_1$ の方向がガウス面の外側であるから，電界 $\boldsymbol{E}_1$ の方向とは互いに逆になり，ds_2 では $\boldsymbol{ds}_2$ と電界 $\boldsymbol{E}_2$ は同じ側

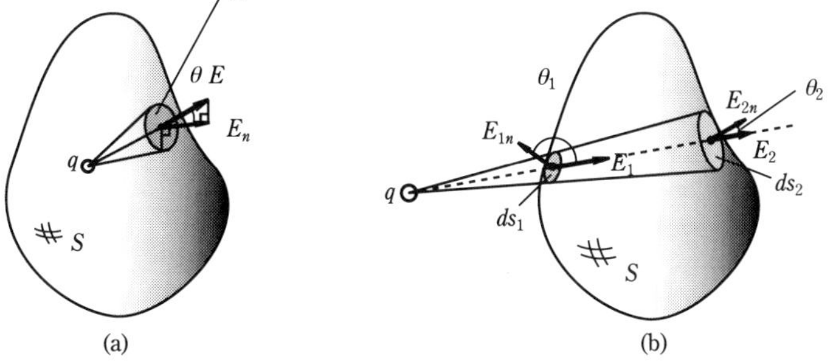

図 1.23 ガウスの法則の証明

に向いている。そこで，

$$
\begin{aligned}
\boldsymbol{E}d\boldsymbol{s} &= \boldsymbol{E}_1 d\boldsymbol{s}_1 + \boldsymbol{E}_2 d\boldsymbol{s}_2 \\
&= \frac{q}{4\pi\varepsilon_0}(-d\omega + d\omega) = 0
\end{aligned}
\tag{1.32}
$$

よって，ガウス面の外部にある電荷の影響は無くなり，これを無視して差し支えないことになる。すなわち，ガウスの法則の右辺の電荷は，ガウス面の内部にある電荷だけを対象とするものである。

以上の証明はガウス面内の電荷が点電荷である場合について行ったが，点電荷がいくつもある場合や電荷が体積的に分布している場合などについても，これを点電荷の集合と考えれば，電界は各点電荷の作る電界の足し合わせであるから，点電荷の場合の操作を繰り返すことによって成り立つことが証明できる。

$E_n ds$ は微小面積 ds を通過する電気力線の本数でもあるから，$\int_S \boldsymbol{E}d\boldsymbol{s}$ は電荷量 q の点電荷から出てガウス面 S を貫く全電気力線の本数である。したがって，ガウスの法則は，「電荷量 q の電荷から出る全電気力線の本数は q/ε_0 である」ことをいっていると考えてもよい。

【例題 1.11】　広い面積をもつ厚さ a および b の導体板 1 および 2 が間隔 l で平行に配置されており，それぞれに電荷密度で σ_1 および σ_2[C/m^2]の電荷が与えられている(図 1.24)。導体板間の電界を求めよ。

（**解**）　導体板の両面の電荷密度を，図のようにそれぞれ σ_1'，σ_1'' および σ_2'，σ_2'' とすると，

$$
\sigma_1 = \sigma_1' + \sigma_1''
$$
$$
\sigma_2 = \sigma_2' + \sigma_2''
$$

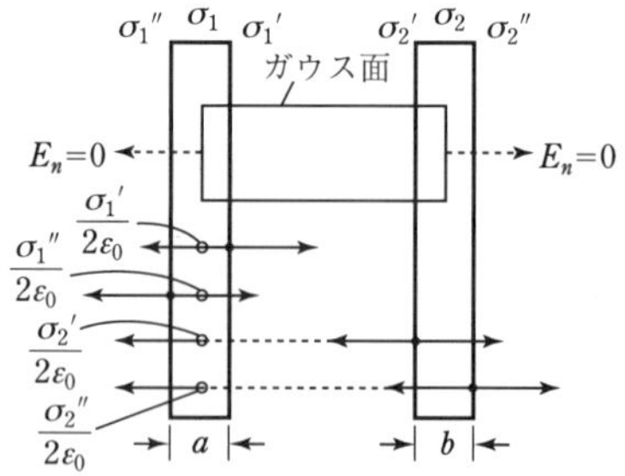

図 1.24　帯電導体板間の電界

導体の各面の電荷が作る電界は，導体内で打ち消し合って導体内の電界を0にしている(導体内で電界 $\boldsymbol{E}=0$ であることについては2章2.1で学ぶが，ここではその理由についてこの説明のように考える)。この様子は電気力線を描くとよくわかる。電荷密度 σ_1'，σ_1'' および σ_2'，σ_2'' の帯電面がそれらの面の表裏に作る電界は，それぞれ $\sigma_1'/2\varepsilon_0$，$\sigma_1''/2\varepsilon_0$ および $\sigma_2'/2\varepsilon_0$，$\sigma_2''/2\varepsilon_0$ であるから，σ_1 に帯電した導体内部の電界を0にする条件を求めると，

$$\sigma_1'+\sigma_2'+\sigma_2''=\sigma_1''$$

また，ガウスの法則を図に示すガウス面に適用すると，

$$\sigma_1'+\sigma_2'=0$$

となる。これらの結果から，

$$\sigma_1'=(\sigma_1-\sigma_2)/2, \qquad \sigma_1''=(\sigma_1+\sigma_2)/2$$

$$\sigma_2'=(\sigma_2-\sigma_1)/2, \qquad \sigma_2''=(\sigma_1+\sigma_2)/2 \quad [\mathrm{C/m^2}]$$

となり，電界は

$$E=\sigma_1'/\varepsilon_0=(\sigma_1-\sigma_2)/2\varepsilon_0 \quad [\mathrm{V/m}]$$

となる。

1.6 電　位

1.6.1 電界中で電荷を動かす仕事と電位の概念

電界 $\boldsymbol{E}$ の中では電荷量 q[C]の点電荷に電気力 $q\boldsymbol{E}$ が作用する。そこで電界の方向にA，B2点をとり，電荷量 q の点電荷に外力 $\boldsymbol{F}$ を加えてこれをAからBに移動する際の仕事を考える(図1.25)。外力は，

$$\boldsymbol{F}=-q\boldsymbol{E} \quad [\mathrm{N}] \tag{1.33}$$

である。q の前の「－」は，作用する電気力に対抗して反対向きの外力を加えることを示す。

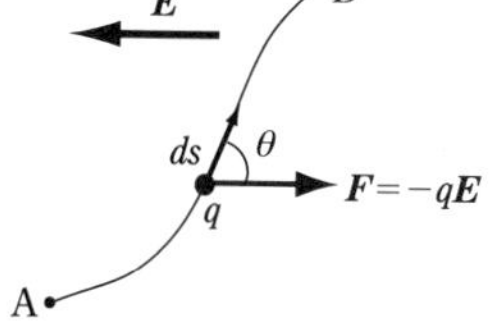

図 1.25　電界中の外力の仕事

点電荷を力 $\boldsymbol{F}$ で $\boldsymbol{E}$ が変化しない程度の微小距離 ds 動かすとする。仕事は(力)×(動く距離)であるので，外力のなす仕事 dW は Fds であるが，力と動く方向が一致しない場合には，その間のなす角度を θ として，

$$dW = \boldsymbol{F}\boldsymbol{ds} = Fds\cos\theta \tag{1.34}$$

ここで $\boldsymbol{ds}$ は電荷を動かす距離を方向も含めてベクトルで表しているのである。$\boldsymbol{F} = -q\boldsymbol{E}$ であるから，

$$dW = -q\boldsymbol{E}\boldsymbol{ds} \tag{1.35}$$

点電荷を点 A から点 B まで移動させる仕事は，

$$W = -\int_{\mathrm{A}}^{\mathrm{B}} q\boldsymbol{E}\boldsymbol{ds} \quad [\mathrm{J}] \tag{1.36}$$

電界中で $q=1$ C の点電荷を動かす場合，すなわち単位正電荷を A 点から B 点まで外力によって動かすときの仕事を，A 点に対する B 点の**電位**(あるいは 2 点 AB 間の**電位差**)という。そして，単位正電荷を 2 点間で動かすときの仕事が 1J であるときに，その 2 点間の電位差を 1V と定義する(図 1.26)。すなわち，A 点に対する B 点の電位 V_{BA} は，

$$V_{\mathrm{BA}} = -\int_{\mathrm{A}}^{\mathrm{B}} \boldsymbol{E}\boldsymbol{ds} \quad [\mathrm{V}] \tag{1.37}$$

で表される。

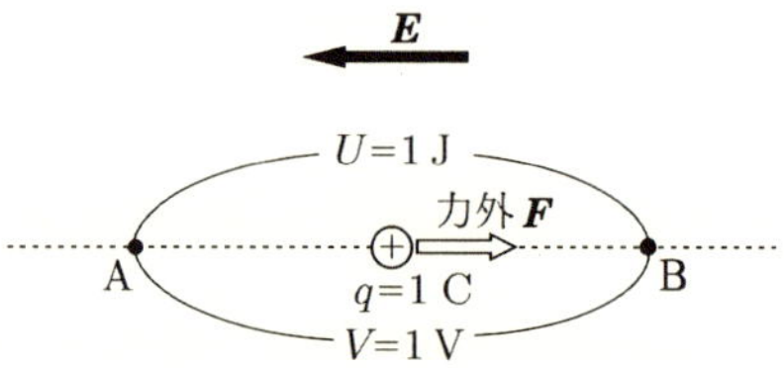

図 1.26　電位の定義

ある点の電位を決めるときには，これに対して比較すべき基準となる点が必要である。単に P 点の電位というときには，基準点を宇宙のかなたにもっていく。宇宙のかなたの電位をゼロと考えるのである。すなわち，

$$V_{\mathrm{P}} = -\int_{\infty}^{\mathrm{P}} \boldsymbol{E}\boldsymbol{ds} \quad [\mathrm{V}] \tag{1.38}$$

である。

【例題 1.12】 図 1.27 のように x 軸の正の方向を向いた一様な電界 $\boldsymbol{E}$ の中で，間隔 l の点 A と B(座標 x_A および x_B)がある。点 B に対する点 A の電位を求めよ。

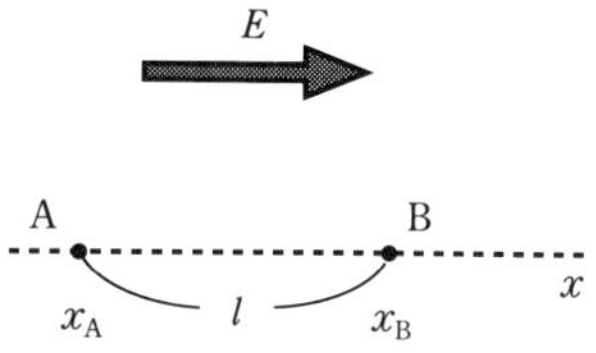

図 1.27　一様電界中での電位

(解)　$\boldsymbol{E}$ は一定(定数)であるから，

$$V_{AB} = -\int_{x_B}^{x_A} E dx = -E\int_{x_B}^{x_A} dx = -E[x]_{x_B}^{x_A}$$
$$= E(x_B - x_A) = El \quad [\mathrm{V}]$$

【例題 1.13】 電荷量 q[C]の点電荷から距離 r_0[m]離れた点の電位を求めよ。

(解)　点電荷から r[m]離れた点の電界は，

$$E = q/4\pi\varepsilon_0 r^2$$

したがって電位は，

$$V = -\int_{\infty}^{r_0} \frac{q}{4\pi\varepsilon_0 r^2} dr = q/4\pi\varepsilon_0 r_0 \quad [\mathrm{V}]$$

【例題 1.14】 半径 a[m]の導体球 A が内半径 b[m]，外半径 c[m]$(a<b<c)$の導体球殻 B の中に同心で入っている。A，B に電荷 q_A および q_B を与える。A および B の電位を求めよ(図 1.28)。

(解)　球の中心を座標の原点として考えると，B の電位は A および B の電

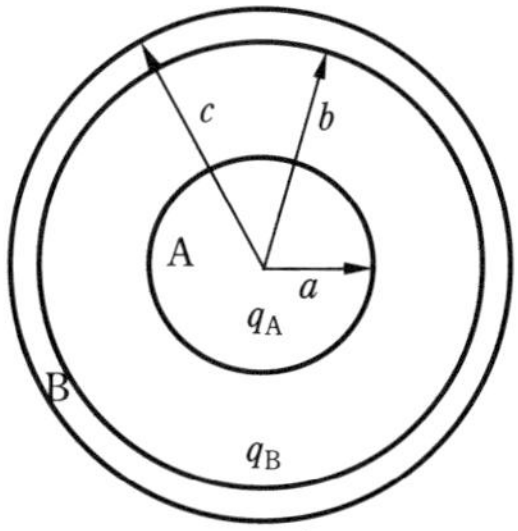

図 1.28　帯電同心球の電位

荷によって作られる電界中で無限遠から c まで単位正電荷を外力によって運ぶ仕事である。また A の電位は，B の電位に AB 間の電界(A の持つ電荷量によって作られる電界)中で B の内壁から A の表面まで単位正電荷を運ぶ仕事を加えたものである。B は導体であるからその内部に電界はない。そのため B の外面から内面までの経路は考えなくてよい。したがって実際の計算は以下のようになる。

$$V_B = -\int_{\infty}^{c} \frac{q_A + q_B}{4\pi\varepsilon_0 r^2}\, dr = \frac{q_A + q_B}{4\pi\varepsilon_0 c} \quad [\mathrm{V}]$$

$$V_A = V_B - \int_{b}^{a} \frac{q_A}{4\pi\varepsilon_0 r^2}\, dr = \frac{q_A + q_B}{4\pi\varepsilon_0 c} + \frac{q_A}{4\pi\varepsilon_0}\left(\frac{1}{a} - \frac{1}{b}\right)$$

$$= \frac{q_A}{4\pi\varepsilon_0}\left(\frac{1}{a} - \frac{1}{b} + \frac{1}{c}\right) + \frac{q_B}{4\pi\varepsilon_0 c} \quad [\mathrm{V}]$$

ここで単位について考えてみよう。電位は単位電荷[C]当たりの外力の仕事[J]であるから，

$$[\mathrm{V}] = [\mathrm{J}]/[\mathrm{C}] = [\mathrm{N\cdot m}]/[\mathrm{C}] \tag{1.39}$$

したがって電界は，

$$[\mathrm{E}] = [\mathrm{N/C}] = [\mathrm{V/m}] \tag{1.40}$$

となる。すなわち電界の単位は[V/m]であることがわかる。

電子の電荷を $-e$[C]($=-1.602\times10^{-19}$C)とすると，電子が 1V の電位差の間で電界から得るエネルギーは e[J]である。このエネルギーを 1 **電子ボルト**(eV)という。

1.6.2 保存力場

電界中で電荷を動かすために外力のする仕事は，その始点と終点のみで決まり，経路には影響されない。これを点電荷の作り出す電界について説明してみよう。図 1.29 に示すように，点 Q にある q[C]の点電荷の近くで，A 点から B 点まで単位正電荷を外力で運ぶことを考える。運ぶ経路上の任意の点 P での電界を E とし，経路に沿って ds だけ移動させるとすると，このときの外力の仕事は，

$$dW = -\boldsymbol{E}d\boldsymbol{s} = -E\,ds\cos\theta = -E\,dr \tag{1.41}$$

電界は

$$\boldsymbol{E} = \frac{q}{4\pi\varepsilon_0 r^2}\,\boldsymbol{i}_r \tag{1.42}$$

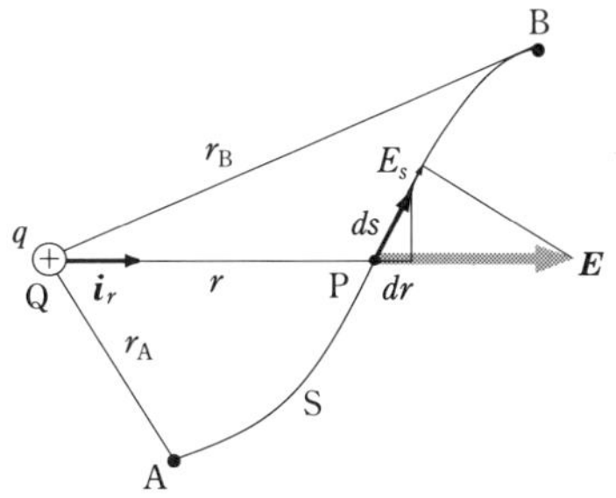

図 1.29　点電荷による電位

であるから，A 点から B 点まで単位正電荷を運ぶ仕事は，

$$W=-\int_A^B \boldsymbol{E}d\boldsymbol{s}=-\int_{r_A}^{r_B}\frac{q}{4\pi\varepsilon_0 r^2}dr$$
$$=\frac{q}{4\pi\varepsilon_0}\left[\frac{1}{r}\right]_{r_A}^{r_B}=\frac{q}{4\pi\varepsilon_0}\left(\frac{1}{r_B}-\frac{1}{r_A}\right) \tag{1.43}$$

この結果を見ると，点 A から点 B へ単位正電荷を運ぶ仕事は，単に $1/r_B$ と $1/r_A$ の差によって決まり，その経路に関する条件が入っていないことがわかる。

単位正電荷を点 A から点 B に運び，また点 A に帰ってくる仕事を考える。それぞれの経路を C_1，C_2 とすると，

$$W_{A\to B\to A}=W_{A\to B}+W_{B\to A}=-\int_{C_1}\boldsymbol{E}d\boldsymbol{s}-\int_{C_2}\boldsymbol{E}d\boldsymbol{s}$$
$$=\frac{q}{4\pi\varepsilon_0}\left(\frac{1}{r_B}-\frac{1}{r_A}\right)+\frac{q}{4\pi\varepsilon_0}\left(\frac{1}{r_A}-\frac{1}{r_B}\right)=0 \tag{1.44}$$

したがって，A 点を出発して経路 C_1 を通って B 点に行き，引き続いて経路 C_2 を通って A 点に戻るときの外力のなす仕事は 0 になる（図 1.30）。(1.44) 式をまとめて書くと，

$$\oint_C \boldsymbol{E}d\boldsymbol{s}=0 \tag{1.45}$$

これは，最初経路 C_1 で A 点から B 点に行くときに外力が仕事をしたとすると，経路 C_2 で帰って来るときには反対に電界が仕事をして，外力の仕事は負になり，差し引き 0 になることを意味する。このように電界中にとった任意の閉曲線に対して上に示すようにその積分がゼロになる場を保存的な場，あるいは**保存力場**という。電界は保存力場であり，このほかに重力場，磁場も保存力場であるが，摩擦力の場や空気抵抗の場など，保存力場でない場も存在する。

重力の作用する地上では，質量 m の物体が地面から高さ h の場所にある場

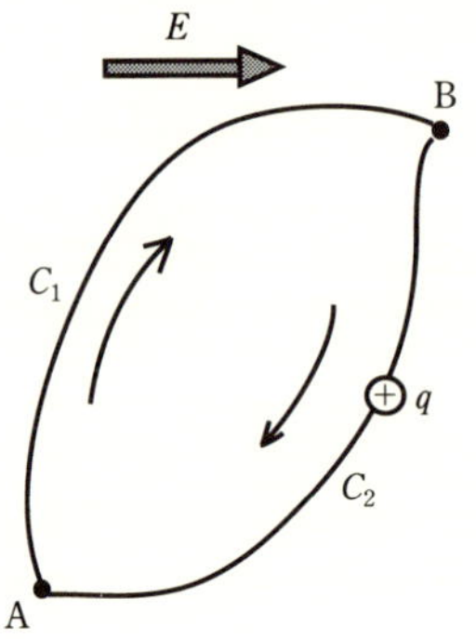

図 1.30　保存力場

合は，地面にある場合に比べて $U=mgh$ だけ余分なエネルギー，すなわち位置エネルギーをもつ。これと同じことで電界の中で電荷量 q[C]の点電荷は，ある点 O から電界と逆方向に dl 離れた P 点にあるとき，$U=qEdl$ だけの電界の位置エネルギーをもつ。電位は $q=1$C のときの位置エネルギーで，2 点間の電位差は，その 2 点の電界中の位置エネルギーの差である。

1.6.3　多数電荷による電位

点電荷が幾つもあるときは，電位はそれぞれの点電荷による電位の和になる。これは電位についての重ね合わせの理である。すなわち，点電荷 $q_1, q_2, q_3, \cdots, q_n$ が存在するとき，それぞれの点電荷から $r_1, r_2, r_3, \cdots, r_n$ 離れたある点の電位は，各点電荷が独立にあるときの電位を $V_1, V_2, V_3, \cdots, V_n$ とすると，

$$V=V_1+V_2+V_3+\cdots+V_n=\sum\frac{q_i}{4\pi\varepsilon_0 r_i} \tag{1.46}$$

これは，それぞれの点電荷による電気力の成す仕事の和が合力の成す仕事に等しいことを考えれば理解できる。このことによって，線分布，面分布，および体積分布の電荷による電位も，電界の場合と同じように帯電部分を微細な領域に分け，その領域の電荷による電位を積分することによって求められる（例題 1.15 参照）。電位の場合は電界とちがってスカラーであるため，計算はやりやすい場合が多い。

1.6.4　等電位面

電位の等しい点を連ねて作られる面を**等電位面**という（図 1.31）。等電位面

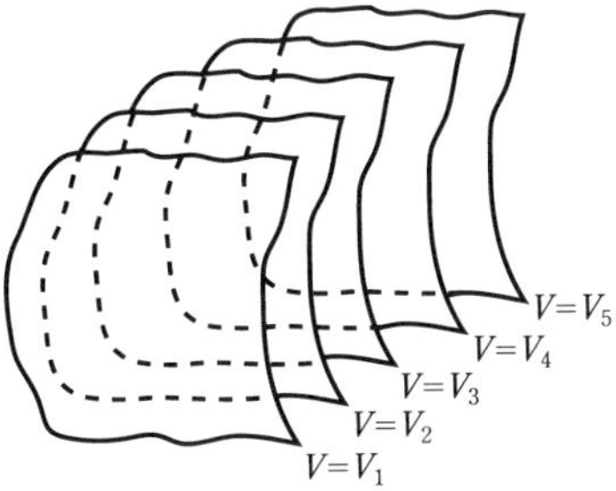

図 1.31　等電位面

は，例えば $V_1=1\,\mathrm{V}$, $V_2=2\,\mathrm{V}$, $V_3=3\,\mathrm{V}$, ･･･などと描くことができるが，さらにもっと電位の取り方を細かくすることもできるから，無限に存在することになる。

等電位面上で点 A から ds だけ離れた点 B へ点電荷を動かすことを考える。その場所での電界を $\boldsymbol{E}$ とし，$\boldsymbol{E}$ と $d\boldsymbol{s}$ の間の角度を θ とすると，そのときの仕事 dW は，

$$dW=-Eds\cos\theta=-E_s ds=dV \tag{1.47}$$

ところが，A および B 点は等電位面上にあるのだから，同じ電位である。したがって電位の変化 dV は 0 になる。

$$dV=-Eds\cos\theta=0$$

$$\therefore\quad \cos\theta=0$$

$$\theta=\pi/2 \tag{1.48}$$

すなわち，等電位面と電界は直交する。等電位面を貫く電気力線を描くと，等電位面と直角になっている(図 1.32)。

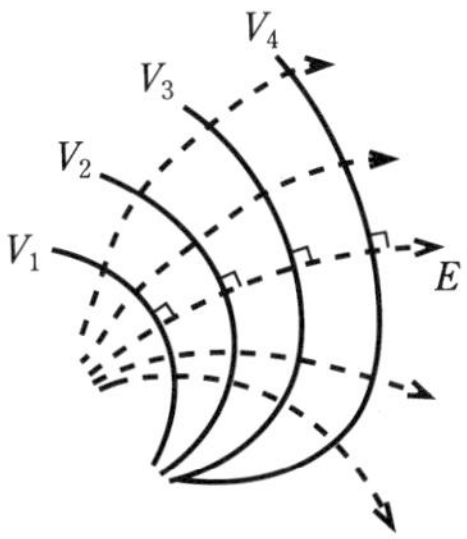

図 1.32　等電位面と電界(電気力線)

1.6.5 電界と電位の関係

電界 $\boldsymbol{E}$ 中で単位正電荷をある点Aから微小距離 ds 離れた点Bへ動かす(図1.33)。点Aでの電位を V，Bでの電位を $V+dV$ とすると，

$$(V+dV)-V=-E_s ds$$

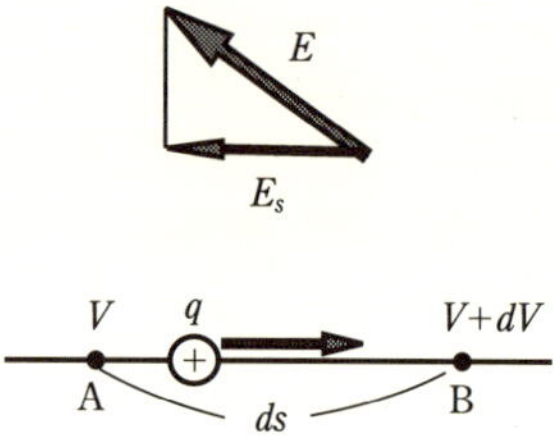

図 1.33 電位と電界の関係

ここで E_s は電界 $\boldsymbol{E}$ の s 方向成分である。これから，

$$E_s=-\frac{dV}{ds} \tag{1.49}$$

となる。3次元の空間を考えると，xyz 座標では $V=V(x, y, z)$ であるから，E_s は偏微分とするのが適当である。すなわち，

$$E_x=-\frac{\partial V}{\partial x}, \qquad E_y=-\frac{\partial V}{\partial y}, \qquad E_z=-\frac{\partial V}{\partial z} \tag{1.50}$$

これを用いると，E は次のように書ける。

$$\boldsymbol{E}=-\left(\boldsymbol{i}_x\frac{\partial V}{\partial x}+\boldsymbol{i}_y\frac{\partial V}{\partial y}+\boldsymbol{i}_z\frac{\partial V}{\partial z}\right) \tag{1.51}$$

またこの式は次のようにも表される。

$$\begin{aligned}\boldsymbol{E}&=-\left(\boldsymbol{i}_x\frac{\partial}{\partial x}+\boldsymbol{i}_y\frac{\partial}{\partial y}+\boldsymbol{i}_z\frac{\partial}{\partial z}\right)V\\&=-\mathrm{grad}\,V\\&=-\nabla V\end{aligned} \tag{1.52}$$

最初の式の括弧内は演算子と呼ばれ，これを次の式の記号で表すことができることを示す。grad は gradient(勾配の意味)の略で，∇ はナブラ(nabla)と読む。

座標上の点を原点からの距離 r と，r の座標軸とのなす角度で表す極座標の場合について触れておく。2次元では，座標上の点は r と θ で表される(図1.34)。位置の変位は，r 方向の変化 dr と，θ 方向の変化 $rd\theta$ を考えればよ

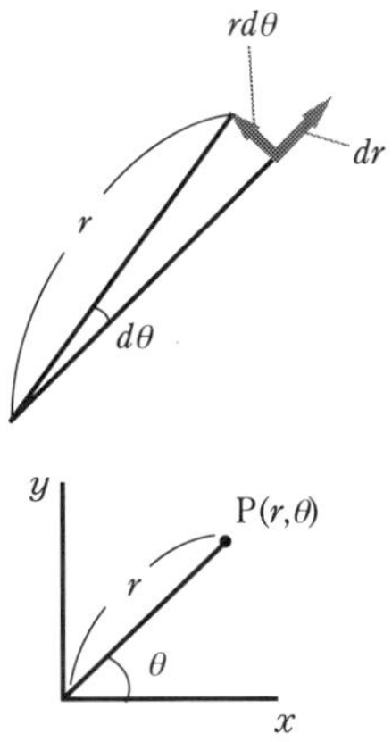

図 1.34　極座標での表現

い（θ が変化する場合の位置の変化は $d\theta$ ではないことに注意）。よって，

$$\left.\begin{aligned} E_r &= -\frac{\partial V}{\partial r} \\ E_\phi &= -\frac{1}{r}\frac{\partial V}{\partial \theta} \end{aligned}\right\} \tag{1.53}$$

となる。3 次元では，

$$\left.\begin{aligned} E_r &= -\frac{\partial V}{\partial r} \\ E_\theta &= -\frac{1}{r}\frac{\partial V}{\partial \theta} \\ E_\phi &= -\frac{1}{r\sin\theta}\frac{\partial V}{\partial \phi} \end{aligned}\right\} \tag{1.54}$$

となる。

【例題 1.15】　一様な電荷密度 σ[C/m^2]に帯電した半径 a[m]の円板の中心から z[m]離れた点の電界を，電位から求めよ（図 1.35）。

（解）　図に示すように，半径 r で幅 dr，角度 $d\theta$ の扇形部分 $ds(=rd\theta dr)$ による電位を θ について 0 から 2π まで，r について 0 から a まで積分して求める。

$$V = \int_0^{2\pi}\int_0^a \frac{\sigma r}{4\pi\varepsilon_0\sqrt{r^2+z^2}}\,drd\theta = \int_0^a \frac{\sigma r}{2\varepsilon_0\sqrt{r^2+z^2}}\,dr$$

$$= \frac{\sigma}{2\varepsilon_0}(\sqrt{a^2+z^2}-z) \quad [\mathrm{V}]$$

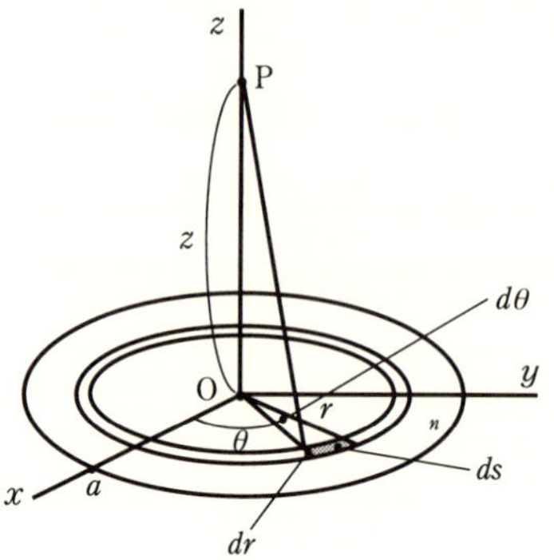

図 1.35　帯電円板の中心から距離 z 離れた点の電界を電位から求める

電界は,

$$E=-\frac{\partial V}{\partial z}=\frac{\sigma}{2\varepsilon_0}\left(1-\frac{z}{\sqrt{a^2+z^2}}\right)\quad[\mathrm{V/m}]$$

【例題 1.16】　平行に配置された 3 枚の広い面積の導体板がある。両端の導体板は接地され，中央の導体板には面密度で σ[C/m^2]の電荷が与えられている。中央の導体板の厚さは b[m]で，左右の導体板から a[m]および c[m]離れている(図 1.36)。導体板間の電界と中央の導体板の電位を求めよ。

(解)　導体板を左から A，B，C とする。AB 間の電界を E_1，BC 間の電界を E_2 とし，A を x 座標の原点に置き，x 軸の正の方向を B，C の方向とする。B の面に垂直な側面をもち，面に平行な端面(単位面積)をもつ円筒型ガウス面を図 1.36 のようにとると，

$$-E_1+E_2=\sigma/\varepsilon_0$$

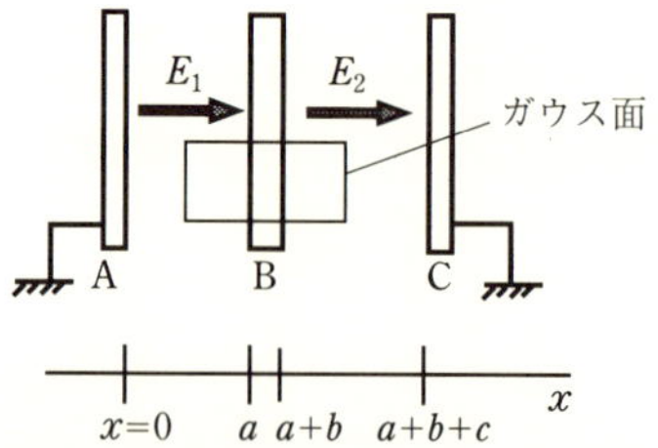

図 1.36　平行導体板間の電界と電位

導体板 A の電位は，

$$V_A = -\int_{a+b+c}^{a+b} E_2 dx - \int_a^0 E_1 dx = 0$$

$$\therefore \quad E_1 a + E_2 c = 0$$

以上の関係から，

$$E_1 = -\frac{c}{a+c}\frac{\sigma}{\varepsilon_0}, \qquad E_2 = \frac{a}{a+c}\frac{\sigma}{\varepsilon_0} \quad [\mathrm{V/m}]$$

B の電位は

$$V_c = E_2 \cdot c = \frac{ac}{a+c}\frac{\sigma}{\varepsilon_0} \quad [\mathrm{V}]$$

【例題 1.17】 半径 a[m]の導体球 A と，内外半径 b および c，d および e[m]（$a<b<c<d<e$）の球殻 B および C が同心で配置されている（図 1.37）。A と C を接地し，B に電荷 q[C]を与える。B の電位を求めよ。

（解） B の両面に q_1，q_2 の電荷が現れたとすると，A の表面には電荷 $-q_1$ が，C の内面には電荷 $-q_2$ が静電誘導によって現れる。電荷間には次の関係がある。

$$q_1 + q_2 = q$$

AB および BC 間の電界を E_1，E_2 とすると，

$$E_1 = -q_1/4\pi\varepsilon_0 r^2$$

$$E_2 = q_2/4\pi\varepsilon_0 r^2$$

A の電位は，

$$V_A = -\int_d^c \frac{q_2}{4\pi\varepsilon_0 r^2}dr - \int_b^a \frac{-q_1}{4\pi\varepsilon_0 r^2}dr = 0$$

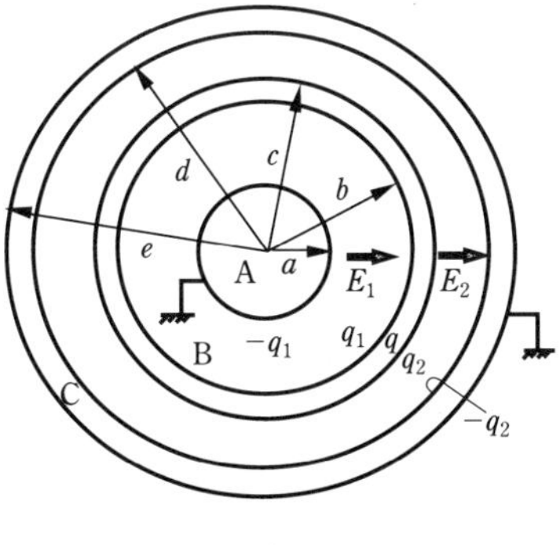

図 1.37 3 重同心球の電位

$$\therefore \quad \frac{q_1}{4\pi\varepsilon_0}\left(\frac{1}{a}-\frac{1}{b}\right)=\frac{q_2}{4\pi\varepsilon_0}\left(\frac{1}{c}-\frac{1}{d}\right)$$

よって，

$$E_1=\frac{-q}{4\pi\varepsilon_0 r^2}\frac{ab(d-c)}{ab(d-c)+cd(b-a)}$$

$$E_2=\frac{q}{4\pi\varepsilon_0 r^2}\frac{cd(b-a)}{ab(d-c)+cd(b-a)}$$

$$V_B=\frac{q}{4\pi\varepsilon_0}\frac{(b-a)(d-c)}{ab(d-c)+cd(b-a)}$$

1.6.6　双極子による電位と電界

q および $-q$[C]に帯電した点電荷が，微小距離 δl 離れた位置に存在する。両電荷の中心Oから距離 r 離れているP点での電位を求めよう(図1.38)。$\delta l \ll r$ が成り立つとき，q および $-q$[C]の2つの点電荷を電気双極子という。2つの点電荷を結ぶ直線を延長して x 軸とし，x 軸とOPとのなす角を θ とする。q および $-q$ の点電荷からP点までの距離をそれぞれ r_+，r_- とする。するとP点の電位は次の式で表せる。

$$V=\frac{q}{4\pi\varepsilon_0}\left(\frac{1}{r_+}-\frac{1}{r_-}\right) \tag{1.55}$$

$$r_+^2=(r\sin\theta)^2+(r\cos\theta-\delta l/2)^2=r^2-r\delta l\cos\theta+(\delta l/2)^2$$
$$\cong r^2-r\delta l\cos\theta \tag{1.56 a}$$

$$r_-^2=(r\sin\theta)^2+(r\cos\theta+\delta l/2)^2=r^2+r\delta l\cos\theta+(\delta l/2)^2$$
$$\cong r^2+r\delta l\cos\theta \tag{1.56 b}$$

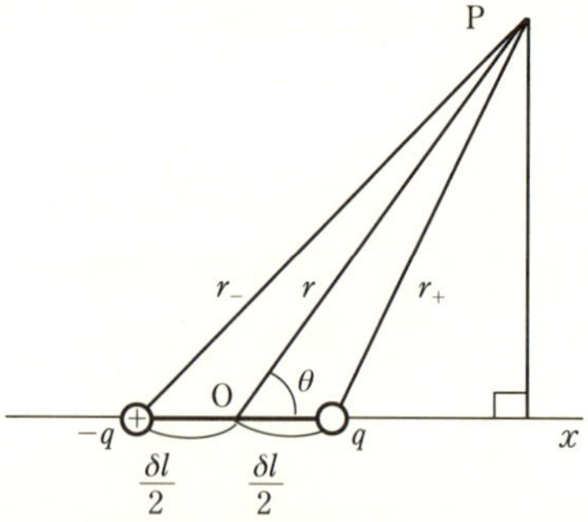

図 1.38　電気双極子

$(\delta l/2)^2$ は r や r^2 に比べるとはるかに小さいので，これを無視する。

$$V=\frac{q}{4\pi\varepsilon_0}\left[\frac{-1}{(r^2+r\delta l\cos\theta)^{1/2}}+\frac{1}{(r^2-r\delta l\cos\theta)^{1/2}}\right]$$
$$=\frac{q}{4\pi\varepsilon_0 r}\left[\frac{-1}{(1+\delta l\cos\theta/r)^{1/2}}+\frac{1}{(1-\delta l\cos\theta/r)^{1/2}}\right]\quad[\mathrm{V}]\tag{1.57}$$

さらにこの式を次に示すマクローリンの展開を用いて計算する。

$$f(x)=f(0)+\frac{f'(0)}{1!}x+\frac{f''(0)}{2!}x^2+\cdots\tag{1.58}$$

ここで，

$$f(\delta l)=\left(1+\frac{\delta l\cos\theta}{r}\right)^{-1/2}$$

とおくと，

$$f(0)=1$$
$$f'(\delta l)=-\frac{1}{2}\left(1+\frac{\delta l\cos\theta}{r}\right)^{-3/2}\frac{\cos\theta}{r}$$
$$f'(0)=-\frac{\cos\theta}{2r}$$
$$\therefore\quad f(\delta l)\cong 1+\frac{-\delta l\cos\theta}{2r}$$

同様にして

$$g(\delta l)=\left(1-\frac{\delta l\cos\theta}{r}\right)^{-1/2}\cong 1+\frac{\delta l\cos\theta}{2r}$$

結局，(1.57)式は次のようになる。

$$V=\frac{q}{4\pi\varepsilon_0 r}\left[-\left(1-\frac{\delta l\cos\theta}{2r}\right)+\left(1+\frac{\delta l\cos\theta}{2r}\right)\right]$$
$$=\frac{q\delta l\cos\theta}{4\pi\varepsilon_0 r^2}=\frac{q\delta \boldsymbol{l}\boldsymbol{i}_r}{4\pi\varepsilon_0 r^2}$$
$$=\frac{\boldsymbol{p}\boldsymbol{i}_r}{4\pi\varepsilon_0 r^2}\quad[\mathrm{V}]\tag{1.59}$$

ここで $\boldsymbol{i}_r$ はO点からP点へ向かう単位ベクトルである。

$$\boldsymbol{p}=q\delta\boldsymbol{l}\tag{1.60}$$

を**電気双極子モーメント**という。電気双極子モーメントは，$-q$ から q に向かう大きさ $q\delta l$ のベクトルである。点電荷による電位は電荷からの距離に反比例するが，双極子による電位は距離の2乗に反比例する結果になっている。

双極子による電界を2次元の極座標で表すと，以下のようになる。

$$\left.\begin{aligned} E_r &= -\frac{\partial V}{\partial r} = \frac{2P\cos\theta}{4\pi\varepsilon_0 r^3} \quad [\mathrm{V/m}] \\ E_\theta &= -\frac{1}{r}\frac{\partial V}{\partial \theta} = \frac{P\sin\theta}{4\pi\varepsilon_0 r^3} \quad [\mathrm{V/m}] \end{aligned}\right\} \tag{1.61}$$

1.6.7 電界中の荷電粒子の運動

電界 $\boldsymbol{E}$ の中で電荷量 q[C]に帯電した微小帯電体が電気力によって動く場合を考えよう(図1.39)。帯電体に作用する電気力 $\boldsymbol{F}$ は,

$$\boldsymbol{F} = q\boldsymbol{E} \tag{1.62}$$

である。帯電体が座標の $x=x_1$[m]のA点から $x=x_2$[m]のB点まで電気力によって移動する。この際,空気抵抗などの抵抗は考えないものとする。A点での速度を v_1 [m/s],B点での速度を v_2 [m/s] とし,帯電体の質量を m [kg]とすると,運動エネルギーの変化は,

$$\varDelta U_k = \frac{1}{2}mv_2^2 - \frac{1}{2}mv_1^2 \tag{1.63}$$

これは電界のなした仕事 $\varDelta W$ に等しい。

$$\begin{aligned} \varDelta U_k = \varDelta W &= \int_{x_1}^{x_2} qE_x dx = -q\int_{x_2}^{x_1} E_x dx \\ &= q(V_1 - V_2) \end{aligned} \tag{1.64}$$

式(1.63)および(1.64)から,

$$\frac{1}{2}mv_1^2 + qV_1 = \frac{1}{2}mv_2^2 + qV_2 = \mathrm{const.} \tag{1.65}$$

電界の作用によって運動する帯電体の得る速度は,電界の強さと移動距離によるのであるが,これは結局移動する2点間の電位差によって決まることがわかる。

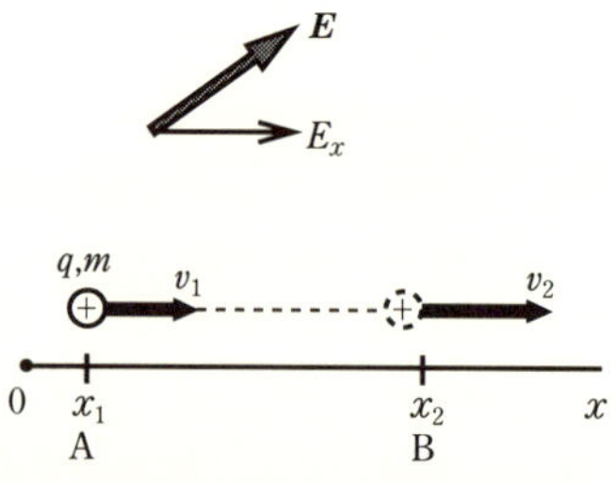

図 1.39　電界中の荷電粒子の運動

【例題 1.18】　yz 面に平行な 2 枚の広い電極板 A，B がある。A は原点に，B は $x=10\,\mathrm{cm}$ の点にある。A は接地され，B には正極性の電圧が印加され，その結果電極間は $5\,\mathrm{V/m}$ の電界が形成されている。A の表面から電子が初速度 0 で出発し，B の表面に到達したときの速度はいくらになるか。電子の質量は $m=9.11\times10^{-31}\,\mathrm{kg}$ とする。

（解）　電極間の電位差は $V=0.1\times5=0.5\,\mathrm{V}$。(1.65) 式から

$$\frac{1}{2}mv^2-eV=0$$

$$v=\sqrt{\frac{2eV}{m}}=\sqrt{\frac{2\times1.602\times10^{-19}\times0.5}{9.11\times10^{-31}}}$$
$$=4.19\times10^5\,\mathrm{m/s}$$

1.7　ポアソンとラプラスの方程式

体積電荷密度 $\rho\,[\mathrm{C/m^2}]$ の電荷が分布している空間（このような状態を，空間電荷があるという）で，ある微小体積（直方体）δv を考え，これにガウスの法則を適用する（図 1.40）。この体積を囲む面積を δS とする。δv の電荷量は，

$$\delta q=\rho\delta v \tag{1.66}$$

であるので，δS をガウス面とするときのガウスの法則は，

$$\int_{\delta S}\boldsymbol{E}d\boldsymbol{s}=\rho\delta v/\varepsilon_0 \tag{1.67}$$

となる。この式の両辺を δv で割って

$$\frac{1}{\delta v}\int_{\delta S}\boldsymbol{E}d\boldsymbol{s}=\rho/\varepsilon_0 \tag{1.68}$$

とすると，$\int_{\delta S}\boldsymbol{E}d\boldsymbol{s}$ は，体積電荷 ρ をもつ部分の微小体積 δv から出る電気力

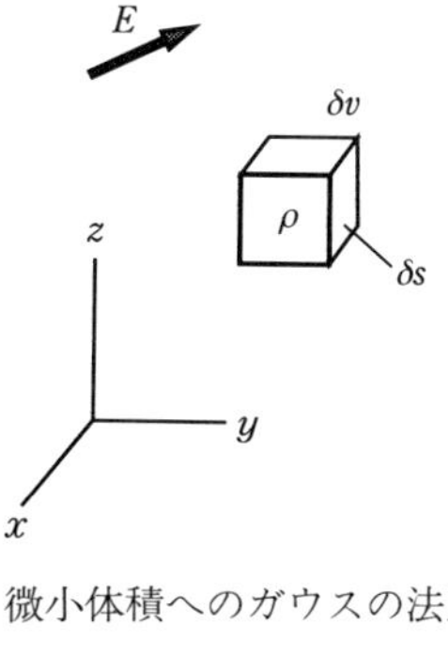

図 1.40　微小体積へのガウスの法則の適用

線の総本数であるから，(1.68)式はこれを単位体積あたりに換算したものである。式(1.68)で $\delta v\to 0$ の極限をとる。すなわち，

$$\lim_{\delta v\to 0}\frac{1}{\delta v}\int_{\delta S}\boldsymbol{E}d\boldsymbol{s}=\rho/\varepsilon_0 \tag{1.69}$$

(1.69)式の左辺を $\boldsymbol{E}$ の**発散**(ダイバージェンス)といい，$\mathrm{div}\,\boldsymbol{E}$ と書く。すなわち，

$$\mathrm{div}\,\boldsymbol{E}=\rho/\varepsilon_0 \tag{1.70}$$

$\mathrm{div}\,\boldsymbol{E}$ は，空間のある微小体積 Δv から出る電気力線の本数を，$\Delta v\to 0$ の極限で求め，単位体積あたりに換算した量である。ある点の空間電荷が ρ[C/m³] であれば，そこからは単位体積あたり ρ/ε_0 本の電気力線が出る。空間電荷密度 $\rho=0$ である場合は，発散は 0 である(その場所から電気力線は出てこない)。すなわち，

$$\mathrm{div}\,\boldsymbol{E}=0 \tag{1.71}$$

である。xyz 座標では以下の関係がある。

$$\mathrm{div}\,\boldsymbol{E}=\frac{\partial E_x}{\partial x}+\frac{\partial E_y}{\partial y}+\frac{\partial E_z}{\partial z} \tag{1.72}$$

電界と電位の間には

$$\boldsymbol{E}=-\mathrm{grad}\,V \tag{1.73}$$

で表される関係があるから，式(1.72)にこれを代入すると，

$$\begin{aligned}\mathrm{div}\,\boldsymbol{E}&=\mathrm{div}(-\mathrm{grad}\,V)=-\left(\frac{\partial^2 V}{\partial x^2}+\frac{\partial^2 V}{\partial y^2}+\frac{\partial^2 V}{\partial z^2}\right)\\&=-\nabla^2 V=-\Delta V\end{aligned} \tag{1.74}$$

となる。∇ はナブラ，Δ はラプラシアンとよぶ演算子である。これらを用いると，以下の式が導かれる。

$$\nabla^2 V=\Delta V=-\rho/\varepsilon_0 \tag{1.75}$$

$$\nabla^2 V=\Delta V=0 \tag{1.76}$$

式(1.70)と(1.75)は空間電荷がある場合の電界を決める式で，これを**ポアソンの式**という。また，式(1.71)と(1.76)は，空間電荷が無い場合の同様な式で，**ラプラスの式**と呼ばれる。

電界，電位を計算する方法として，クーロンの法則，ガウスの法則を用いる方法があるが，それぞれは応用範囲が限られており，ここで説明したポアソンおよびラプラスの式を用いる方法が最も一般的な方法である。以下に例を幾つか示す。

【例題 1.19】 間隔 l の2枚の薄い平行電極がある。それぞれ電荷密度で σ および $-\sigma$[C/m^2]に帯電している(図1.41)。各部の電界および電位を求めよ。

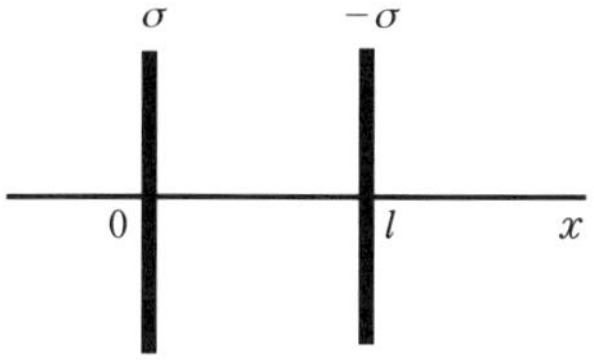

図 1.41　ラプラスの式の計算例

(解) 図のように電極の垂直方向に x 軸をとる。電極は $x=0$ と $x=l$ にある。電荷は電極だけにあり空間電荷 $\rho=0$ である。したがってラプラスの式が適用できる。ラプラスの式は $\nabla^2 V=0$ であるが，電界および電位は y および z 軸方向については一様であり，x 軸方向のみを考えればよい。したがってこの場合はラプラスの式は以下のようになる。

$$\frac{d^2 V}{dx^2}=0$$

これを解くと，

$$\frac{dV}{dx}=c_1$$

$$V=c_1 x+c_2$$

$x=0$ で $V=0$ とすると，

$$c_2=0$$

$$V=c_1 x$$

① $0<x<l$：ガウスの法則によって，

$$E=\frac{\sigma}{\varepsilon_0}=-\frac{dV}{dx}=-c_1$$

$$\therefore\quad c_1=-\sigma/\varepsilon_0$$

よって，

$$V=-\frac{\sigma}{\varepsilon_0}x\quad[\mathrm{V}]$$

② $x<0$ あるいは $x>l$ では $E=0$ であるから $V=\mathrm{const.}$

・$x<0$：$E=0$，ゆえに $V=\mathrm{const.}=[\mathrm{V}]_{x=0}=0\quad[\mathrm{V}]$

・$x>l$：$E=0$，ゆえに $V=\mathrm{const.}=[\mathrm{V}]_{x=l}=-\frac{\sigma}{\varepsilon_0}l\quad[\mathrm{V}]$

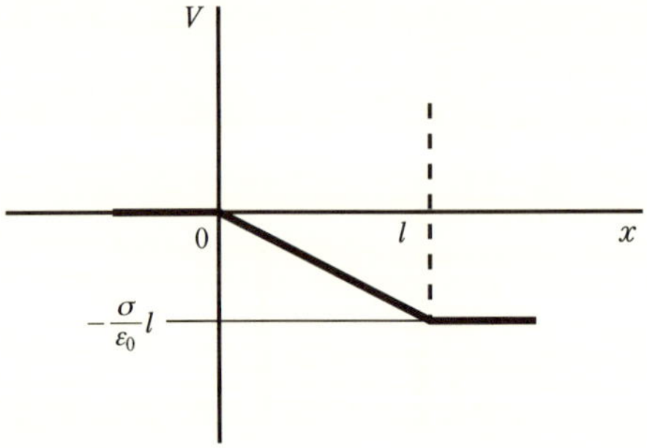

図 1.42　$\pm\sigma$ に帯電した平行電極近傍の電位

電位をグラフに描くと図 1.42 のようになる。

c_2 を決定する際に，$x=0$ で $V=0$ としたが，これは $x=0$ にある一方の電極を接地することに相当する。電極板を接地すれば電位は 0 になるが，電荷は 0 になるとはかぎらない。この場合は，もう一方の電極に $-\sigma$ の電荷密度の電荷があるから，これに面した表面に σ の電荷が現れている。

【例題 1.20】　$-a<x<a$ の範囲の空間には体積電荷密度 ρ[C/m²]の電荷が分布している(図 1.43)。ρ は定数である。各部の電位を求めよ。

(解)　① $|x|<a$

空間電荷があるから，ポアソンの式が適用できる。ただし，y および z 軸方向には一様であるから，変数としては x のみを考えればよい。したがってポアソンの式は x のみの式となる。

$$\frac{d^2V}{dx^2}=-\frac{\rho}{\varepsilon_0}$$

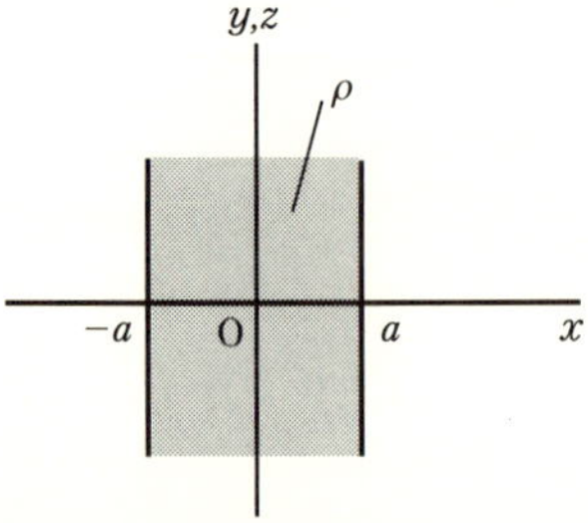

図 1.43　ポアソンの式の計算例

積分すると，

$$\frac{dV}{dx}=-\frac{\rho}{\varepsilon_0}x+c_1=-E$$

$x=0$ で，電荷分布の対称性を考えると，$E=0$。これから $c_1=0$。

$$\therefore\quad \frac{dV}{dx}=-\frac{\rho}{\varepsilon_0}x$$

$$V=-\frac{\rho}{2\varepsilon_0}x^2+c_2$$

ここで，$x=0$ で $V=0$ とすれば，

$$V=-\frac{\rho}{2\varepsilon_0}x^2\quad[\mathrm{V}]$$

となる。

②$|x|>a$

この領域では空間電荷は無いから，ラプラスの式が適用できる。

$$\frac{d^2V}{dx^2}=0$$

$$\frac{dV}{dx}=c_1=-E$$

ここで，図1.44のように x 軸に垂直な端面をもち，その側面が x 軸に平行である円筒面をガウス面とし，空間電荷による電界を計算する。端面の面積を S，そこでの電界を E とすると，ガウスの法則から，

$$2ES=2aS\rho/\varepsilon_0$$

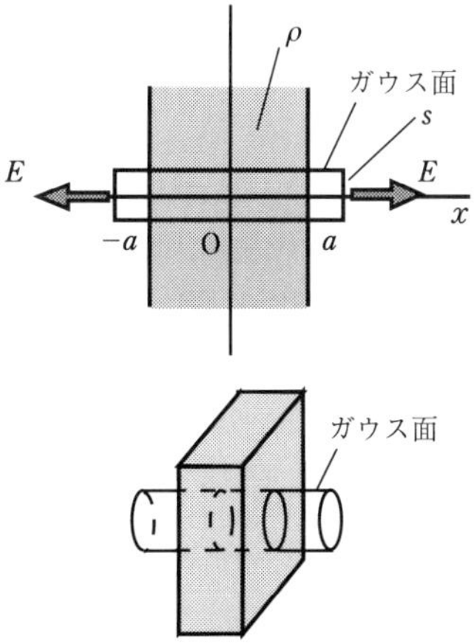

図 1.44　電界の計算

・$x>a$

$$E=a\rho/\varepsilon_0$$

$$\therefore \quad c_1=-a\rho/\varepsilon_0$$

$$V=c_1x+c_2=-\frac{a\rho}{\varepsilon_0}x+c_2$$

$x=a$ では①の結果を用いて，$V=-(\rho/2\varepsilon_0)a^2=-(a\rho/\varepsilon_0)a+c_2$ であるから(電位の連続)以下の式が成り立つ。

$$c_2=-\frac{a^2\rho}{2\varepsilon_0}+\frac{a^2\rho}{\varepsilon_0}=\frac{a^2\rho}{2\varepsilon_0}$$

$$\therefore \quad V=-\frac{a\rho}{\varepsilon_0}x+\frac{a^2\rho}{2\varepsilon_0} \quad [\mathrm{V}]$$

・$x<-a$

$x=-a$ で $V=-\dfrac{\rho}{2\varepsilon_0}a^2=-\dfrac{a^2\rho}{\varepsilon_0}+c_2'$

$$c_2'=\frac{a^2\rho}{2\varepsilon_0}$$

$$V=\frac{a\rho}{\varepsilon_2}x+\frac{a^2\rho}{2\varepsilon_0} \quad [\mathrm{V}]$$

演習問題

1.1　各辺が 10cm の正三角形の各頂点に電荷量 1，2，3 μC の点電荷がある。3 μC の点電荷に働く電気力の大きさを求め，方向を図示せよ。

1.2　$(-a, 0, 0)$，原点，$(a, 0, 0)$ に電荷量 q_1，q_2，および q_3[C]の点電荷がある。各電荷が力学的に安定である条件を求めよ。

1.3　点(3, 4, 5)m にある 5nC の点電荷が原点に作る電界を求めよ。

1.4　鉛直上方に向いている電界 $E=4.5\times10^2$ V/m の中で，帯電した半径 $a=0.1\times10^{-6}$ m の球形粒子が，これに働く電気力と重力の釣り合いによって静止している。粒子の電荷量 q を求め，その値が電気素量の何倍であるかを計算せよ。粒子の比重は $\rho=8.79\times10^3$ kg/m^3，重力加速度 $g=9.8$ m/s^2 とする。

1.5　(3, 0, 0)m の点に $q_1=-0.55\,\mu$C の点電荷が，(0, 4, 0)m の点に $q_2=0.35\,\mu$C の点電荷がある。(0, 0, 5)m の点の電界を求めよ。

1.6　長さ $2l$[m]で，単位長さ当たり λ[C/m]に帯電した細い棒がある。λ は定数である。棒の中心からこれに直角に l[m]離れた点の電界を求めよ。

1.7　半径 5cm の導体球が一様な表面電荷密度 3 μC/m^2 で帯電している。導体球の

中心からの距離 r に対する電界を求めよ。また，電界が 1V/m になる位置を求めよ。

1.8 半径 a[m]の長い導体円筒があり，その中は一様な体積電荷密度 ρ[C/m^3]の電荷が詰まっている。円筒の厚さは無視し，円筒の中心からの距離の関数として電界を求め，グラフにかけ。

1.9 半径 a, b, c[m]の導体球殻 A, B, C($a<b<c$)が同心で存在している。球殻の厚さは無視する。A に電荷 q[C]を，B に $-2q$[C]を，C に $3q$[C]を与える。この電荷によってできる電界を求めよ。

1.10 地球の表面には鉛直下向きに $E=1.0\times10^2$ V/m の電界がある。地球を半径 $a=6.4\times10^6$ m の導体球と見なして，全電荷量を求めよ。

1.11 x 軸上に並んだ点電荷 $q_1, q_2, \cdots, q_n$ の作る電気力線は，その上の一点と各電荷を結ぶ直線が x 軸となす角を $\theta_1, \theta_2, \cdots, \theta_n$ とするとき，次の方程式で表されることを示せ。

$$\sum_{i=1}^{n} q_i \cos\theta_i = 一定$$

1.12 $4q$[C]と $-q$[C]の 2 個の点電荷 A，B がある。A から発する電気力線のうち B で終わるものは，A において AB を結ぶ線分と 60° 以下の角度をなすことを示せ。

1.13 原点に 10^{-8} C の点電荷がある。(1)点(1, 1, 0)m の電位，(2)2 点(0, 2, 3)m と(2, 4, 3)m の間の電位差を求めよ。

1.14 直径 100 mm の導体球に 5×10^{-7} C の電荷が与えてある。(1)導体表面の電荷密度，(2)導体表面の電界，(3)導体表面から 5 cm 離れた点の電界，(4)導体表面の電位，を求めよ。

1.15 一様な面電荷密度 σ[C/m^2]で帯電した薄い球殻の内外の電位を，球殻表面の微小部分を点電荷と考えて直接積分することにより求め，この結果より電界も求めよ。

1.16 半径 a の導体球 I と，半径 b の導体球殻 II があり($a<b$，II の厚さは考えない)，同心で絶縁されて配置されている。次の各場合について各部の電界および電位を求めよ。

(1) I のみに電荷 q を与えた場合。
(2) II のみに電荷 q を与えた場合。
(3) I に q，II に $-q$ を与えた場合。

1.17 2 個の点電荷 $4q$ および $-q$ が距離 a 離れて存在している。両点電荷を通る直線を z 軸とし，この軸上で電位が 0 になる点を原点とし，点 P(x, y, z)の電位を求めよ。

1.18 半径 a の円板上に面密度 σ で電荷が一様に分布している。円板の軸 z 上の電位を求め，これから電界を求めよ。

1.19　xy 平面で電位が次式で表されるとき，電界の強さを極座標で表せ。

（1）　$V=V_0x/(x^2+y^2)^{3/2}$

（ヒント：直角座標上の点は，$x=r\cos\theta$，$y=r\sin\theta$ で表される。$r=(x^2+y^2)^{1/2}$ である。）

（2）　$V=a\cos\theta/r^2+b/r$

1.20　空気の絶縁耐力を 3×10^6 V/m とすれば，直径 10 cm の導体球に加えられる最大電圧はいくらか。絶縁耐力は，これ以上の電界の強さでは絶縁を保てなくなる限界の電界強度で，絶縁破壊の強さともいう。

1.21　内部導体の半径が a，外部導体の内半径が b である長い同軸円筒系がある。両導体間に電位差 V を与えるとき，

（1）　導体間の電界を求めよ。

（2）　内部導体の半径を変えて，その表面の電界を最小にするには，a をいくらにすればよいか。

1.22　半径 a[m]の球内に一様な密度 ρ[C/m^3]で電荷が分布している。無限遠を 0 V として球内外の電位を求めよ。

1.23　半径 a[m]の円柱内に単位長さ当たり $\lambda=3.0\times10^{-7}$ C/m の密度で電荷が一様に分布している。表面と軸の電位差を求めよ。

1.24　質量 m，電荷量 q の帯電粒子が，内部電極の半径 a，外部電極の内半径 b の同軸円筒コンデンサの中を円周方向に一定の速度 v で回転運動をするためには，内外電極間に加える電圧をいくらにすればよいか。

1.25　電位差 V_0，間隔 L の 2 枚の平行平板電極間に，電位 0 の方の電極からの距離を x として，$V=V_0(x/L)^{4/3}$ の電位分布があるという。電極板間の電荷分布を求めよ。

1.26　点(x_0, y_0, z_0)にある点電荷 q から r だけ離れた点(x, y, z) の電位

$$V=q/4\pi\varepsilon_0\{(x-x_0)^2+(y-y_0)^2+(z-z_0)^2\}^{1/2}$$

はラプラスの式を満たすことを示せ。

2 導体系と静電界

この章では，複数の導体からなる導体系について，導体の電荷と電位の関係，導体間に作用する電気力，導体系に蓄えられる静電エネルギーについて学ぶ。静電エネルギーは帯電した導体にではなく，実は空間，すなわち電界中に蓄えられていると理解されている。ここでも概念の理解と計算能力の養成に力を注ぐが，それと共に目に見えない電気現象を理解し利用するための先人の思考法に慣れてほしい。

2.1　導体の性質

導体内には自由に動ける電荷(金属の場合は自由電子)があり，電界の変化に対応してただちにその位置を変化させる。このことによって導体は以下に示す特別な電磁気学的性質をもつ(図 2.1)。

（1）　導体内は電界が無い。

導体内に電界が存在すると，導体内の自由に動ける電荷が移動する。移動した電荷は，ちょうどそれまで存在した電界を打ち消すように新たに電界を作る。理想的な導体であればこの移動は瞬時に起こるから，結果として導体内では電界 $\boldsymbol{E}=0$ である。もし，導体内で常に $\boldsymbol{E}=0$ でないならば，導体内部で常に電流が流れていることになり，磁界の発生など，不自然な現象が起こることになる。

（2）　導体が帯電すると，電荷はその表面だけに存在する。

導体内にガウス面をとると，面内では $\boldsymbol{E}=0$ であるから $\int_S \boldsymbol{E} d\boldsymbol{s}=0$ であり，したがって面内の電荷 $q=0$ である。ガウス面を表面ぎりぎりの内側にとってもこの状態は変わらないから，結局電荷は表面に存在する以外に存在する場所がない。すなわち，導体が帯電する場合には，電荷は表面に存在することにな

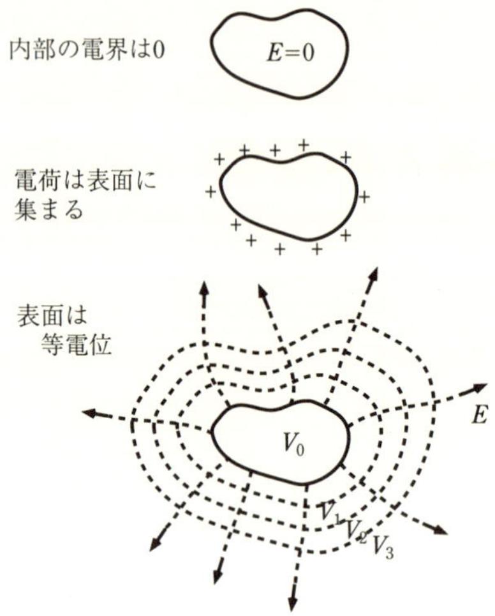

図 2.1　導体の性質

る。

（3）　導体の表面は等電位面である。

導体内は $\boldsymbol{E}=0$ であるからその中で電荷を動かしても仕事がゼロである。したがって導体内はいたるところ電位が等しく，表面は等電位面になる。したがって導体表面では電気力線が垂直に出入りする。

導体が等電位であるため，「導体の電位」という概念が成り立つ。絶縁体では一般的に，ある一つの絶縁体上でどこでも同じ電位であるということはないから，「ある絶縁体の電位」という表現は意味をなさないのが普通であり，「絶縁体上のある点の電位」という表現になる。

2.2　静電容量

2.2.1　静電容量の定義

孤立した1個の導体に電荷 q[C]を与える(図2.2)。すると導体の周りには電界 $\boldsymbol{E}$ ができ，その導体の電位が V[V]になったとする。導体に与える電荷を増やして $2q$ にすればその導体周辺の電界も2倍の $2\boldsymbol{E}$ になるから，導体の電位は $2V$ になる。このように，導体の電位は与えた電荷量に比例するから，電位と電荷量の間には次の式が成り立つ。

$$q=CV \quad [\mathrm{C}] \tag{2.1}$$

ここで C は比例定数である。この比例定数を導体の**静電容量**という。静電容

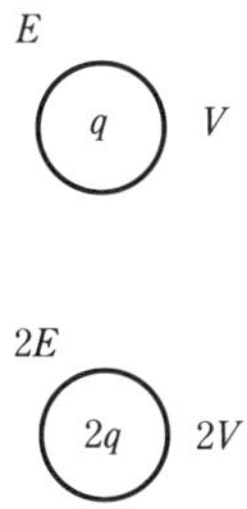

図 2.2　単独物体の静電容量

量は，

$$C = q/V \quad [\mathrm{F}] \tag{2.2}$$

である。静電容量の単位は F(ファラッド)である。ファラッドはクーロンと同じように極めて大きな量を表す単位であるため，μF(マイクロファラッド：10^{-6}F)や pF(ピコファラッド：10^{-12}F)がよく使われる。

導体が A，B 2 つあり，一方に q，他方に $-q$ の電荷を与えるとき，それぞれの電位が V_A および V_B になったとすると，

$$q = C \cdot (V_A - V_B) \quad [\mathrm{C}] \tag{2.3}$$

の関係が成り立つ(図 2.3)。この場合は，

$$C = \frac{q}{V_A - V_B} \quad [\mathrm{F}] \tag{2.4}$$

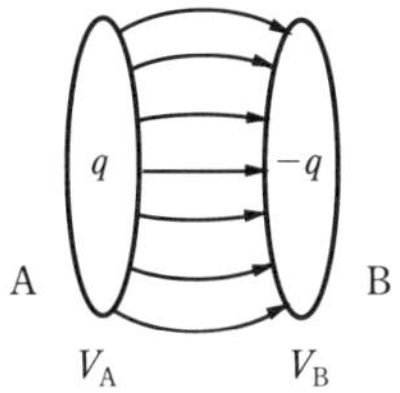

図 2.3　2 物体間の静電容量

静電容量は，等量異符号に帯電した 2 つの導体の間の電荷量と電位の関係を表す量である。最初に説明した孤立導体では，一見相手になる等量異符号の帯電体がないように見えるが，帯電した導体を無限遠で取り囲む宇宙のかなたにある電荷が相手になり，その部分に $-q$ の電荷があって，そこの電位(0 V)との差を孤立導体の電位としているのである。すなわちこの場合でも結局は 2 つの帯電体の間の電位差と考えられるのである。

【例題 2.1】 半径 a の導体球の静電容量を求めよ。また，地球を導体球と考えると，その静電容量はいくらになるか。

（解） 半径 a の導体球に電荷 q を与えると，その電位 V は，

$$V=q/4\pi\varepsilon_0 a \quad [\mathrm{V}]$$

ゆえに静電容量は，

$$C=\frac{q}{q/4\pi\varepsilon_0 a}=4\pi\varepsilon_0 a \quad [\mathrm{F}]$$

地球の半径を $a=6.37\times10^6\,\mathrm{m}$ とすると，

$$C=7.08\times10^{-4}\,\mathrm{F}=708\,\mu\mathrm{F}$$

2.2.2 静電容量の計算

（1） 平行板コンデンサ

面積 $S[\mathrm{m}^2]$ の2枚の電極板を間隔 $d[\mathrm{m}]$ で平行に配置する（図2.4）。それぞれに q および $-q[\mathrm{C}]$ の電荷を与えると，電荷は電極の向き合った面に均等に集まり，その面密度は，

$$\sigma=q/S \quad [\mathrm{C/m^2}] \tag{2.5}$$

であるから，ガウスの法則によって，表面（向き合った電極面）の電界は，

$$E=\sigma/\varepsilon_0 \quad [\mathrm{V/m}] \tag{2.6}$$

となる。電極間の電位差は，

$$V=Ed=qd/\varepsilon_0 S \quad [\mathrm{V}] \tag{2.7}$$

よって静電容量は，

$$C=q/V=\varepsilon_0 S/d \quad [\mathrm{F}] \tag{2.8}$$

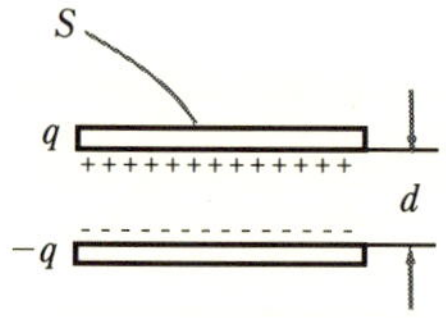

図 2.4 平行平板コンデンサ

（2） 同心球コンデンサ

半径 $a[\mathrm{m}]$ の導体球と内半径 $b[\mathrm{m}]$ $(a<b)$ の導体球殻が同心で互いに絶縁されて中心を同じくして固定されている（図2.5）。この状態で，球と球殻が同心球コンデンサを形成している。球および球殻にそれぞれ電荷 q および $-q[\mathrm{C}]$ を与えると，球と球殻の間の電界は球の中心からの距離を $r[\mathrm{m}]$ として，

$$E=q/4\pi\varepsilon_0 r^2 \quad [\mathrm{V/m}] \tag{2.9}$$

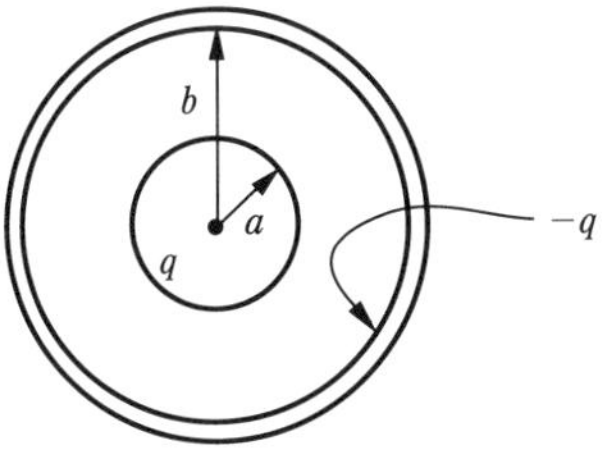

図 2.5 同心球コンデンサ

したがって両者の電位差は，

$$V=-\int_b^a E dr=\frac{q}{4\pi\varepsilon_0}\left(\frac{1}{a}-\frac{1}{b}\right) \quad [\mathrm{V}] \tag{2.10}$$

よって静電容量は

$$C=q/V=4\pi\varepsilon_0\frac{ab}{b-a} \quad [\mathrm{F}] \tag{2.11}$$

（3） 同心円筒コンデンサ

外半径 a[m]の導体円筒が内半径 b[m]($a<b$)の導体円筒内に中心を同じくして入っている(図2.6)。内円筒にその単位長さ当たり λ，外円筒に $-\lambda$ [C/m]の電荷を与える。内外円筒間の電界は，円筒の中心からの距離を r[m]として，ガウスの法則によって，

$$E=\lambda/2\pi\varepsilon_0 r \quad [\mathrm{V/m}] \tag{2.12}$$

であるから，内外円筒間の電位差は，

$$V=-\int_b^a \frac{\lambda}{2\pi\varepsilon_0 r}dr$$

$$=\frac{\lambda}{2\pi\varepsilon_0}\ln\frac{b}{a} \tag{2.13}$$

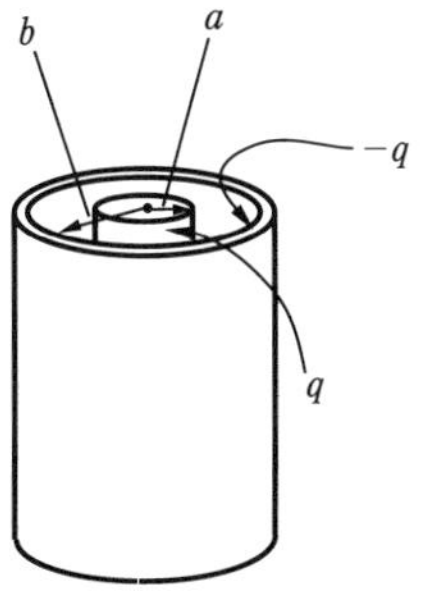

図 2.6 同心円筒コンデンサ

よって円筒系の単位長さ当たりの静電容量は，

$$C=\lambda/V=\frac{2\pi\varepsilon_0}{\ln(b/a)}\quad [\mathrm{F/m}] \tag{2.14}$$

【例題 2.2】 半径 a[m]の細い導線が間隔 l m で 2 本平行に配置されている。この 2 線間の静電容量を導線の単位長さ当たりとして求めよ。

（解） 導線を A，B とし，それぞれの単位長さ当たり A に電荷 q，B に $-q$ [C/m]を与える。A の中心を原点とし，B の中心を x 軸の点 l に置き，$a \ll l$ とする。導線間の任意の点 x での電界はガウスの法則を用いて，

$$E=E_A+E_B=\frac{q}{2\pi\varepsilon_0 x}+\frac{q}{2\pi\varepsilon_0(l-x)}$$

A，B の電位差は積分範囲を $l-a$ から a までとして，

$$V=\frac{q}{\pi\varepsilon_0}\ln\frac{l-a}{a}\fallingdotseq\frac{q}{\pi\varepsilon_0}\ln\frac{l}{a}\quad [\mathrm{V}]$$

よって静電容量は，

$$C=q/V=\frac{\pi\varepsilon_0}{\ln\{(l-a)/a\}}\fallingdotseq\frac{\pi\varepsilon_0}{\ln(l/a)}\quad [\mathrm{F/m}]$$

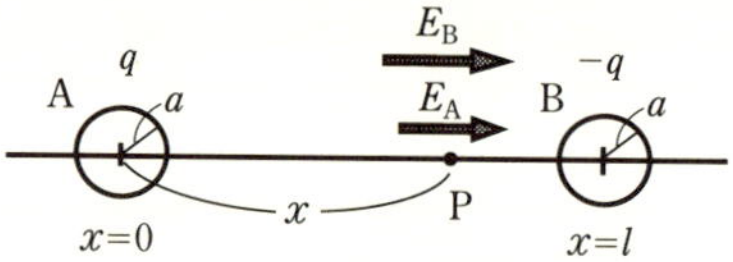

図 2.7　平行導線間の静電容量

2.3　電位係数，容量係数，誘導係数

導体がいくつもあるとき，ある導体の電位はその導体だけの状態で決まるのではなく，他の導体によって影響を受ける。例えば，ある導体がそれ自身としては電荷を持っていなくとも，他の導体が電荷を持っていれば，一般に電位が 0 にはならない。

いま，導体が n 個あるとして，それぞれの電位を $V_1, V_2, \cdots, V_n$ とし，そ

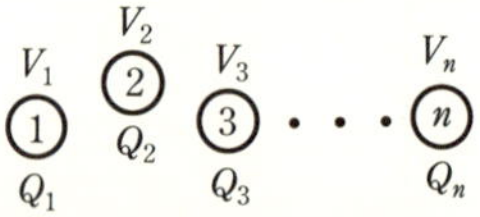

図 2.8　帯電体がいくつもある場合の電荷と電位

れぞれが持つ電荷を $Q_1, Q_2, \cdots, Q_n$ とすると，重ね合わせの理によって以下の式が成り立つ(図2.8)。

$$V_1 = p_{11}Q_1 + p_{12}Q_2 + \cdots + p_{1n}Q_n$$
$$V_2 = p_{21}Q_1 + p_{22}Q_2 + \cdots + p_{2n}Q_n$$
$$\vdots$$
$$V_n = p_{n1}Q_1 + p_{n2}Q_2 + \cdots + p_{nn}Q_n$$

まとめると，

$$V_i = \sum_{j=1}^{n} p_{ij}Q_j \tag{2.15}$$

p_{ij} は，導体 j だけに1Cの電荷を与え，それ以外の電荷を0にしたときの導体 i の電位を意味する。p_{ij} は，導体の形状・大きさと他の導体との相互関係によって決まり，**電位係数**と呼ばれる。導体 i だけに正極性の電荷を与えると，他の導体には誘導電荷が生じるから，導体 i からは電気力線が出るが，他の導体では入る本数と出る本数が同じになる。したがって電位は導体 i が最高で，他はこれより低いことになる。導体 i が負電荷を持てばその電位が最低になる。したがって，

$$p_{ii} \geqq p_{ij} \geqq 0 \tag{2.16}$$

また，次の関係も導かれる。

$$p_{ij} = p_{ji} \tag{2.17}$$

p_{ij} の単位は[1/F]である。

以上の関係は，導体系の電位を決めてその電荷を求める関係に作りかえることもできる。

$$Q_1 = q_{11}V_1 + q_{12}V_2 + \cdots + q_{1n}V_n$$
$$Q_2 = q_{21}V_1 + q_{22}V_2 + \cdots + q_{2n}V_n$$
$$\vdots$$
$$Q_n = q_{n1}V_1 + q_{n2}V_2 + \cdots + q_{nn}V_n$$

まとめると，

$$Q_i = \sum_{j=1}^{n} q_{ij}V_j \tag{2.18}$$

この式は，連立方程式である(2.15)式を Q について解くことによって，解析的に求められる。q_{ji} は導体 i だけを+1Vにして，他の導体の電位を0にしたときの導体 j の電荷に等しい。このときは導体 j も電位0V(接地している

と考えてよい)になっているから，この導体の電荷は導体 i の電荷 Q_i による誘導電荷であって，これは Q_i とは逆極性になる。そこで，

$$q_{ji} \leqq 0 \tag{2.19}$$

q_{ji} を**誘導係数**という。q_{ii} は導体 i だけを+1Vにし，他の導体の電位を0Vにした場合の導体 i の電荷を意味する。したがって，q_{ii} は導体 i の静電容量で，**容量係数**と呼ばれる。この場合導体 i の電荷は正極性であるから，

$$q_{ii} > 0 \tag{2.20}$$

また，

$$q_{ij} = q_{ji} \tag{2.21}$$

なる関係がある。q_{ii} および q_{ij} の単位は[F]である。

【例題 2.3】 半径 a の導体球1と内半径 b，外半径 c の導体球殻2が同心球コンデンサを形成している。電位係数を求めよ。

（解） 導体1および2の電位は次の式で表される。

$$V_1 = p_{11}Q_1 + p_{12}Q_2$$
$$V_2 = p_{21}Q_1 + p_{22}Q_2$$

$Q_1=1$C，$Q_2=0$C とすると，

$$V_1 = p_{11} = -\int_\infty^c \frac{1}{4\pi\varepsilon_0 r^2}dr - \int_b^a \frac{1}{4\pi\varepsilon_0 r^2}dr$$
$$= \frac{1}{4\pi\varepsilon_0}\left(\frac{1}{c}+\frac{1}{a}-\frac{1}{b}\right) \quad [\mathrm{V}]$$
$$V_2 = p_{21} = -\int_\infty^c \frac{1}{4\pi\varepsilon_0 r^2}dr = \frac{1}{4\pi\varepsilon_0 c} = p_{12} \quad [\mathrm{V}]$$

$Q_1=0$，$Q_2=1$C とすると，

$$V_2 = p_{22} = -\int_\infty^c \frac{1}{4\pi\varepsilon_0 r^2}dr = \frac{1}{4\pi\varepsilon_0 c} \quad [\mathrm{V}]$$

まとめると，$p_{11}=(1/a-1/b+1/c)/4\pi\varepsilon_0$[1/F]，$p_{12}=p_{21}=1/4\pi\varepsilon_0 c$[1/F]，$p_{22}=1/4\pi\varepsilon_0 c$[1/F]である。以上の計算で，式中に例えば $V_1=p_{11}$ と書いてあるのは，単に数値をいっているのであって，ここでは p_{11} に掛ける $Q_1(=1)$ を省略してある。したがって，p_{11} の単位が V_1 の単位と同じ[V]であるわけではない。

2.4　静電遮蔽（図 2.9）

導体 1 と導体 2 があり，さらに導体 1 のみを完全に囲んでいる導体 3 がある。この場合の電位と電荷の関係を考えてみよう。式(2.15)によって，

$$\left.\begin{aligned} V_1 &= p_{11}Q_1 + p_{12}Q_2 + p_{13}Q_3 \\ V_2 &= p_{21}Q_1 + p_{22}Q_2 + p_{23}Q_3 \\ V_3 &= p_{31}Q_1 + p_{32}Q_2 + p_{33}Q_3 \end{aligned}\right\} \tag{2.22}$$

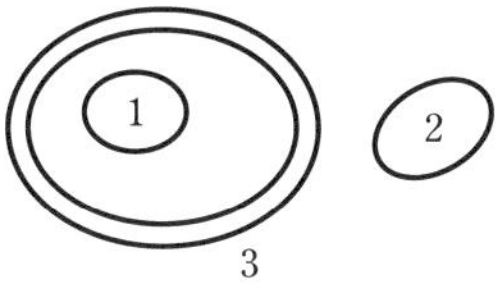

図 2.9　静電遮蔽

$Q_1=0$ とすると，導体 3 の中では $E=0$ であるから $V_1=V_3$,

$Q_3\neq 0$,　$Q_1=Q_2=0$ の場合，(2.15)式から，

$$V_1 = p_{13}Q_3 = V_3 = p_{33}Q_3$$

$$\therefore \quad p_{13} = p_{33}\,(=p_{31}) \tag{2.23}$$

$Q_2\neq 0$,　$Q_1=Q_3=0$ の場合，

$$V_1 = p_{12}Q_2 = V_3 = p_{32}Q_2$$

$$\therefore \quad p_{12} = p_{32}\,(=p_{21}) \tag{2.24}$$

これより，

$$V_1 = p_{11}Q_1 + p_{32}Q_2 + p_{33}Q_3 \tag{2.25}$$

$$V_3 = p_{33}Q_1 + p_{32}Q_2 + p_{33}Q_3 \tag{2.26}$$

(2.26)式から(2.25)式を引くと，

$$V_3 - V_1 = Q_1(p_{33}-p_{11}) = Q_1(p_{31}-p_{11}) \tag{2.27}$$

導体 1 と 3 の電位差を表す上式には，Q_2 が入っていない。これは，導体 1 と 3 の電位差に導体 2 が全く影響をもたないことを示すものである。特に導体 3 を接地し，その電位を 0 V にしている場合は，この導体 3 によって囲まれている導体 1 の電位は，導体 1 の電荷と導体 1 と導体 3 の幾何学的な状態だけで決定される。この状態では，導体 1 は導体 3 によって，「静電的に遮蔽されている」という。導体で囲んで外部からの電気的影響を除くことを**静電遮蔽**（静電シールド）という。

精密な計測を行う場合など，計測系が外部の電界の変化によって影響を受け

ることが多い。このような場合には，計測系を導体で囲み，これを接地して静電遮蔽する。測定室の壁を金属板で覆いこれを接地して，静電遮蔽した部屋(シールドルーム)にする場合もある。

2.5　電界の力とエネルギー

2.5.1　帯電体表面に働く電気力

電荷密度 σ[C/m²]に帯電した導体表面の電界は表面に垂直で，その強さは

$$E_n = \sigma/\varepsilon_0 \quad [\mathrm{V/m}] \tag{2.28}$$

である。導体表面に微小面積 Δs を考える。本来，表面電荷による電界は，図 2.10 のようにその面の両面に出来るはずであるから，これを E_n' とする。また，Δs 以外の部分も電界を作り，この電界の Δs 部分にできる分を E_n'' とする。導体内部では電界は 0 であるが，これは E_n'' と E_n' が打ち消し合う結果である。そのため，E_n'' は面の外側に向かうはずである。ガウスの法則から，

$$E_n' = \sigma/2\varepsilon_0 \tag{2.29}$$

であるから，

$$E_n' + E_n'' = \sigma/2\varepsilon_0 + E_n'' = \sigma/\varepsilon_0$$

$$\therefore \quad E_n'' = \sigma/2\varepsilon_0 \quad [\mathrm{V/m}] \tag{2.30}$$

Δs 部分の電荷は $\sigma\Delta s$[C]であるから，この電荷に E_n'' の電界が作用することになる。よって，Δs 部分には次の電気力が作用する。

$$F = \sigma\Delta s \times \sigma/2\varepsilon_0 = \frac{\sigma^2}{2\varepsilon_0}\Delta s \quad [\mathrm{N}] \tag{2.31}$$

単位面積当たりの作用力は，

$$f = F/\Delta s = \sigma^2/2\varepsilon_0 \quad [\mathrm{N/m^2}] \tag{2.32}$$

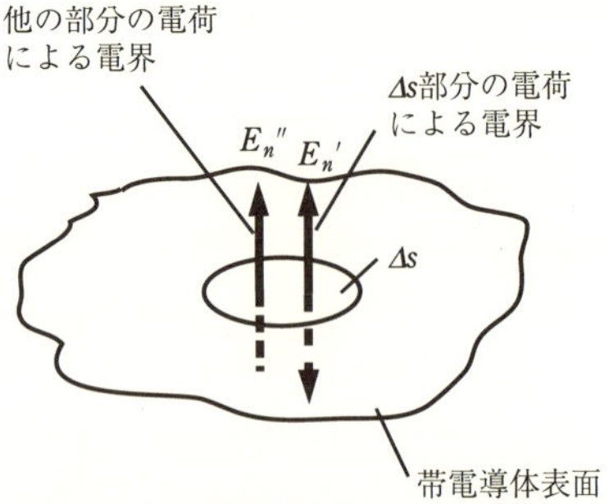

図 2.10　帯電体表面に働く電気力

表面の電界で表現すると，$E_n=\sigma/\varepsilon_0$ であるから，

$$f=\frac{1}{2}\varepsilon_0 E_n{}^2 \quad [\mathrm{N/m^2}] \tag{2.33}$$

となる。

2.5.2　導体系のエネルギー

導体系が電荷を持っていれば，これによって帯電体を動かしたり，その電荷が流れる際に仕事をすることができるから，**静電エネルギー**が蓄積していることになる。この導体系の持つ静電エネルギーを，単純な平行平板電極系の場合について説明してみよう。

（1）　コンデンサのエネルギー

面積 S[m²]，電極間隔 d[m]の 2 枚の平板電極からなる平行平板コンデンサがある。電極がそれぞれ q および $-q$[C]に帯電しているときの，このコンデンサに蓄えられている電気エネルギーを計算する。一方の電極 A から Δq[C]の電荷をもう一方の電極 B へ運ぶ。これを繰り返して，ある瞬間に A には $-q$，B には q[C]の電荷がたまり，AB 間の電位差が V[V]になったとする（図 2.11）。この状態で，A から B へ Δq の電荷を運ぶ仕事は，

$$\Delta W=V\Delta q \tag{2.34}$$

B の電荷が q_0 になるまで電荷を運んだとすると，これまでの仕事は，

$$W=\int_0^{q_0} V dq=\int_0^{q_0}\frac{q}{C}dq=\left[\frac{q^2}{2C}\right]_0^{q_0}$$
$$=q_0{}^2/2C \quad [\mathrm{J}] \tag{2.35}$$

上式は $q=CV$ の関係を用いて変形できる。一般に，電荷量 q[C]に帯電したコンデンサの持つ静電エネルギー U は，

$$U=\frac{1}{2}\frac{q^2}{C}=\frac{1}{2}qV$$
$$=\frac{1}{2}CV^2 \quad [\mathrm{J}] \tag{2.36}$$

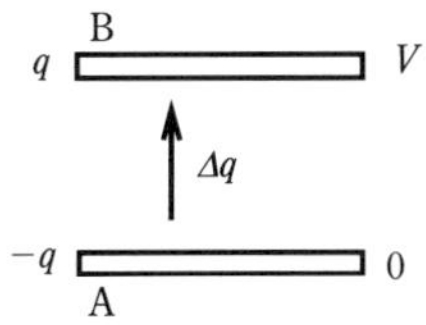

図 2.11　コンデンサの電気エネルギー

(2) 電界とエネルギー

コンデンサが電荷を持てば静電エネルギーが蓄えられることはわかったが，そのエネルギーはどこに蓄えられているのであろうか。平行平板コンデンサのエネルギーの式を静電容量 $C=\varepsilon_0 S/d$ を用いて次のように変形してみる。

$$U=\frac{1}{2}CV^2=\frac{1}{2}\frac{\varepsilon_0 SV^2}{d}=\frac{1}{2}\varepsilon_0 Sd\left(\frac{V}{d}\right)^2$$
$$=\frac{1}{2}\varepsilon_0 vE^2 \quad [\mathrm{J}] \tag{2.37}$$

v は電極で挟まれた空間の体積である。この式は，コンデンサに蓄えられた静電エネルギーが，電極間の電界の 2 乗と電界が作用している空間の体積との積に比例していることを表している。電界の作用する空間の単位体積当たりの静電エネルギーは，

$$u=U/v=\frac{1}{2}\varepsilon_0 E^2 \quad [\mathrm{J/m^3}] \tag{2.38}$$

コンデンサに蓄えられている静電エネルギーは，電荷のたまっている電極そのものに蓄積しているわけではなく，電極間の空間に蓄えられていると考えるのである(図 2.12)。この関係は平行板コンデンサだけについて成り立つものではなく，一般に電界中に電気エネルギーが蓄えられており，その値は式(2.37)，(2.38)で表される。

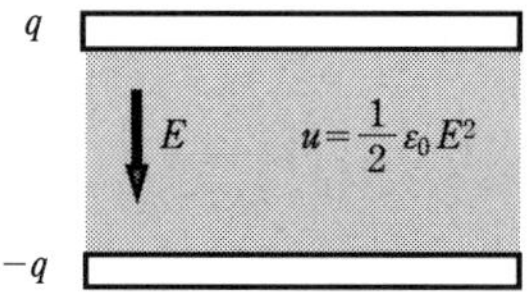

図 2.12 電界中のエネルギー

2.5.3 導体系のエネルギーと電気力

平行板コンデンサに電荷が蓄えられているときには，2 つの電極に正および負極性の電荷があるから，電極にはお互いに引き合う電気力が作用している。この電気力が静電エネルギーとどのように関係するかを考えてみよう。

(1) 電荷一定の場合(図 2.13)

平行板コンデンサを充電し，外部との接続を断ってその電荷が変化しない状態で，一方の電極が微小距離 Δx だけ変位する。この変位が電気力 F_q によってなされるとすれば，変位によって電気力は仕事をしたことになる。しかし，

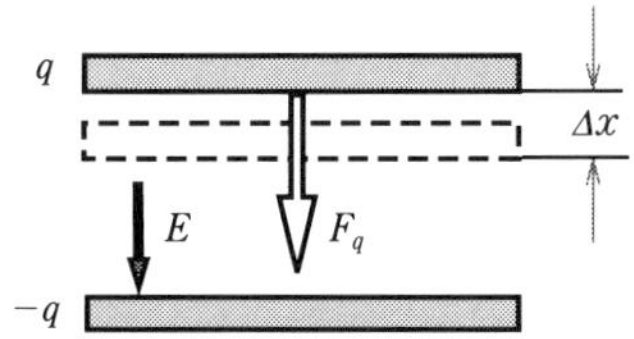

図 2.13　電極間に作用する電気力(電荷一定の場合)

この系は外部との電荷の出入りがなく，エネルギーの出入りもない。そこで電気力の仕事分だけ系のエネルギーは変化することになるから，(電気力による仕事)＋(系の静電エネルギーの変化)＝0 である。これを式に書けば，

$$F_q\varDelta x+\varDelta U_q=0 \tag{2.39}$$

したがって，$F_q=-\varDelta U_q/\varDelta x$ であるから $\varDelta x\to 0$ の極限では，

$$F_q=-\frac{\partial U_q}{\partial x} \tag{2.40}$$

となる。電荷 q を持つ平行板コンデンサでは電極間隔を x として，

$$U_q=\frac{1}{2}\frac{q^2}{C}=\frac{xq^2}{2\varepsilon_0 S}\quad[\mathrm{J}] \tag{2.41}$$

であるから，

$$F_q=-\frac{\partial U_q}{\partial x}=-\frac{q^2}{2\varepsilon_0 S}=-\frac{(\sigma S)^2}{2\varepsilon_0 S}=-\frac{S}{2\varepsilon_0}\sigma^2\quad[\mathrm{N}] \tag{2.42}$$

電極の単位面積当たりでは，

$$f_q=F_q/S=-\sigma^2/2\varepsilon_0\quad[\mathrm{N/m^2}] \tag{2.43}$$

$\sigma/\varepsilon_0=E$ であるから，

$$f_q=-\frac{1}{2}\varepsilon_0 E^2\quad[\mathrm{N/m^2}] \tag{2.44}$$

右辺の(−)は x が減少する方向に力が作用することを示す。

(2)　電位一定の場合(図 2.14)

平行平板コンデンサの両極に電圧 V[V]の電源を接続する。コンデンサに

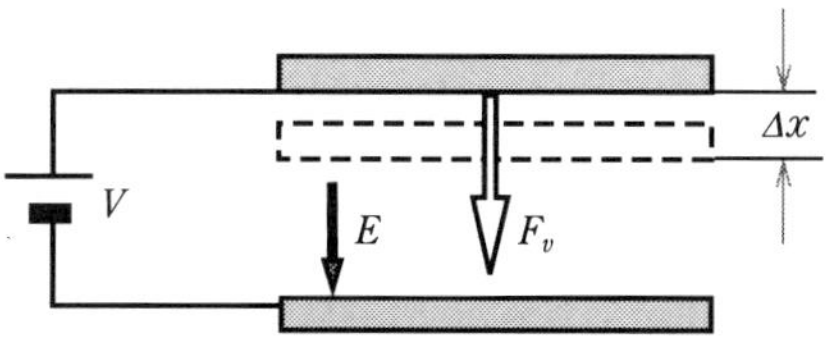

図 2.14　電極間に作用する電気力(電位一定の場合)

蓄えられている静電エネルギーは，

$$U_v = CV^2/2 = \varepsilon_0 SV^2/2x \tag{2.45}$$

この状態で電極を $\varDelta x$ だけ電気力によって動かすとする。電極は電源に接続してあるから，電極の電位差は電極を動かしても一定である。x が小さくなると U_v は増大する。これは(1)の場合と逆であるが，その理由は電源からエネルギーの供給があるためである。$x \to$ 小で $C \to$ 大になるから，$q \to$ 増大となる。

電源から送り込まれるエネルギーは，

$$\varDelta U_s = \varDelta q \times V = \varDelta CV^2 \tag{2.46}$$

これに対して $\varDelta C$ の増加に伴う系の静電エネルギーの増加は，

$$\varDelta U_v = \frac{1}{2}\varDelta CV^2 = \frac{1}{2}\varDelta U_s \tag{2.47}$$

静電エネルギーの増加は，電源から送り込まれるエネルギーの半分であり，残り半分は電極を動かすのに使われていることになる。したがって，電極を動かすための仕事は，

$$F_v \varDelta x = \varDelta U_v \, (= \varDelta U_s/2) \tag{2.48}$$

よって，

$$F_v = \frac{\partial U_v}{\partial x} \tag{2.49}$$

となる。電圧 V[V]の電源に接続された平行板コンデンサの電極板に働く力は，

$$\begin{aligned} F_v &= \frac{\partial U_v}{\partial x} = \frac{\partial}{\partial x}\left(\frac{1}{2}CV^2\right) = \frac{V^2}{2}\frac{\partial}{\partial x}\left(\frac{\varepsilon_0 S}{x}\right) \\ &= -\frac{\varepsilon_0 SV^2}{2x^2} = -\frac{1}{2}\varepsilon_0 SE^2 \quad [\mathrm{N}] \end{aligned} \tag{2.50}$$

単位面積当たりでは，

$$f_v = F_v/S = -\frac{1}{2}\varepsilon_0 E^2 \quad [\mathrm{N/m^2}] \tag{2.51}$$

となる。

演習問題

2.1　10 cm 角の金属板を間隔 1 mm で平行に 101 枚並べ，1 枚おきに接続してコンデンサを作った。静電容量を求めよ。

2.2　電位 V_1 の導体球 A を半径 R の導体球に細い導線で接続したら，電位が V_2 に

なった。A の半径を求めよ。

2.3 半径 a の導体球が同心で内半径 b の導体球殻内に保持されている。球殻を接地し，導体球の電位を V_0 に保つとき，この導体系に蓄えられる電荷量はいくらか。また静電容量はいくらか。

2.4 内球の半径 a，外球殻の内半径 b，外半径 $c\,(a<b<c)$ の同心球コンデンサで，内球を接地した場合の静電容量を求めよ。

2.5 一辺の長さ a の正方形電極板を間隔 d で平行に配置したコンデンサに電荷 $\pm q$ が蓄えられている。同じ正方形で厚さ $b\,(b<d)$ の導体板を電極間空間に，電極板に平行に $x\,(x \leqq a)$ だけ挿入する。(a) 電極板間の電位差を求めよ。(b) 蓄えられる静電エネルギーを求めよ。(c) 導体板が電極間空間に引き込まれる力を求めよ。

2.6 半径 a，電荷 q を持った雨滴が 2 つ結合して 1 個の雨滴になった。(a) 最初の電位とあとの電位はいくらか。(b) 最初に持っているエネルギーと後のエネルギーはいくらか。(c) 結合前後の雨滴のエネルギー差はどうして生じたものであるか。

2.7 半径 a の導体球が半径 b の球殻の内部に同心で入っている。球殻を接地し，内球に電荷 q[C] を与えるとき，この系に蓄えられる電気エネルギーを (1) コンデンサモデルで，(2) 空間にエネルギーが蓄えられるとする考えで，求めよ。

2.8 n 個の導体があり，それぞれの電荷が $q_1, q_2, \cdots, q_n$ であるときそれぞれの電位が $V_1, V_2, \cdots, V_n$ であるとし，電荷が $q_1', q_2', \cdots, q_n'$ であるときは $V_1', V_2', \cdots, V_n'$ であるとすると，$\sum q_i V_i' = \sum q_i' V_i$ がなりたつ。これを**グリーンの相反定理**という。これを証明せよ。

2.9 接地された面積の広い 2 枚の平行導体板（電極間隔 l）の一方から a の距離の点に q[C] の点電荷がある。それぞれの導体板に誘導される電荷量を求めよ。

3 誘電体と静電界

いままで導体がある場合の静電界を学んできた。ここでは誘電体がある場合の静電界について述べる。誘電体は外部電界によって分極し，それにより発生した分極電荷が新たに電界をつくるため，全電界はこの2つを合成したものになる。この章では，分極ベクトル，電束密度などの新しい概念を導入し，誘電体がある場合にも有用なガウスの法則を導く。

3.1 誘電体と誘電分極

3.1.1 誘電体の分極

導体中には自由に移動できる電荷が存在しており，図3.1に示すように，外部電界を加えると正負の電荷が相対的に反対方向に移動し，これらの電荷の作る電界が外部電界を打ち消す結果，導体内部では電界は0となる。これが静電誘導と呼ばれる現象である。これに対して外部電界を加えても容易に電荷が移動しない物質がある。これが絶縁体であるが，電磁気学ではこれをとくに**誘電体**と呼ぶ。誘電体に外部電界 E_0 を加えると，正負の電荷がわずかに動き，図

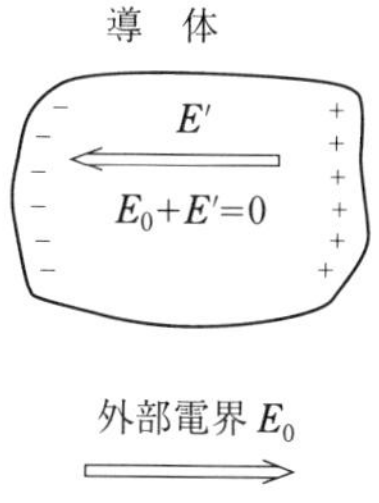

図 3.1　導体の静電誘導

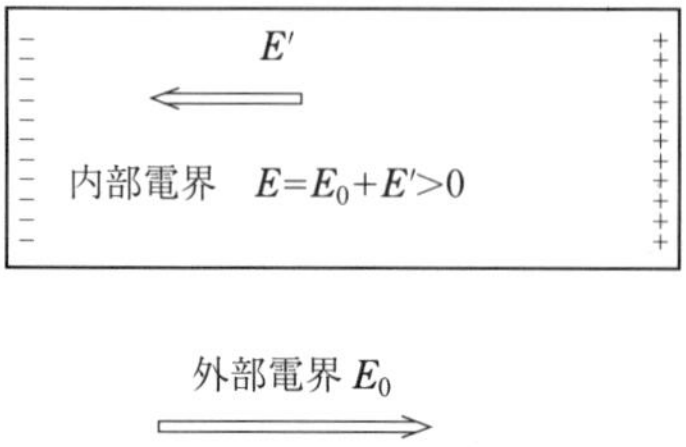

図 3.2 誘電体の分極

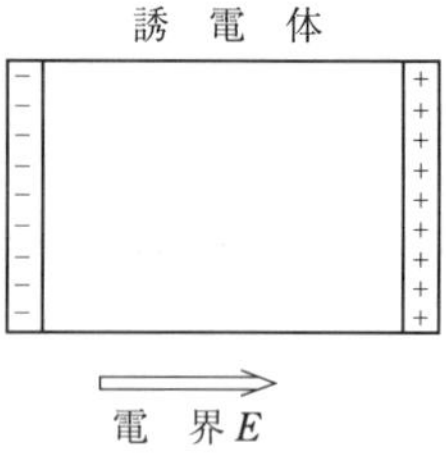

図 3.3 誘電体の分極のモデル図

3.2のようにその両端に正負の電荷が現れる。しかし誘電体中には自由に移動できる電荷がないため，これは静電誘導とは異なった現象である。誘電体では電荷がきわめて移動しにくいため，正負の電荷分離が不完全であり，これらの電荷によって作られる電界 E' は外部電界を打ち消すほど大きくはない。したがって図3.2に示すように差し引き $E=E_0-E'$ なる電界が誘電体中に存在することになる。これが導体と異なる点である。

このように誘電体に電界を加えた場合に現れる正負の電荷の分離を**誘電分極**(または単に**分極**)と呼ぶ。この誘電分極という現象はまた次のように考えることができる。すなわち電界 E を加える前には同じ密度の正負の電荷が一様に誘電体内に分布しており電気的に中性になっているが，電界 E を加えることによって図3.3に示すように正負の電荷分布が相対的にごくわずかずれたと考えられる。導体中の電荷(電子，イオン)は正負それぞれ単独で存在し得る(これを**真電荷**(または単に電荷)と呼ぶ)のに対して誘電体中の電荷は必ず正負対で現れる。このような電荷を**分極電荷**と呼ぶ。上で述べたように分極電荷が電界を作り，誘電体中に存在する電界は外部電界とこの電界を合成したものになる。

3.1.2 分極ベクトル

電磁気学では誘電体がある場合の電界分布や電位分布を求める場合が多い。そのため分極電荷の影響を定量化しておく必要があり，次のように**分極ベクトル** $\boldsymbol{P}$ を定義する。すなわち誘電分極は正負の電荷分布が微小な距離だけ相対的にずれたものであるから，正電荷が移動した方向に垂直な単位断面積を考え，この面を通過した正電荷の量をその大きさとし，正電荷の移動した方向をその方向とするベクトルを分極ベクトル $\boldsymbol{P}$ と定義する。

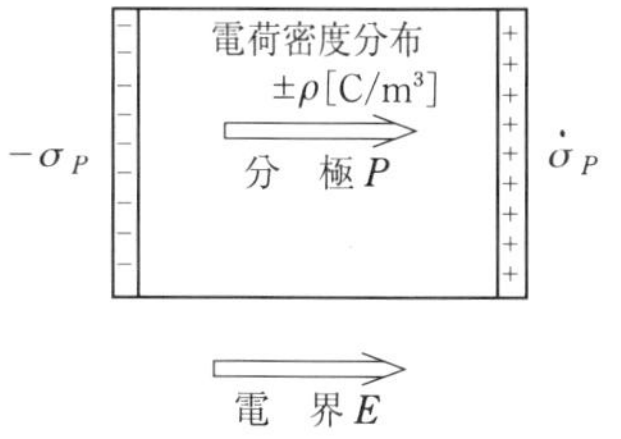

図 3.4 誘電体の分極ベクトル

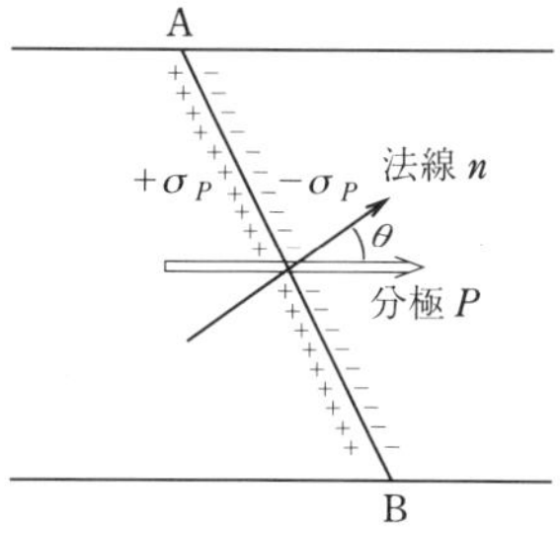

図 3.5 断面が分極ベクトルに垂直でない場合

いま図3.4に示すように一様な体積密度 $\pm\rho$ で分布していた電荷が誘電分極により微小距離 δ だけずれたとすると，定義により $|\boldsymbol{P}|=P=\rho\delta$ となる。一方，誘電体の両端に現れた分極電荷の面密度 σ_P も同様に $\sigma_P=\rho\delta$ で与えられるから，

$$|\boldsymbol{P}|=P=\sigma_P \tag{3.1}$$

が成り立つ。この式より分極ベクトル $\boldsymbol{P}$ の単位は[C/m²]である。

図3.4では分極ベクトル $\boldsymbol{P}$ の方向と考えている誘電体の断面が垂直な場合であった。もしこれが垂直でない場合には図3.5に示すように，考えている断面ABに法線(n)を立て，この法線とベクトル $\boldsymbol{P}$ とのなす角を θ とすると，断面ABの左側の面上に現れる分極電荷の面密度 σ_P は次のように表せる。

$$\sigma_P=P\cos\theta=P_n \tag{3.2}$$

ここで P_n は分極ベクトル $\boldsymbol{P}$ の面ABの法線方向の成分を表す。

3.1.3 誘電分極と電界との関係

通常の誘電体では分極ベクトル $\boldsymbol{P}$ は電界 $\boldsymbol{E}$ に比例することが知られている。すなわち，

$$\boldsymbol{P}=\chi\boldsymbol{E}=\varepsilon_0(\varepsilon_s-1)\boldsymbol{E} \tag{3.3}$$

$$\chi=\varepsilon_0(\varepsilon_s-1) \tag{3.4}$$

と書くことができる。比例係数 χ をその誘電体の**分極率**，また ε_s を**比誘電率**と呼ぶ。また $\varepsilon=\varepsilon_s\varepsilon_0$ を**誘電率**という。分極率，誘電率の単位はいずれも[F/m]である。比誘電率は単位のない数値である。いくつかの誘電体の比誘電率の例を表3.1に示す。

表 3.1　いくつかの誘電体の比誘電率

誘　電　体	比　誘　電　率
空　　気	1.000586
水　　素	1.000272
アルゴン	1.000555
エチルアルコール	25
水	80.36
紙	3
ゴ　　ム	2.5 ～ 3
パラフィン	1.9 ～ 2.4
シリコン	11.8
二酸化シリコン	3.9
雲　　母	6.8 ～ 8
チタン酸バリウム	1000 ～ 3000

次に例題として平行平板コンデンサの場合を考えてみよう。

【例題 3.1】　図 3.6 のように面積 S の 2 枚の電極板が距離 d だけ隔たった平行平板コンデンサの両電極板間を誘電率 ε の誘電体で満たした場合の電界，電位および静電容量を考える。

いま電極 A，B に $\pm Q$ の電荷を与えたとすると A，B 面上には $\pm\sigma=\pm Q/S$ なる電荷面密度で分布する。そうすると電界 $E_0=\sigma/\varepsilon_0$ なる電界が下向きに発生する。この電界により誘電体が分極して B，A 面上に面密度 $\pm\sigma_P$ の分極電荷が現れる。この分極電荷により電界 $E'=\sigma_P/\varepsilon_0$ が上向きに発生する。その結果，誘電体内の電界 E は

$$E=E_0-E'=\sigma/\varepsilon_0-\sigma_P/\varepsilon_0=(\sigma-\sigma_P)/\varepsilon_0$$

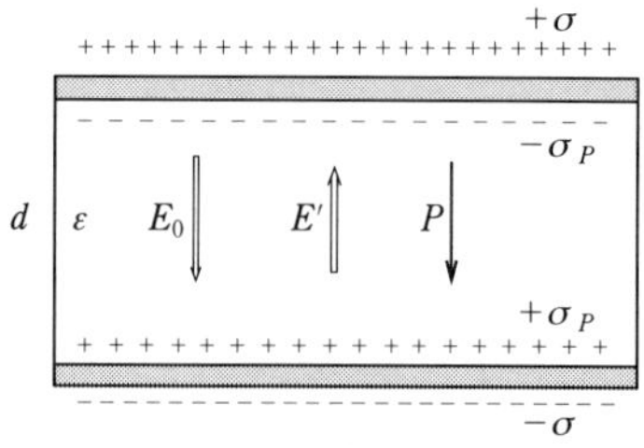

図 3.6　電極板間に誘電体を入れた場合の平行平板コンデンサ

この式に式(3.1)および(3.3)を代入して，電界 E を求めると，

$$E=\frac{\sigma}{\varepsilon_0}\cdot\frac{1}{\varepsilon_s}=\frac{E_0}{\varepsilon_s} \tag{3.5}$$

となる。

すなわち比誘電率 ε_s の誘電体中の電界は真空中の電界の $1/\varepsilon_s$ となることがわかる。また電極板 A，B 間の電位差 V は $V=Ed$ で求められる。また上の式は $E=\sigma/\varepsilon$ とも書くことができる。一方真空中での電位差 V_0 は E_0d なので電位差 V も真空中での値の $1/\varepsilon_s$ となることがわかる。

次にこのコンデンサの静電容量 C を求めてみよう。$V=Ed$ に $E=\sigma/\varepsilon=Q/\varepsilon S$ を代入し，$Q=CV$ なる関係より C を求めると，

$$C=\varepsilon S/d=\varepsilon_s\varepsilon_0 S/d=\varepsilon_s C_0 \tag{3.6}$$

と求められる。ここで $C_0=\varepsilon_0 S/d$ は真空の場合の静電容量である。これより誘電体がある場合の静電容量は真空中のそれに比誘電率を掛けたものとなり，$\varepsilon_s>1$ であるから，静電容量は誘電体を入れたほうが大きくなる。後で例題で示すようにこれは平行平板コンデンサに限らずいえることである。

3.1.4 異なった誘電体が接触している場合

次に2種の異なった誘電体が接触している場合の分極の様子を考える。図3.7のように誘電率の異なった2種類の誘電体が接触していて，その接触面に垂直な方向に外部電界を加えたとする。誘電率が違うのでそれぞれの分極 $\boldsymbol{P}$，$\boldsymbol{P}'$ は異なり，したがって境界面でのそれぞれの分極電荷の面密度 σ_P，$\sigma_P{}'$ は異なる。その結果，境界面には $\sigma_P-\sigma_P{}'$ の面密度の分極電荷が現れることになる。

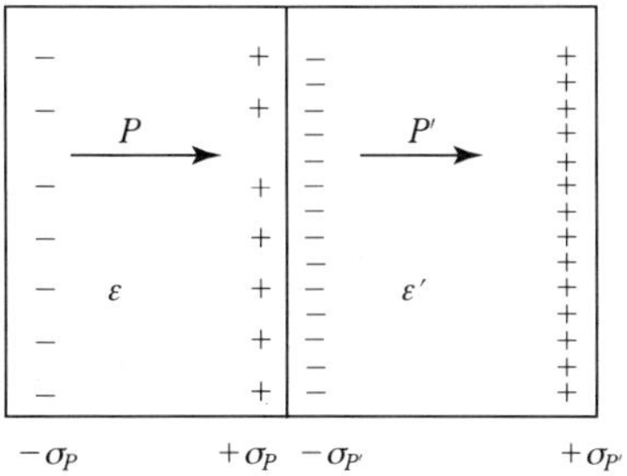

図 3.7 2種の異なった誘電体が接触している場合

3.2　電束密度とガウスの法則

3.2.1　電束密度

真空中での電界分布を求めるのにガウスの法則は有効であった。誘電体がある場合のガウスの法則を以下に導く。その前段階として**電束密度**という概念を導入しよう。電界を $\boldsymbol{E}$，分極ベクトルを $\boldsymbol{P}$ とすると，電束密度 $\boldsymbol{D}$ は次のように定義される。

$$\boldsymbol{D}=\varepsilon_0\boldsymbol{E}+\boldsymbol{P} \tag{3.7}$$

このように定義しておけば後でわかるように誘電体がある場合の**ガウスの法則**が簡単な形で書き表される。式(3.7)に $\boldsymbol{P}=\varepsilon_0(\varepsilon_s-1)\boldsymbol{E}$ を代入すると，

$$\boldsymbol{D}=\varepsilon_0\varepsilon_s\boldsymbol{E}=\varepsilon\boldsymbol{E} \tag{3.8}$$

が得られる。これはきわめて重要な関係式である。真空中では $\boldsymbol{P}=0$ であるから，

$$\boldsymbol{D}=\varepsilon_0\boldsymbol{E} \tag{3.9}$$

となる。また導体中では $\boldsymbol{E}=0$ であるから，$\boldsymbol{D}=0$ となる。

すでに第1章で導いたように，ガウスの法則はクーロンの法則を書き換えたものであり，具体的な電界分布などを求めるのにきわめて有効である。ここでは誘電体が存在する場合に便利なガウスの法則を導く。その前に一つだけ準備をしておこう。図3.8のように少なくとも一部に分極した誘電体を含むような任意の閉曲面 S を考える。S 上に微小面積 dS をとると，ここを通って外部から閉曲面 S 内部へ移動した分極電荷 dQ_P は $\boldsymbol{P}$ の定義により，

$$dQ_P=-P_ndS$$

と書ける。ここで法線 n は閉曲面 S の外向きにとるので，負号がつく。閉曲

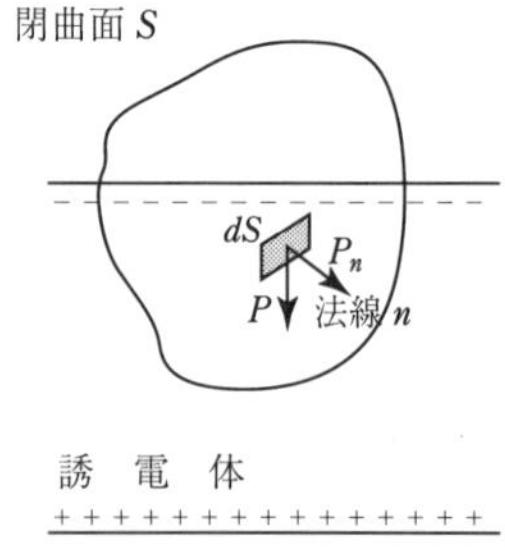

図 3.8　誘電体を含む閉曲面

面 S 内部にある全分極電荷 Q_P は上の式を S 全体で積分すれば得られる。

$$Q_P = -\oint_S P_n dS$$

これより,

$$\oint_S P_n dS = -Q_P \tag{3.10}$$

が得られる。真空中では $P_n=0$ であるから, S 全面で積分してもかまわない。

【例題 3.2】 一様に分極している誘電体中には, 分極電荷は現れないことを示せ。

(解) 図 3.9 のように誘電体内に閉曲面 S をとる。分極を P, S 内の全分極電荷を $-Q_P$ とすると, 式(3.10)が成り立つ。これに, $P_n=\varepsilon_0(\varepsilon_S-1)E_n$ (E_n は電界 $\boldsymbol{E}$ の法線方向成分)を代入して,

$$\oint_S E_n dS = Q_P/[\varepsilon_0(\varepsilon_S-1)]$$

となる。一方, S に今までに知っているガウスの法則を適用すると,

$$\oint_S E_n dS = Q_P/\varepsilon_0$$

となるから, 上の 2 つの式から,

$$Q_P/[\varepsilon_0(\varepsilon_S-1)] = Q_P/\varepsilon_0$$

が得られる。この式は $Q_P=0$ のときしか成り立たないことがわかる。すなわち一様に分極している誘電体中には分極電荷は現れない。

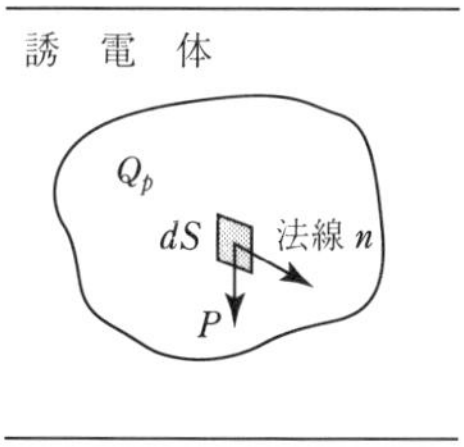

図 3.9 一様に分極した誘電体中に含まれる閉曲面

3.2.2 電束密度に関するガウスの法則

つぎに誘電体がある場合に便利な電束密度 $\boldsymbol{D}$ に関するガウスの法則を導く。図 3.10 に示すように内部に誘電体を含むような任意の閉曲面 S を考える。この S 面上に微小面積 dS をとり, 電束密度 $\boldsymbol{D}$ のこの微小面積に対する法線成

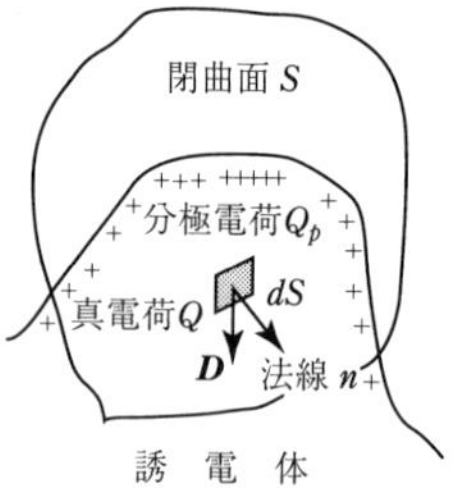

図 3.10　電束密度に関するガウスの法則

分 D_n を S 面全面にわたって積分してみると次のようになる。

$$\oint_S D_n dS = \varepsilon_0 \oint_S E_n dS + \oint_S P_n dS$$

閉曲面内の全真電荷を Q，全分極電荷を Q_P とすると，電界に関するガウスの法則から，

$$\varepsilon_0 \oint_S E_n dS = Q + Q_P$$

が成り立つ。これと式(3.10)を上の式に代入すると，

$$\oint_S D_n dS = Q \tag{3.11}$$

という関係が得られることがわかる。この式はたいへん重要な関係式で，これを**電束密度に関するガウスの法則**という。

誘電体が存在する場合，ある電荷(真電荷)分布を与えると，この電荷により発生する電界が誘電体を分極させて分極電荷の分布を発生させる。電界はこの真電荷分布と分極電荷分布の両方により生成される。そのため，今までのように電界で考えると，まず分極電荷分布を求める必要があった。しかし上の電束密度に関するガウスの法則を用いると，真電荷の分布がわかれば，電束密度 $\boldsymbol{D}$ の分布がまず求められ，ついで式(3.8)により電界 $\boldsymbol{E}$ の分布が決定できるので，非常に便利であることがわかる。

また誘電体の分極 $\boldsymbol{P}$，分極電荷の面密度 σ_P も式(3.3)および式(3.1)，(3.2)を用いて求めることができる。電界と電気力線との関係と全く同様，電束密度に対しても電束線が定義できる。電束密度に関するガウスの法則(式(3.11))より電束線は真電荷のみから発生し，単位(1 クーロン)の真電荷から電束線1本が出ていることがわかる。

3.2.3 ガウスの法則に関する例題

以下に電束密度 $\boldsymbol{D}$ に関するガウスの法則の応用をいくつかやってみよう。

【例題 3.3】 平行平板コンデンサの 2 枚の電極板 A，B 間に誘電率 ε の誘電体を入れた場合の電極間の電束密度 D，電界 E および誘電体の分極 P を求めよ。

（解） 電極板の面積を S とし，A，B にそれぞれ $\pm Q$ の電荷を与えたとする。図 3.11 に示すように電極板 A を含む底面積 ΔS の微小な円筒をとり，この円筒面についてガウスの法則を適用する。式(3.11)の左辺は

$$\oint_S D_n dS = D\Delta S$$

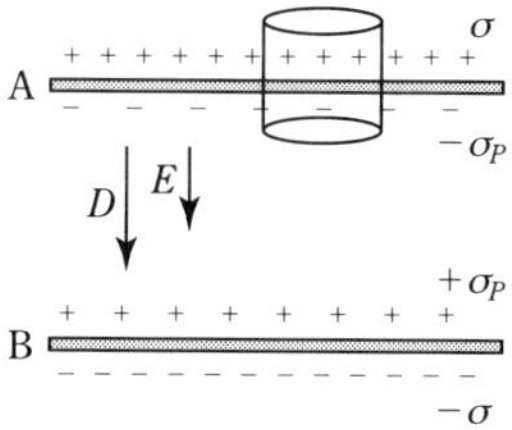

図 3.11 誘電体を間に入れた平行平板コンデンサ

となる。電極板の外側では $D=0$ である。また式(3.11)の右辺は電極板上に分布する真電荷の面密度を $\sigma(=Q/S)$ とすると，真電荷のみを考えればよいから，$\sigma\Delta S$ となる。（分極電荷 σ_P は無視してよい。） これと上の式より

$$D=\sigma \tag{3.12}$$

が得られる。D が求まれば，電界 E は

$$E=D/\varepsilon=\sigma/\varepsilon \tag{3.13}$$

と求められる。また分極 P は

$$P=D-\varepsilon_0 E=\left(1-\frac{\varepsilon_0}{\varepsilon}\right)D=\left(1-\frac{\varepsilon_0}{\varepsilon}\right)\sigma$$

と計算できる。

【例題 3.4】 一様な誘電率 ε をもつ誘電体が無限に広がっている中に半径 R の導体球がある。この導体球に電荷 Q を与えた場合の電束密度 D，電界 E を求めよ。

（解） 図 3.12 のように導体球の中心から半径 $r(>R)$ の球を閉曲面 S とし

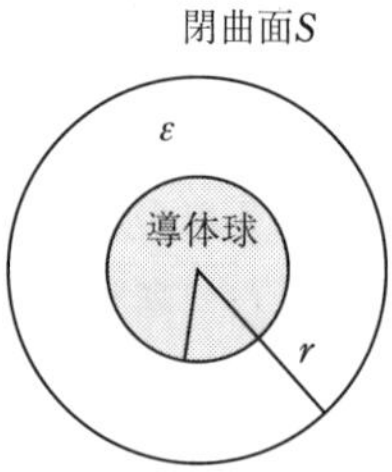

図 3.12 一様な誘電体中の導体球

て，これにガウスの法則を適用する。電界 E は球対称になっているはずであるから，ガウスの法則は次のように書ける。

$$\oint_S D_n dS = 4\pi r^2 D = Q$$

これより，

$$D = Q/4\pi r^2 \tag{3.14}$$

と D が求められる。電界 E は D/ε であるから，

$$E = Q/4\pi\varepsilon r^2 \tag{3.15}$$

となる。これを書き直して，

$$E = Q/4\pi\varepsilon_s\varepsilon_0 r^2 = E_0/\varepsilon_s \tag{3.16}$$

が得られる。ここで E_0 は真空中の電界，ε_s は誘電体の比誘電率である。すなわち誘電体中の電界は真空中の電界の比誘電率分の 1 となる。

上の例題で，半径 $R \to 0$ とすると，式(3.14)，(3.15)はそれぞれ誘電体中における点電荷 Q による電束密度および電界を与えることになる。すなわち誘電率 ε の誘電体中の点電荷による電界は，真空中の電界を表す式で真空の誘電率 ε_0 を ε で置き換えれば得られることがわかる。また式(3.15)より誘電体中の点電荷 Q から距離 r だけ離れた点の電位 V は

$$V = Q/4\pi\varepsilon r \tag{3.17}$$

となることもわかる。真空中では電位 V_0 は $Q/4\pi\varepsilon_0 r$ であるから，電位についても $V = V_0/\varepsilon_s$ の関係がある。

また，誘電率 ε の一様な誘電体中で導体表面に σ の面密度の電荷が分布している場合の導体面上の電界 E は $E=\sigma/\varepsilon$ となり(例えば式(3.13))，やはり真空中の値の ε_0 を ε で置き換えたものとなる。

3.3　誘電体中のポアソンおよびラプラスの方程式

第1章で真空中の**ポアソン方程式**および**ラプラスの方程式**を導いたが，誘電体中でも同様の方法でガウスの法則からポアソンおよびラプラスの方程式を導くことができる。ただし，誘電体のある場合には分極電荷が存在するので，上で述べたように電束密度 $\boldsymbol{D}$ に関するガウスの方程式から導いたほうが簡単である。そうすると式(1.70)に相当する式は次のようになる。

$$\mathrm{div}\,\boldsymbol{D}=\rho \tag{3.18}$$

ここで ρ は電荷の体積密度[C/m³]である。$\boldsymbol{D}=\varepsilon\boldsymbol{E}$ であるから，上式は

$$\mathrm{div}\,(\varepsilon\boldsymbol{E})=\rho \tag{3.19}$$

と書ける。この式より，もし誘電率 ε が一様で，場所に依存しないなら，真空中と同様にポアソンおよびラプラスの方程式が次のように書ける。

$$\nabla^2 V=-\rho/\varepsilon \tag{3.20}$$

$$\nabla^2 V=0 \tag{3.21}$$

3.4　誘電体間の境界条件

3.4.1　2種類の異なった誘電体間の境界条件

2種類の異なった誘電率 ε_1，ε_2 をもつ誘電体が接触している場合の境界面を考える。いま簡単のため，接触面は平面とする。接触面が任意の形状でも，そのごく微小な部分をとれば，平面と考えてよいので，一般性は失われない。図3.13のようにそれぞれの誘電体中の電束密度 $\boldsymbol{D}_1$，$\boldsymbol{D}_2$ および電界 $\boldsymbol{E}_1$，$\boldsymbol{E}_2$ と，境界面に立てた法線 $\boldsymbol{n}$ とのなす角を θ_1，θ_2 とする。図のように境界面を含んだ底面積 ΔS の微小な円筒 S を考え，これに電束密度に関するガウスの法則を適用する。なお境界面には真電荷が面密度 σ で分布しているとする。式

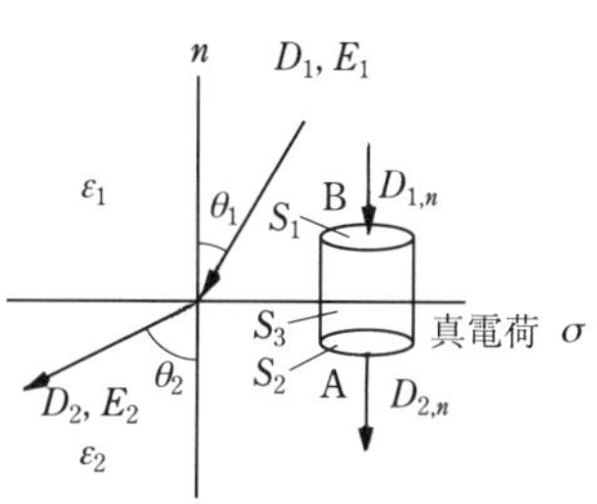

図 3.13　2種の異なった誘電体の境界面

(3.11)は次のように書ける。

$$\oint_S D_n dS = -\int_{S1} D_{1n} dS + \int_{S2} D_{2n} dS + \int_{S3} D_n dS = \sigma \varDelta S$$

ここで円筒の高さを充分に小さくとれば，上式で右辺第3項は無視でき，また第1，第2項の D_{1n}，D_{2n} はそれぞれ境界面上での電束密度の法線成分に等しくなる。したがって上の式は，

$$D_{2n} - D_{1n} = \sigma \tag{3.22}$$

となる。これが電束密度に関する境界条件である。もし境界面に真電荷が存在していなければ，$\sigma=0$ であるから上の関係は，

$$D_{1n} = D_{2n} \tag{3.23}$$

となる。すなわち，電束密度の境界面に対する法線成分は連続となる。式(3.23)を電界を用いて書きかえれば，

$$\varepsilon_1 E_{1n} = \varepsilon_2 E_{2n} \tag{3.24}$$

となり，電界の法線成分は境界面で不連続であることがわかる。

次に境界面に平行な成分について考える。図3.14に示すように境界面を含んだ微小な長方形ABCDをとり，この長方形に沿って電界の接線成分を積分する。この積分は第1章の電位のところで述べたように0となる。すなわち，

$$\int_{A\to B\to C\to D\to A} E_t ds = \int_{A\to B} E_t ds + \int_{B\to C} E_t ds + \int_{C\to D} E_t ds + \int_{D\to A} E_t ds$$
$$= 0$$

ここで長方形の辺ABおよびCDを極めて小さくとると，その部分の積分への寄与は無視できる。B→C，D→Aへの積分の項は，AD，BCの長さを l とすると，それぞれ $-lE_{2t}$，lE_{1t} となるから，上の式より，

$$E_{1t} = E_{2t} \tag{3.25}$$

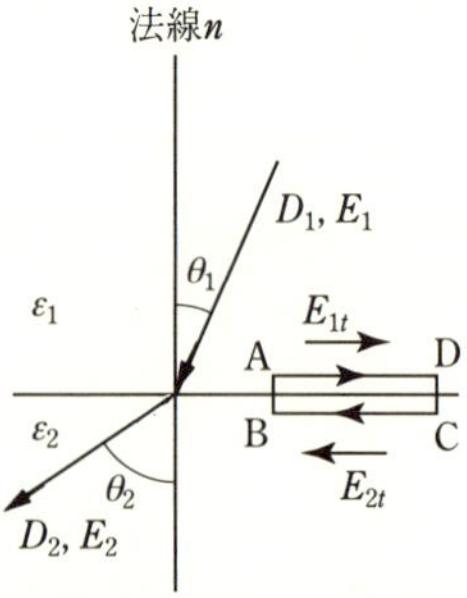

図 3.14　2種の異なった誘電体の境界面

が成り立つ。これより電界の接線成分は境界面で連続になることがわかる。この関係は境界面上に真電荷が分布していても，いなくても成り立つ。

次に角度 θ_1，θ_2 の間の関係を求める。$E_{1n}=E_1\cos\theta_1$，$E_{1t}=E_1\sin\theta_1$ などを式(3.24)および(3.25)に代入して，E を消去すると，

$$\frac{\tan\theta_1}{\varepsilon_1}=\frac{\tan\theta_2}{\varepsilon_2} \tag{3.26}$$

が得られる。これよりもし θ_1 がわかっていれば θ_2 が求められる。

3.4.2 導体と誘電体の境界条件

上で誘電体1の代わりに導体を考える。この場合でも上と全く同様な境界条件が導かれる。導体中では電界 $E_1=0$ であるから，$E_{1t}=0$ となり，式(3.25)より $E_{2t}=0$ となる。したがって電界 $\boldsymbol{E}_2$ は導体表面に垂直である。また電束密度 $\boldsymbol{D}_1$ も 0 であるから，$D_{1n}=0$ となり，式(3.23)から $D_{2n}=\sigma$ となる。$D_{2t}=0$ であるから，添字の $2n$ は不要で，これを D と書くと，

$$D=\sigma \tag{3.27}$$

が成り立つ。ただし $\boldsymbol{D}$ は導体表面に垂直であり，導体面からみて外向きを正にとる。この式は導体表面の電束密度 D と表面電荷密度 σ との間の関係を表す一般的な式である。

3.4.3 境界条件の応用例

以下では上で述べた2種類の異なった誘電体間の境界条件の応用例をいくつか解いてみよう。

【例題 3.5】 図3.15に示すように平行平板コンデンサの2枚の電極A，B間の長さ a のところまでを誘電率 ε_1 の誘電体1で，残りの $d-a$ の部分を誘電率 ε_2 の誘電体2で満たしたとする。2つの誘電体の境界面は電極に平行である。このときのそれぞれの誘電体中の電束密度 D_1，D_2，電界 E_1，E_2 およびこのコンデンサの静電容量 C を求めよ。

（解） いま電荷 $\pm Q$ を電極板A，Bに与えたとすると，A，Bには面密度 $\pm\sigma(=\pm Q/S$，S は電極板の面積)の電荷が現れる。電束密度 D および電界 E はいずれも電極すなわち境界面に垂直であるから，電束密度 D の垂直(法線)成分が連続であること(式(3.23))より，

$$D_1=D_2=\sigma=Q/S \tag{3.28}$$

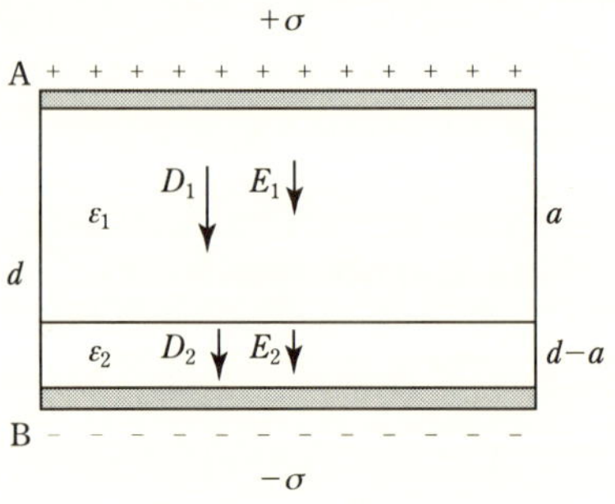

図 3.15 2種の異なった誘電体をその境界面が電極板に平行になるように入れた平行平板コンデンサ

がまず得られる。そうすると電界 E_1，E_2 はそれぞれ，

$$E_1 = D/\varepsilon_1 = Q/\varepsilon_1 S \tag{3.29}$$

$$E_2 = D/\varepsilon_2 = Q/\varepsilon_2 S \tag{3.30}$$

と求められる。A，B 間の電位差 V は，

$$V = \int_0^a E_1 dx + \int_a^d E_2 dx = E_1 a + E_2 (d-a)$$

$$= \frac{Q}{S}\left(\frac{a}{\varepsilon_1} + \frac{d-a}{\varepsilon_2}\right) \tag{3.31}$$

となる。静電容量 C は $C = Q/V$ であるから，

$$C = \frac{S}{a/\varepsilon_1 + (d-a)/\varepsilon_2} \tag{3.32}$$

と求められる。

図 3.15 で，誘電率 ε_1 の部分による静電容量 C_1 が $\varepsilon_1 S/a$，誘電率 ε_2 の部分による静電容量 C_2 が $\varepsilon_2 S/(d-a)$ であるから，$C = (1/C_1 + 1/C_2)^{-1}$ となり，2 つの静電容量が直列に接続されている場合と同等であることがわかる。

【例題 3.6】 図 3.16 のように平行平板コンデンサの 2 枚の電極板 A，B の間に面積 A の部分に誘電率 ε_1 の誘電体 1 を，残りの面積 $S-A$ の部分に誘電率 ε_2 の誘電体 2 をその境界面が電極板に垂直になるように入れたとする。このときのそれぞれの誘電体中の電界 E_1，E_2，電束密度 D_1，D_2 およびこのコンデンサの静電容量 C を求めよ。

（解） いま電極板 A，B 間に電位差 V を与えたとする。この場合は A および $S-A$ の部分に現れる電荷の面密度 σ_1，σ_2 が異なることに注意する。

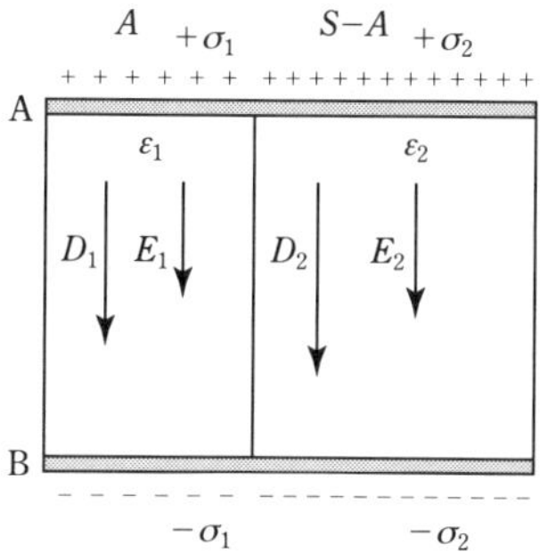

図 3.16　2種の異なった誘電体をその境界面が電極板に垂直になるように入れた平行平板コンデンサ

電界，電束密度の方向が境界面と平行であるから，電界の境界面への平行(接線)成分が連続であることから，電極間の距離を d とすると，各電界は次のように求められる。

$$E_1 = E_2 = E = V/d \tag{3.33}$$

電束密度はそれぞれ次のようになる。

$$D_1 = \varepsilon_1 E = \varepsilon_1 V/d = \sigma_1 \tag{3.34}$$

$$D_2 = \varepsilon_2 E = \varepsilon_2 V/d = \sigma_2 \tag{3.35}$$

電極板上の全電荷 Q は，

$$Q = \sigma_1 A + \sigma_2 (S - A) = \frac{V}{d}[\varepsilon_1 A + \varepsilon_2 (S - A)] \tag{3.36}$$

と求められる。もし電位差 V でなくて，電荷 $\pm Q$ を与えたとすると，電位差 V は上式を V について解いて，以下のように求められる。

$$V = \frac{Qd}{\varepsilon_1 A + \varepsilon_2 (S - A)} \tag{3.37}$$

$Q = CV$ の関係より，静電容量 C は，

$$\begin{aligned} C &= \frac{1}{d}[\varepsilon_1 A + \varepsilon_2 (S - A)] = \frac{\varepsilon_1 A}{d} + \frac{\varepsilon_2 (S - A)}{d} \\ &= C_1 + C_2 \end{aligned} \tag{3.38}$$

と書ける。ここで C_1 および C_2 はそれぞれ図 3.16 で面積 A の部分および $S-A$ の部分の静電容量であり，全静電容量はこの 2 つの静電容量の並列接続した場合と同等であることがわかる。

【例題 3.7】 図 3.17 のように半径 a の導体球 A と内半径 c，外半径 d の導体球殻 B が同心になっている同心球コンデンサの電極間の半径 $b(c>b>a)$ のところまでを誘電率 ε_1 の誘電体 1 で，また残りの部分を誘電率 ε_2 の誘電体 2 で満たしたとする。このときそれぞれの誘電体内の電束密度 D_1，D_2，電界 E_1，E_2 およびこのコンデンサの静電容量 C を求めよ。

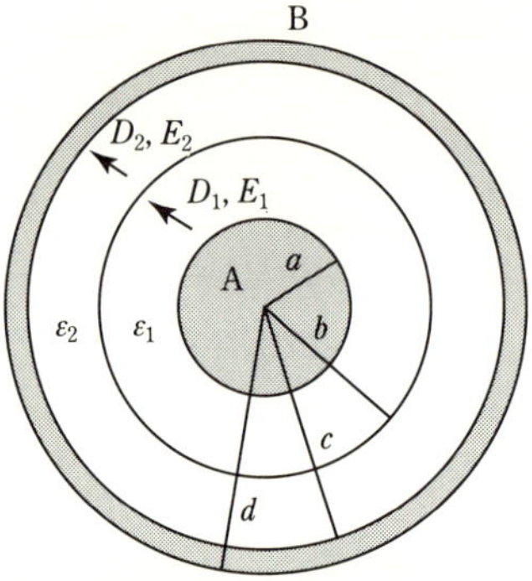

図 3.17 同心球コンデンサ

（**解**） いま電極 A，B にそれぞれ $\pm Q$ の電荷を与えたとする。電束密度 D，電界 E は 2 つの誘電体の境界面に垂直であるから，電束密度 D は連続となり，$D_1=D_2=D$ となる。導体球の中心から半径 $r(a<r<c)$ なる球を閉曲面 S としてこれにガウスの法則を適用すると，

$$\oint_S D_n dS = 4\pi r^2 D = Q$$

となるから，

$$D = Q/4\pi r^2 \tag{3.39}$$

と D が得られる。これより電界 E_1，E_2 はそれぞれ次のようになる。

$$E_1 = Q/4\pi\varepsilon_1 r^2 \tag{3.40}$$

$$E_2 = Q/4\pi\varepsilon_2 r^2 \tag{3.41}$$

A，B 間の電位差 V は以下のように計算される。

$$\begin{aligned} V &= \int_a^b E_1 dr + \int_b^c E_2 dr \\ &= \frac{Q}{4\pi\varepsilon_1}\left(\frac{1}{a}-\frac{1}{b}\right)+\frac{Q}{4\pi\varepsilon_2}\left(\frac{1}{b}-\frac{1}{c}\right) \end{aligned} \tag{3.42}$$

$Q=CV$ の関係から静電容量 C は次のように求められる。

$$C=\frac{4\pi}{\frac{1}{\varepsilon_1}\left(\frac{1}{a}-\frac{1}{b}\right)+\frac{1}{\varepsilon_2}\left(\frac{1}{b}-\frac{1}{c}\right)} \tag{3.43}$$

【例題 3.8】　図 3.18 のように半径 a の円筒導体 A と内半径 c，外半径 d の円筒導体殻 B が同軸で配置されている同軸円筒コンデンサを考える。A，B の間の中心軸より半径 $b(c>b>a)$ のところまでを，誘電率 ε_1 の誘電体 1 で，また残りの部分を誘電率 ε_2 の誘電体 2 で満たしたとする。円筒電極 A，B にそれぞれ単位長さ当たり $\pm\lambda$[C/m]の電荷(線密度)を与えたとする。このときそれぞれの誘電体中の電束密度 D_1，D_2，電界 E_1，E_2 およびこのコンデンサの静電容量 C を求めよ。

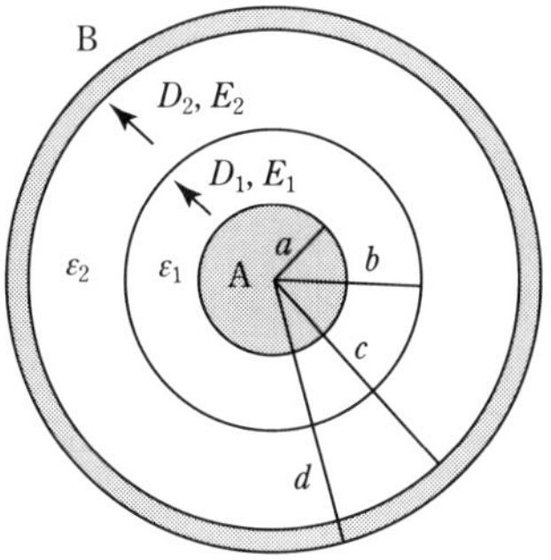

図 3.18　同軸円筒コンデンサ

(解)　電極板 A，B 間に半径が $r\,(c>r>a)$ で，単位長さの円筒をとり，これを閉曲面 S として電束密度 D に関するガウスの法則を適用すると，

$$\oint_S D_n dS=2\pi rD=\lambda$$

となるから，

$$D=D_1=D_2=\lambda/2\pi r \quad (c>r>a) \tag{3.44}$$

と電束密度 D が得られる。D は誘電体 1 と 2 の中で全く等しくなる。電界はそれぞれ次のように求められる。

$$E_1=D_1/\varepsilon_1=\lambda/2\pi\varepsilon_1 r \tag{3.45}$$

$$E_2=D_2/\varepsilon_2=\lambda/2\pi\varepsilon_2 r \tag{3.46}$$

したがって電極 A，B 間の電位差 V は次のように計算される。

$$V=\int_a^b E_1 dr+\int_b^c E_2 dr=\frac{\lambda}{2\pi\varepsilon_1}\ln\frac{b}{a}+\frac{\lambda}{2\pi\varepsilon_2}\ln\frac{c}{b} \tag{3.47}$$

単位長さ当たりの静電容量 C は $\lambda=CV$ の関係から，

$$C=\frac{2\pi}{\dfrac{1}{\varepsilon_1}\ln\dfrac{b}{a}+\dfrac{1}{\varepsilon_2}\ln\dfrac{c}{b}}=\frac{2\pi\varepsilon_1\varepsilon_2}{\varepsilon_2\ln\dfrac{b}{a}+\varepsilon_1\ln\dfrac{c}{b}} \tag{3.48}$$

と求められる。

3.5　誘電体がある場合の静電エネルギーと力

3.5.1　誘電体がある場合の導体系の静電エネルギー

真空中の導体系の**静電エネルギー**についてはすでに 2 章 2.5.2 で述べたが，ここでは誘電体がある場合の導体系の静電エネルギーについて述べる。まず誘電体がある場合の導体系の静電容量を考えよう。導体系にある電荷を与えると，それらの電荷が電界を作り，その電界によって誘電体が分極する。この分極電荷がまた電界を作るから，それぞれの導体の電荷が一定であっても，その電荷分布と電位分布は誘電体がない場合とは異なったものとなる。しかし，もし誘電体の分極ベクトル $\boldsymbol{P}$ が電界 $\boldsymbol{E}$ に比例すれば，それぞれの導体の電荷を q_i，電位を V_i $(i=1, 2, 3, \cdots, n$：導体が n 個の場合$)$ とするために要する仕事（すなわちエネルギー）は誘電体があっても真空中と同じ形に書ける。すなわち導体系の静電エネルギー U は，

$$U=\frac{1}{2}\sum q_i V_i \tag{3.49}$$

と与えられる。ここで V_i は誘電体がない場合とは異なる。2 つの電極 A，B から成るコンデンサの場合，A，B の電位をそれぞれ V_A，V_B，それぞれの電荷を $\pm q$，静電容量を C とすると，真空中の場合と同様，

$$U=\frac{1}{2}q(V_A-V_B)=\frac{1}{2}C(V_A-V_B)^2 \tag{3.50}$$

3.5.2　静電エネルギーと誘電体の受ける力

2 つの導体 A，B から成るコンデンサがあるとする。これ以外に誘電体が存在していてもよい。A，B の電荷をそれぞれ $\pm q$，電位を V_A，V_B とする。A，B 間の電位差 V は $V=V_A-V_B$ となる。またこの系の静電エネルギーを U とする。ここで導体 A または B，または誘電体を少し動かし，$d\xi$ だけ変位させたとしよう。それにより電荷はそれぞれ $q+dq$，$-q-dq$，電位差 V は $V+dV$，全系の静電エネルギーは $U+dU$ に変化したとする。これは電位の

低い電極Bから電荷 dq を電位の高い電極Aへ移したことに対応するから，この系に与えられた電気的エネルギーは $dq\cdot V$ である。すなわち最初の状態よりも静電エネルギーが高くなる。そのため系内部に力 F が発生して，変位 $d\xi$ をもとに戻そうとする（すなわち $d\xi\to 0$）。変位 $d\xi$ を起こした状態を保とうとするにはこの系に外部から F を打ち消す力 $-F$ を加えてやる必要がある。この力により系に与えられる力学的な仕事（エネルギー）は $-F_\xi d\xi$ である。ただし F_ξ は F の ξ 方向の成分である。

この電気的および力学的エネルギーを外部から与えたため，系の静電エネルギーが U から $U+dU$ に変化したのであるから，次の関係が成り立つ。

$$dU=dq\cdot V-F_\xi d\xi$$

また $U=\dfrac{1}{2}qV$ であるから，

$$dU=\frac{1}{2}dq\cdot V+\frac{1}{2}q\cdot dV$$

となる。これを上式に代入すると，

$$F_\xi d\xi=\frac{1}{2}Vdq-\frac{1}{2}qdV \tag{3.51}$$

となる。実際には次の2つの場合がある。

（a）　$dq=0$，すなわち電荷一定の条件で変位 $d\xi$ が起こった場合を考える。このときの $dV/d\xi$ を $(\partial V/\partial\xi)_q$ と書くと，式(3.51)で $dq=0$ とおいて，

$$F_\xi=-\frac{q}{2}\left(\frac{\partial V}{\partial\xi}\right)_q=-\left(\frac{\partial(qV/2)}{\partial\xi}\right)_q=-\left(\frac{\partial U}{\partial\xi}\right)_q \tag{3.52}$$

と系に働く力 F が求められる。

（b）　$dV=0$，すなわち電位差一定で，変位 $d\xi$ を与えた場合，$dq/d\xi$ を $(\partial q/\partial\xi)_V$ と書くと，式(3.51)から，

$$F_\xi=\frac{V}{2}\left(\frac{\partial q}{\partial\xi}\right)_V=\left(\frac{\partial(qV/2)}{\partial\xi}\right)_V=\left(\frac{\partial U}{\partial\xi}\right)_V \tag{3.53}$$

と力 F が求められる。2つの電極からなるコンデンサで，電位差 V を一定に保ったまま，電極板または誘電体を変位させた場合，$F_\xi=(\partial U/\partial\xi)_V$ に $U=(1/2)CV^2$ を代入すると，

$$F_\xi=\frac{1}{2}V^2\frac{dC}{d\xi} \tag{3.54}$$

と力 F が求められる。

演習問題

3.1　$4\,\mathrm{cm}^2$ の面積をもつ金属箔と厚さ $0.2\,\mathrm{mm}$ の雲母板とを交互に重ね，金属箔を1枚おきにつないで1つの電極とし，コンデンサ(雲母コンデンサ)を作る。金属箔の枚数を30枚，雲母板を29枚とし，かつ雲母の比誘電率を6として，このコンデンサの静電容量を求めよ。

3.2　$1000\,\mathrm{V}$ に耐える静電容量 $0.1\,\mu\mathrm{F}$ の雲母コンデンサを作りたい。雲母の**絶縁耐力**は $40\,\mathrm{kV/mm}$，比誘電率は6.5である。$25\,\mathrm{mm}\times 20\,\mathrm{mm}$ の雲母板を用いるとすると，雲母板は何枚必要か。

3.3　厚さ $d=2\,\mathrm{mm}$ のゴム板がある。このゴムの比誘電率は3で，電界が $E_c=2\times 10^7\,\mathrm{V/m}$ を超えると**絶縁破壊**が起こる。面積 $S=3\times 10^2\,\mathrm{m}^2$ の電極板の間にこのゴム板を入れて平行平板コンデンサとしたとする。このコンデンサに(a)加えることのできる電圧 V，および(b)蓄積することのできる電荷 Q を求めよ。

3.4　電束密度 $\boldsymbol{D}$，比誘電率 ε_s，分極 $\boldsymbol{P}$ の間に次の関係が成り立つことを示せ。

$$\boldsymbol{P}=\boldsymbol{D}(1-1/\varepsilon_s)$$

3.5　図3.19のように内側の導体球殻Aおよび外側の導体球殻Bの半径がそれぞれ a，b であるような同心導体球殻系がある。導体球殻Aの内側に誘電率 ε の誘電体を満たし，他は真空とする。球の中心に点電荷 q を置き，Aに電荷 Q を与えたとするとき，(a)電束密度 D，電界 E を球の中心からの距離(半径) r の関数として求めよ。(b)A，Bの電位 V_A，V_B を求めよ。(c)AとBを導線でつなぐとそれぞれの電荷はどうなるか。

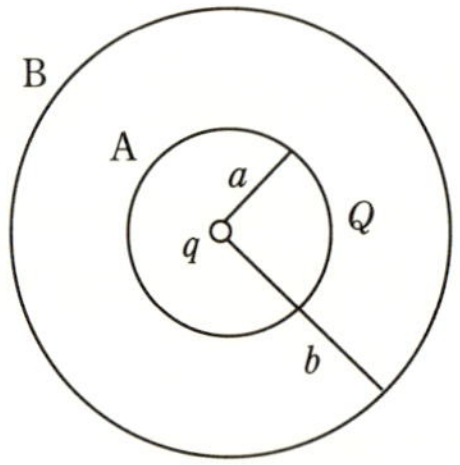

図 3.19

3.6　内部円筒導体Aの半径 a，外部円筒導体殻Bの内半径 b であるような同軸円筒導体コンデンサがある。誘電率 ε，厚さ $t\,(<b-a)$ で内部が中空の誘電体円筒を(a)内部円筒導体の外側に接して置いた場合および(b)外部円筒導体殻の内側に接して置いた場合のこのコンデンサの静電容量を求めよ。

3.7　面積 S，電極板間の距離が d である平行平板コンデンサの電極板間に厚さ t $(<d)$，誘電率 ε の誘電体の板を電極板と平行に入れた。このときの静電容量は誘電

体板を入れた位置に無関係であることを示し，かつその静電容量 C を求めよ。

3.8 図 3.20 のように，内側の導体球 A の半径 a，外側の導体球殻 B の半径 b であるような同心導体球コンデンサの A，B 間の空間を球の中心を通る平面で 2 等分し，それぞれの空間を誘電率 ε_1，ε_2 の誘電体で満たしたとする。このときの静電容量を求めよ。

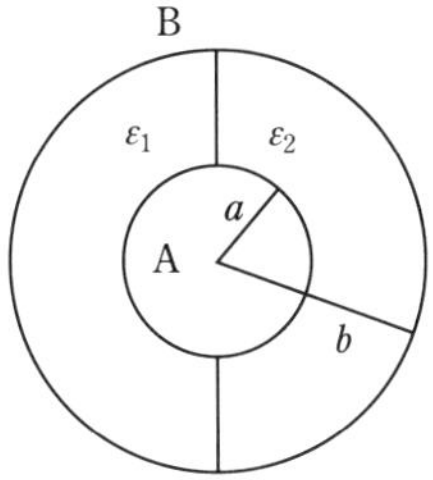

図 3.20

3.9 誘電率がそれぞれ ε_1，ε_2 の誘電体が接している境界面に真電荷が面密度 σ で分布している。それぞれの誘電体中での電界 E_1，E_2 が境界面の法線となす角度をそれぞれ θ_1，θ_2 とするとき，θ_2 と θ_1の関係を求めよ。

3.10 内側の導体円筒の半径 a，外側の導体円筒殻の内半径 b の同軸円筒コンデンサにおいて，電界 E の大きさがすべての点で同一であるためには，誘電率 ε を半径 r(軸からの距離)とともにどう変化させたらよいか。

3.11 同軸ケーブルにおいて，図 3.21 のように内外導体間に 3 層の誘電体を用いるとする。それぞれの誘電率を ε_1，ε_2，ε_3 とすると，これらと各半径 r_1，r_2，r_3，r_4 との間にどういう関係があれば，各誘電体層に加わる電圧が均一になるか。

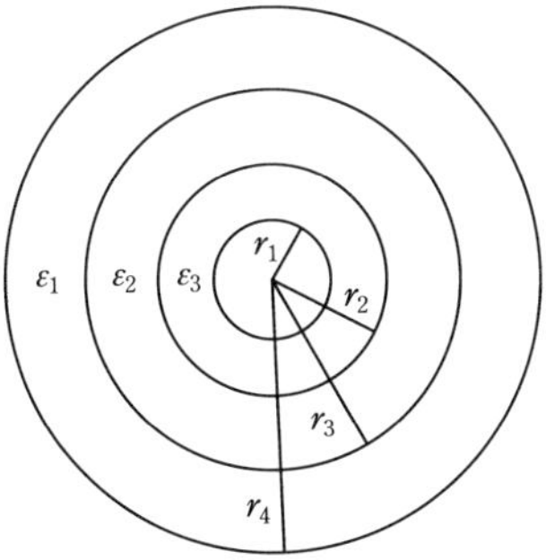

図 3.21

3.12 図 3.22 のように 2 辺の長さが a，b であるような長方形の電極板 A，B が距離 d だけ隔てて存在する平行平板コンデンサの中に，厚さ d，誘電率 ε の誘電体を

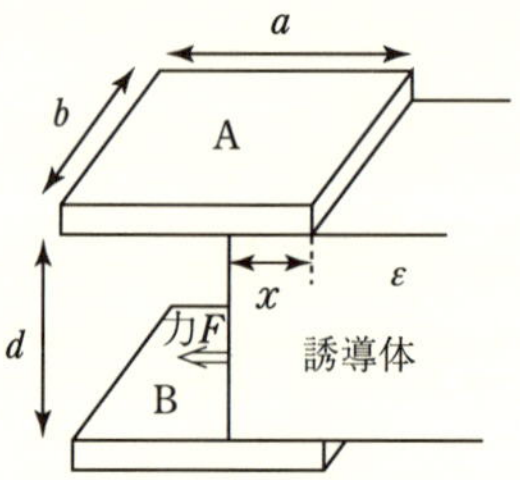

図 3.22

長さ $x(<a)$だけ入れた。この誘電体に働く力を求めよ。

4 電気影像法

導体，あるいは誘電体と点電荷が共存するようなときの電界分布を求める場合，いままでに学んだクーロンの法則やガウスの法則をそのまま適用するのでは計算が困難な場合がある。以下に述べるようないくつかの場合には導体の誘導電荷分布や誘電体の分極電荷をある等価な点電荷で置き換え，よく知っているクーロンの法則を用いて電界分布が求められる。

4.1 電気影像法の原理

導体系や誘電体系と点電荷(または点電荷の集合)が存在する場合，点電荷の作る電界によって導体は静電誘導を引き起こし，誘電体は誘電分極を起こす。その結果，誘導電荷や分極電荷が発生して，任意の点における電界および電位は点電荷およびこれらの誘導電荷，分極電荷の作る電界または電位を重ね合わせたものとなる(重ね合わせの理)。

例えば図4.1のように導体の近くに点電荷 q が存在したとする。この電荷 q により導体に静電誘導が起こって面密度 $\sigma(\boldsymbol{r}')$ の誘導電荷が導体表面に発生

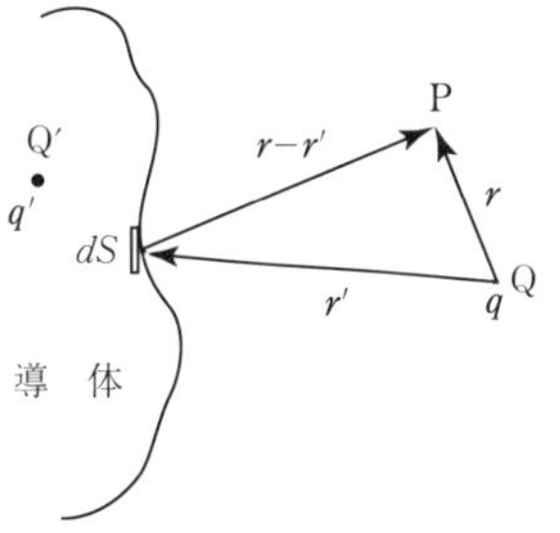

図 4.1 電気影像法の原理

する。ここで点電荷 q の位置Qを原点とし，距離 $\boldsymbol{r}'$ なる導体表面上に微小面積 dS をとる。電荷 q から任意の距離 $\boldsymbol{r}$ だけ離れた点Pにおける電位 $V_{\mathrm{P}}(\boldsymbol{r})$ は，点電荷 q による電位を $V_q(=q/4\pi\varepsilon_0 r)$ とすると，次のように書ける。

$$V_{\mathrm{P}}(\boldsymbol{r})=V_q(\boldsymbol{r})+\frac{1}{4\pi\varepsilon_0}\int_S\frac{\sigma(\boldsymbol{r}')}{|\boldsymbol{r}-\boldsymbol{r}'|}dS \tag{4.1}$$

ここで，右辺第2項は誘導電荷による電位である。一般的に誘導電荷分布 $\sigma(\boldsymbol{r}')$ を求めるのは難しいが，この誘導電荷分布による電位を，図の導体内のある点 Q′ に存在する 仮想的な点電荷 q' による電位に 置き換えることができる場合がある。このように誘導電荷分布（または誘電体の場合の分極電荷分布）を等価的な点電荷に置き換えて電界分布や電位分布を求める方法を**電気影像法**といい，この等価的な点電荷を**影像電荷**という。以下いくつかの実例を述べよう。

4.2 導体系の電気影像法

4.2.1 点電荷と半無限導体表面

図4.2のように接地された半無限導体平面から距離 d の点Qに点電荷 q がある場合に任意の点 $\mathrm{P}(x, y, z)$ における電位 $V(x, y, z)$ および電界 $E(x, y, z)$ を求める。

点Qから導体平面に垂線を下ろし，この垂線と導体平面が交わる点を原点として図のように x，y，z 軸をとる。点電荷 q により導体表面に電荷が誘導

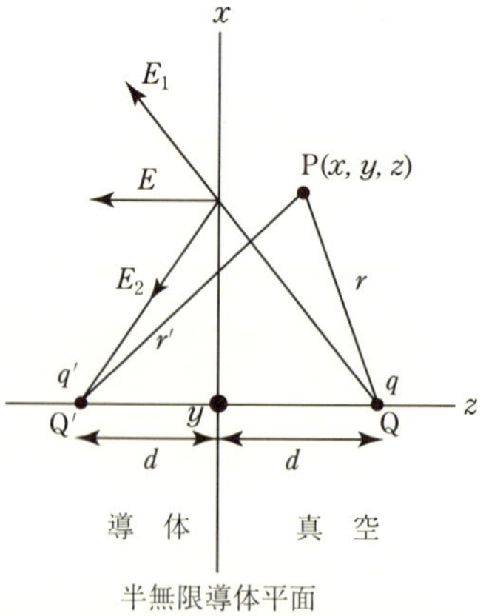

図 4.2 半無限導体平面と点電荷のある場合の電気影像法

され，その分布は q に最も近い原点で電荷面密度の絶対値が最大となり，周辺にいくにしたがってそれが小さくなるような分布になることは容易に考えられる。

そこで z 軸上，導体表面より導体内部へ距離 d だけ入った点 Q′ に q' なる影像電荷があると考える。誘導電荷は導体表面で電位が 0 になるように分布するはずであるから，導体表面が電位 0 になるように q' を決めれば，それが誘導電荷分布と等価な影像電荷を与えるはずである。いま，任意の点 P と Q および Q′ との距離をそれぞれ r，r' とすると，点 P における電位 V は

$$V=\frac{1}{4\pi\varepsilon_0}\left(\frac{q}{r}+\frac{q'}{r'}\right)$$

と与えられる。上でのべた導体表面で電位 $V=0$ という条件は上の式の右辺で $r=r'$ とおき，左辺を 0 とおけば得られるから，

$$q'=-q \tag{4.2}$$

という関係が得られる。すなわち原点から z 軸上，導体内部へ距離 d だけ入った点に点電荷 $-q$ があるとした場合と等価であることがわかった。この場合には電気影像法を用いて任意の点の電位または電界を求めることができる(ただし導体表面の外側($z>0$)の点)。導体内部はつねに電界も電位も 0 となる。

（1）　以上より図 4.2 で，任意の点 P(x, y, z)における電位 $V(x, y, z)$は次のように求められる。

$$V(x, y, z)=\frac{q}{4\pi\varepsilon_0}\{[x^2+y^2+(z-d)^2]^{-1/2}-[x^2+y^2+(z+d)^2]^{-1/2}\} \tag{4.3}$$

（2）　次に半無限導体表面に誘導される電荷の面密度 $\sigma(x, y, 0)$を求めてみよう。そのため，導体表面上の電界 $E(x, y, 0)$をまず計算する。図のように 2 つの点電荷 $\pm q$ による電界の x，y 方向の成分は打ち消し合って 0 となり，z 成分のみが残る。

$$\begin{aligned} E(x, y, 0) &= 2\times\frac{-q}{4\pi\varepsilon_0 r^2}\cos\theta \\ &= \frac{-qd}{2\pi\varepsilon_0(x^2+y^2+d^2)^{3/2}} \end{aligned} \tag{4.4}$$

$\sigma(x, y, 0)$は $\sigma(x, y, 0)=\varepsilon_0 E(x, y, 0)$であるから，次のように求められる。

$$\sigma(x, y, 0)=\frac{-qd}{2\pi(x^2+y^2+d^2)^{3/2}} \tag{4.5}$$

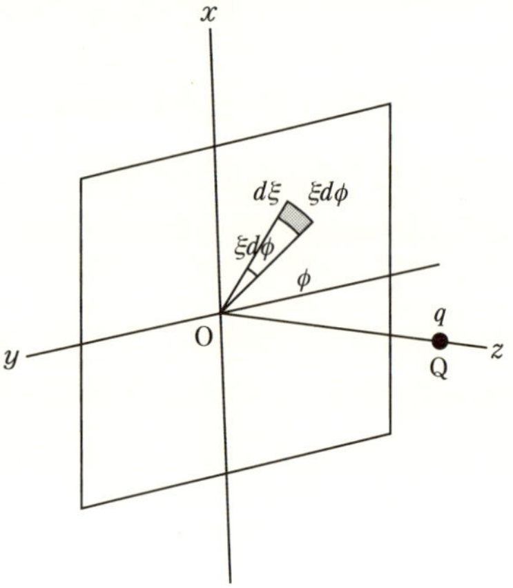

図 4.3 半無限導体表面の全誘導電荷の計算

この誘導電荷面密度 σ を全面積にわたって積分してみる。図 4.3 のように $\xi(=[x^2+y^2]^{1/2})$ および角度 ϕ を選ぶと，積分はつぎのようになる。

$$\int_{-\infty}^{\infty}\int_{-\infty}^{\infty}\sigma(x,y,0)\,dxdy=\int_{-\infty}^{\infty}\int_{-\infty}^{\infty}\frac{-qd}{2\pi(x^2+y^2+d^2)^{3/2}}\,dxdy$$

$$=\int_{0}^{2\pi}\int_{-\infty}^{\infty}\frac{-qd}{2\pi(\xi^2+d^2)^{3/2}}\,\xi d\xi d\phi=-q \quad (4.6)$$

すなわち点電荷 q による誘導全電荷は $-q$ ということを示している。このような場合を**完全誘導**と呼ぶことがある。

（3） 点電荷 q は自らが導体表面上に誘導した電荷によってクーロン引力を受ける。その大きさ F は次のように簡単に求められる。

$$F=-\frac{q^2}{4\pi\varepsilon_0(2d)^2}=-\frac{q^2}{16\pi\varepsilon_0 d^2} \quad (4.7)$$

この力は**影像力**と呼ばれる。

4.2.2 点電荷と接地および絶縁導体球

まず図 4.4 のように接地された半径 a の導体球の中心から $d(>a)$ の距離に点電荷 q が存在する場合を考える。このような場合にどういうことが起こるかを考えてみよう。

もしいま，q が正 $(q>0)$ で，かつ導体球が絶縁されているとしよう。電荷 q の作る電界によって導体球には静電誘導が起こるが，その電荷分布は点電荷 q に最も近い導体表面の点 A の近くでは負電荷が，また最も遠い点 B に近い表

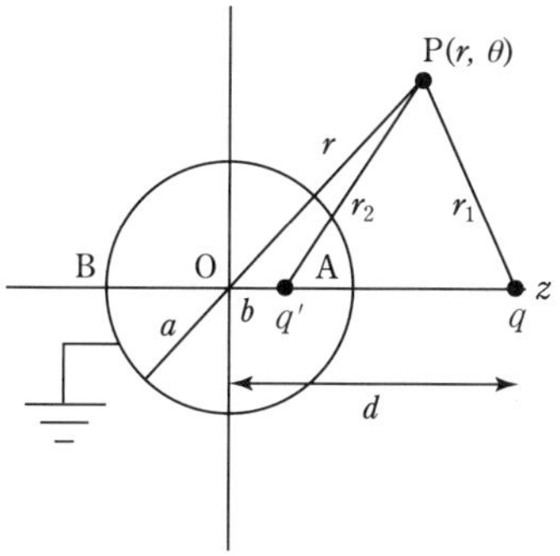

図 4.4　接地導体球と点電荷の場合の電気影像法

面には正電荷が誘導され，その面密度の絶対値はそれぞれ点 A および B で最大になるであろう。いま導体球を接地したとすると，点 B 近くの正電荷は大地に逃げる。その結果，図 4.4 の点 A での電荷面密度の絶対値が最大，点 B でのそれが最小であるような(q と反対符号の)電荷分布が発生するであろう。この電荷分布と等価な影像電荷は図 4.4 に示すように導体球の中心と点電荷 q を結んだ直線上で球の中心より q 寄りの位置(中心から $b(<a)$)にあると考えればよさそうである。

いま図のように中心から距離 b の点に影像電荷 q' が存在すると考える。誘導電荷は導体球表面上の電位が 0 になるように分布するはずであるから，この q' と q とが導体表面上に作る電位が 0 になるように q' および b の値を決めれば，これが誘導電荷分布と等価な影像電荷とその位置を与えることになる。図 4.4 のように導体球外に任意の点 $\mathrm{P}(r, \theta)$ を考え，P 点と q および q' との距離をそれぞれ r_1，r_2 とする。点 $\mathrm{P}(r, \theta)$ における電位 $V(r, \theta)$ は次のように書ける。

$$
\begin{aligned}
V(r, \theta) &= \frac{q}{4\pi\varepsilon_0 r_1} + \frac{q'}{4\pi\varepsilon_0 r_2} \\
&= \frac{1}{4\pi\varepsilon_0}\left[\frac{q}{(r^2+d^2-2rd\cos\theta)^{1/2}} + \frac{q'}{(r^2+b^2-2rb\cos\theta)^{1/2}}\right]
\end{aligned}
\tag{4.8}
$$

導体が接地されているので $V(a, \theta)=0$ となる。すなわち，

$$
\begin{aligned}
0 &= V(a, \theta) \\
&= \frac{1}{4\pi\varepsilon_0}\left[\frac{q}{(a^2+d^2-2ad\cos\theta)^{1/2}} + \frac{q'}{(a^2+b^2-2ab\cos\theta)^{1/2}}\right]
\end{aligned}
\tag{4.9}
$$

これより

$$\frac{q'^2}{a^2+b^2-2ab\cos\theta}=\frac{q^2}{a^2+d^2-2ad\cos\theta} \tag{4.10}$$

が θ にかかわらず成り立つ必要がある。すなわち図の球面上のどの部分でもこの関係が成り立つとすれば，

$$q^2b=q'^2d \tag{4.11 a}$$

および

$$q^2(a^2+b^2)=q'^2(a^2+d^2) \tag{4.11 b}$$

以上の 2 つの式より b と q' を求めると，$d\neq 0$ および $b<d$ を考慮に入れて，

$$b=a^2/d,\qquad q'=(-a/d)q \tag{4.12}$$

が得られる。すなわち，この場合には球の中心から距離 a^2/d の位置に $(-a/d)q$ の影像電荷があると考えればよいことがわかる。

4.2.3 電位分布および誘導電荷密度

次に点電荷と接地導体球がある場合の電位分布，導体球上の誘導電荷密度分布および点電荷が影像電荷より受けるクーロン力を求める。

（1） 図 4.4 で，任意の点 $\mathrm{P}(r,\theta)$ における電位 $V(r,\theta)$ は上より次のように与えられる。

$$V(r,\theta)=\frac{q}{4\pi\varepsilon_0}\left[\frac{1}{(r^2+d^2-2rd\cos\theta)^{1/2}}-\frac{a}{d}\frac{1}{\{r^2+(a^2/d)^2-2r(a^2/d)\cos\theta\}^{1/2}}\right] \tag{4.13}$$

（2） 導体球面上の点 (a,θ) での電界 $E(a,\theta)$ は必ず導体球面に垂直になるので，r 方向成分のみ存在し，$E(a,\theta)=E_r(a,\theta)=-(\partial V/\partial r)_{r=a}$ は次のようになる。

$$E(a,\theta)=-\frac{q(d^2-a^2)}{4\pi\varepsilon_0 a(a^2+d^2-2ad\cos\theta)^{3/2}} \tag{4.14}$$

また球面上の誘導電荷の面密度 $\sigma(a,\theta)=\varepsilon_0E(a,\theta)$ は次のように書ける。

$$\sigma(a,\theta)=-\frac{q(d^2-a^2)}{4\pi a(a^2+d^2-2ad\cos\theta)^{3/2}} \tag{4.15}$$

図 4.5 のような極座標をとって，$\sigma(a,\theta)$ を全球面で積分をしてみる。

$$\int_0^{2\pi}\int_0^{\pi}\frac{-q(d^2-a^2)a^2\sin\theta}{4\pi a(a^2+d^2-2ad\cos\theta)^{3/2}}d\phi d\theta=-\frac{a}{d}q \tag{4.16}$$

すなわちこの場合には誘導全電荷が $|q|$ よりも小さくなる。その差の $-q(1-a/d)$ の電荷は無限遠方に誘導され，電気力線の一部は無限遠方に終わること

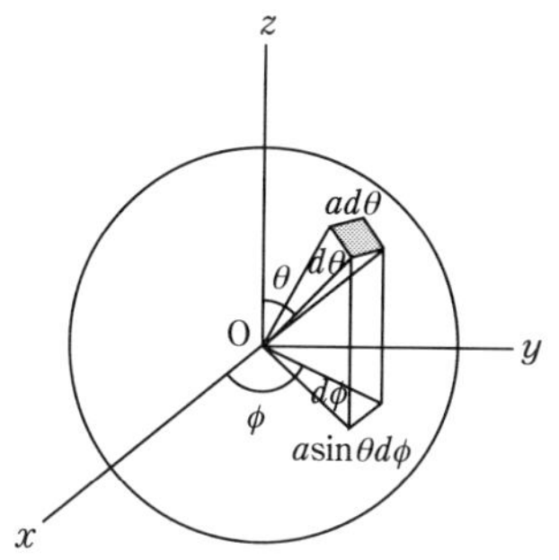

図 4.5　極座標で表した球面上の要素面積

になる。このような場合を**不完全誘導**という。

（3）　点電荷 q は影像電荷 q' により影像力 F を受ける。F の大きさは次のようになる。

$$F=\frac{qq'}{4\pi\varepsilon_0(d-b)^2}=-\frac{adq^2}{4\pi\varepsilon_0(d^2-a^2)^2} \tag{4.17}$$

4.2.4　点電荷と絶縁導体球

次に導体球が絶縁されている場合を考えよう。いま図 4.6 のように半径 a の絶縁された導体球の中心から距離 $d(>a)$ の位置に点電荷 q があるとする。$q>0$ の場合を考えると，導体球には前に示したように点電荷 q に近い面に負電荷が，遠い面に正電荷が分布する。絶縁導体球の場合には正電荷が地球に逃げるわけにはいかないので，誘導電荷面密度 σ は点 A では符号が負でその絶対値が最大に，また点 B では符号は正でその絶対値が最大になるように分布するはずである。

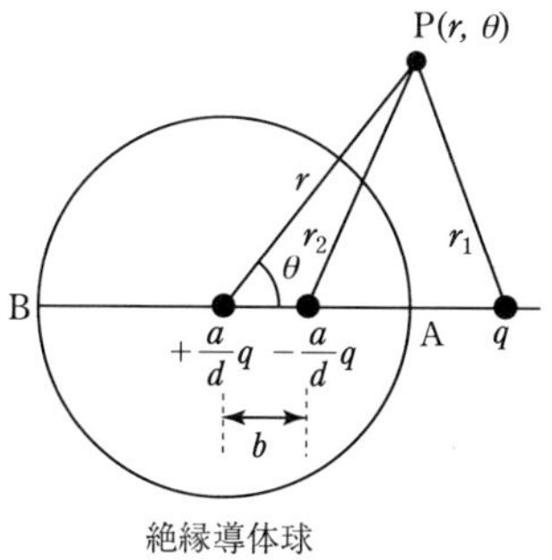

図 4.6　絶縁導体球と点電荷の場合の電気影像法

この誘導電荷と等価な影像電荷は次のような3つの条件を満たしている必要がある。すなわち，

（a）　導体球の外側には点電荷 q 以外の電荷は存在しない(接地した場合も同様)。

（b）　導体球表面は等電位である。

（c）　導体球の全電荷は0である。

そこで図4.6のように球の中心から距離 $b=a^2/d$ の点に $q'=-(a/d)q$ の影像電荷が(ここまでは上の接地導体球と全く同じ)，また球の中心Oに $q''=+(a/d)q$ の影像電荷が存在する場合を考え，これが上の(a)～(c)の3つの条件を満足しているかどうかを検討してみる。

まず影像電荷 q'，q'' はいずれも導体球内にあるから，条件(a)は満たしている。つぎに導体表面の電位を考えると，先に接地導体球のところで導いたように，点電荷 q と影像電荷 q' が導体球面上に作る電位は0であるから，影像電荷 q'' が導体球表面に作る電位のみを考えればよい。図4.6のように球面上の任意の点 $\mathrm{P}(a, \theta)$ での電位 $V(a, \theta)$ は次のように得られる。

$$V(a, \theta)=\frac{q''}{4\pi\varepsilon_0 a}=\frac{q}{4\pi\varepsilon_0 d} \tag{4.18}$$

これより $V(a, \theta)$ は角度 θ によらず，球面上一定となる。すなわち上の条件(b)が満たされていることがわかる。また $q'+q''=0$ が容易に得られ，条件(c)も満足されている。これより図4.6のような2個の影像電荷を考えれば，これが誘導電荷分布と等価であることになる。

4.2.5　電位分布と誘導電荷密度

次に点電荷と絶縁導体球のある場合の電位分布および導体表面の誘導電荷密度分布を考えよう。

（1）　任意の点 $\mathrm{P}(r, \theta)$ (図4.6)における電位 $V(r, \theta)$ は次のように書ける。

$$\begin{aligned} V(r, \theta) &= \frac{q}{4\pi\varepsilon_0 r_1}+\frac{q'}{4\pi\varepsilon_0 r_2}+\frac{q''}{4\pi\varepsilon_0 r} \\ &= \frac{q}{4\pi\varepsilon_0 d}\left[\frac{d}{(r^2+d^2-2rd\cos\theta)^{1/2}}-\frac{a}{(r^2+b^2-2rb\cos\theta)^{1/2}}+\frac{a}{r}\right] \\ & \qquad (b=a^2/d) \end{aligned} \tag{4.19}$$

（2）　電位が求まれば，電界 $E(r, \theta)$ も $E_r=-\dfrac{\partial V}{\partial r}$，$E_\theta=-\dfrac{1}{r}\dfrac{\partial V}{\partial \theta}$ で求められる。とくに導体球面上の電界 $E(a, \theta)$ は上で $r=a$ とおけば得られる

分および電束密度の法線成分は連続となる。すなわち，

$$E_{1t}=E_{2t} \tag{4.25}$$

$$D_{1n}=D_{2n} \tag{4.26}$$

上の2つの式にそれぞれ式(4.21)～(4.24)を代入すると，

$$\frac{(q+q')\sin\theta}{4\pi\varepsilon_1 r^2}=\frac{q''\sin\theta}{4\pi\varepsilon_2 r^2} \tag{4.27}$$

$$\frac{(q-q'')\cos\theta}{4\pi r^2}=\frac{q''\cos\theta}{4\pi r^2} \tag{4.28}$$

となる。これから次の2つの式が導かれる。

$$\frac{q+q'}{\varepsilon_1}=\frac{q''}{\varepsilon_2} \tag{4.29}$$

$$q-q'=q'' \tag{4.30}$$

この2つの式より，2つの影像電荷の大きさは次のように求められる。

$$q'=\frac{\varepsilon_1-\varepsilon_2}{\varepsilon_1+\varepsilon_2}q \tag{4.31}$$

$$q''=\frac{2\varepsilon_2}{\varepsilon_1+\varepsilon_2}q \tag{4.32}$$

4.3.2　電位分布の計算

次に誘電体1および2内の電位分布を求める。

（1）　誘電体1内部の任意点P(x, y, z)における電位$V(x, y, z)$(図4.8(a))は次のようになる。

$$V(x, y, z)=\frac{q}{4\pi\varepsilon_1}\left[\frac{1}{\{x^2+y^2+(z+d)^2\}^{1/2}}+\frac{\varepsilon_1-\varepsilon_2}{\varepsilon_1+\varepsilon_2}\frac{1}{\{x^2+y^2+(z+d)^2\}^{1/2}}\right] \tag{4.33}$$

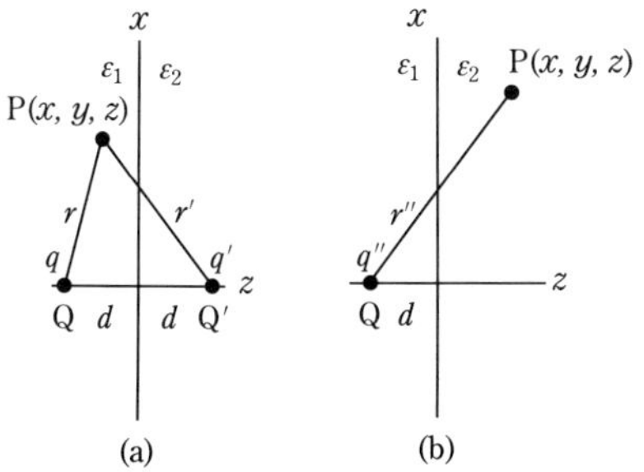

図 4.8　(a)誘電体1および(b)誘電体2内の電位

（2）　誘電体2内部の任意の点 $\mathrm{P}(x, y, z)$（図4.8(b)）における電位 $V(x, y, z)$ は以下のように求められる。

$$V(x, y, z)=\frac{q}{2\pi(\varepsilon_1+\varepsilon_2)}\frac{1}{\{x^2+y^2+(z+d)^2\}^{1/2}} \tag{4.34}$$

（3）　点電荷 q は影像電荷 q' により次のようなクーロン力（影像力）F を受ける。

$$F=\frac{qq'}{4\pi\varepsilon_1(2d)^2}=\frac{q^2}{16\pi\varepsilon_1 d^2}\frac{\varepsilon_2-\varepsilon_1}{\varepsilon_1+\varepsilon_2} \tag{4.35}$$

4.3.3　一様な電界中の誘電体球

図4.9のように，無限に広がった誘電率 ε_1 の誘電体中に一様な外部電界 E_0 が存在し，その中に誘電率 ε_2，半径 a の誘電体球がある場合を考えよう。電界 E_0 により，誘電体中に図4.9(a)のような分極電荷が発生し，そのため，球の内外とも E_0 とは異なった電界が存在する。（ただし球から充分遠方の点では電界はほぼ E_0 である。）このときの球の内外における電界 E_1，E_2 を求める。

（1）　まず球外の電界を考える。図4.9(a)に示した分極電荷分布より，正負の影像電荷は図のように球の中心を通る水平線上，対称の位置にあると考えられる。この正負の電荷間の距離は球から充分離れた点からみれば非常に小さいので，この正負の影像電荷は電気双極子を形成していると考えてよい。した

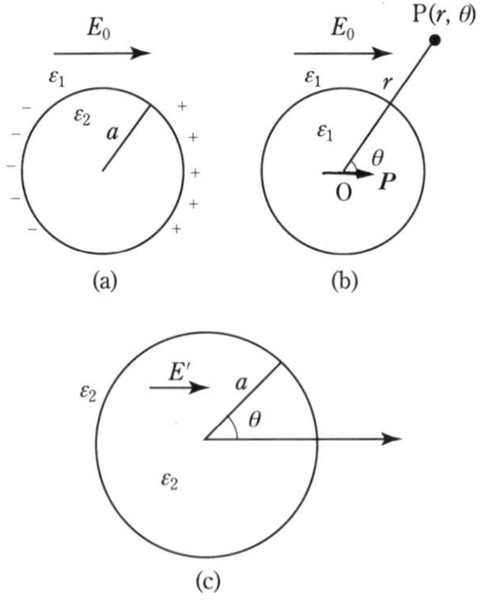

図 4.9　(a)一様な誘電体中の誘電体球，(b)等価な電気双極子モーメント，(c)誘電体内の電界

がってこの分極電荷分布に等価な電気双極子モーメント $\boldsymbol{P}$ が球の中心に存在すると考える(図 4.9(b))。そうすると，球外の電界はこの電気双極子の作る電界と E_0 を合成したものとなる。電気双極子による電界の r 方向および θ 方向の成分はそれぞれ次のようになる(1 章 1.6.6 参照)。

$$E_r=\frac{2P\cos\theta}{4\pi\varepsilon_1 r^3} \tag{4.36}$$

$$E_\theta=\frac{P\sin\theta}{4\pi\varepsilon_1 r^3} \tag{4.37}$$

（2）　次に球内部の電界を考える。分極電荷分布より球内部の電界 E' は図 4.9(c)のように外部電界 E_0 と同じ方向であり，かつその大きさは球内部で一様であると考えられる。

これらの等価な電気双極子モーメント P および電界 E' を 2 種の誘電体の境界条件，すなわち球の表面での電束密度 D の法線成分および電界 E の接線成分が連続であるという条件を満足するように決めればよい。まず球の外側での電界の球面への接線成分 E_{1t} および電束密度の法線成分 D_{1n} はそれぞれ次のように書ける。

$$E_{1t}=-E_0\sin\theta+\frac{P\sin\theta}{4\pi\varepsilon_1 a^3} \tag{4.38}$$

$$D_{1n}=\varepsilon_1 E_0\cos\theta+\frac{2P\cos\theta}{4\pi a^3} \tag{4.39}$$

一方，球の内側での電界の境界面への接線成分 E_{2t} および電束密度の法線成分 D_{2n} はそれぞれ次のようになる。

$$E_{2t}=-E'\sin\theta \tag{4.40}$$

$$D_{2n}=\varepsilon_2 E'\cos\theta \tag{4.41}$$

これらをそれぞれ等しいとおくと，

$$-E_0+P/4\pi\varepsilon_1 a^3=-E'$$

$$\varepsilon_1 E_0+2P/4\pi a^3=\varepsilon_2 E'$$

となる。この式より P および E' は次のようになる。

$$P=\frac{4\pi a^3\varepsilon_1(\varepsilon_2-\varepsilon_1)}{2\varepsilon_1+\varepsilon_2}E_0 \tag{4.42}$$

$$E'=\frac{3\varepsilon_1}{2\varepsilon_1+\varepsilon_2}E_0 \tag{4.43}$$

すなわち誘電体内部では電界は一様であり，その方向は外部電界 E_0 と同じ方向であると考えてよいことがわかる。

式(4.43)より，$\varepsilon_1>\varepsilon_2$ のとき，$E'>E_0$，すなわち球内部のほうが外部より

電界が大きくなることは注意すべきである。また $\varepsilon_1 < \varepsilon_2$ のときは逆に $E' < E_0$，すなわち球内部の電界は外部より小さくなる。以上をまとめると，球外部の任意の点 P(r, θ)（図 4.9）での電界は，

$$E_r(r, \theta) = -E_0 \cos\theta + \frac{P\cos\theta}{4\pi\varepsilon_1 r^3} \quad (4.44)$$

$$E_\theta(r, \theta) = E_0 \sin\theta + \frac{P\sin\theta}{4\pi\varepsilon_1 r^3} \quad (4.45)$$

と書ける。また球内部の電界は式(4.43)となる。球から充分遠方$(r \to \infty)$では，

$$E_r(r, \theta) = -E_0 \cos\theta \quad (4.46)$$

$$E_\theta(r, \theta) = E_0 \sin\theta \quad (4.47)$$

となることは容易にわかる。

演習問題

4.1 導体表面から距離 10^{-8}cm の位置にある電子にはたらく力（影像力）を求めよ。

4.2 上の 4.1 の問題で，導体の代わりに比誘電率 3 の誘電体があった場合の影像力を求めよ。

4.3 図 4.10 のように垂直に交わる 2 つの半無限導体表面のそれぞれの面から距離 a だけ離れた位置に点電荷 q があったとする。このときの影像電荷はどうなるか。また点電荷 q がこれらの影像電荷より受ける影像力を求めよ。

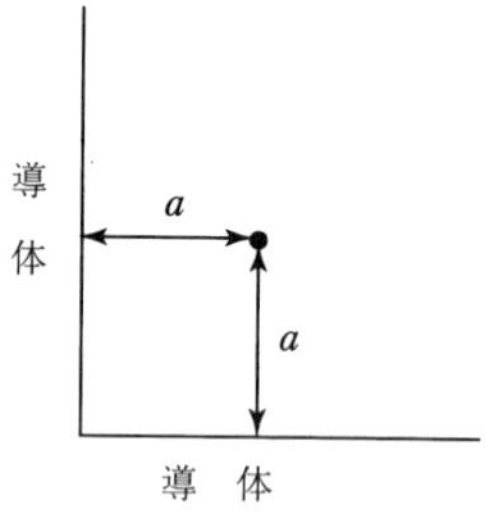

図 4.10

4.4 半径 a の接地導体球の中心から距離 $d(>a)$ の位置に点電荷 q があったとする。このとき，導体球に誘導される電荷面密度 σ の絶対値の最大値および最小値を求めよ。

4.5 半径 a の絶縁導体球の中心から距離 $d(>a)$ の位置に点電荷 q がある。点電荷 q の受ける影像力 F を求めよ。

4.6　半径 a の接地導体球の中心から距離 $d(>a)$ の位置に点電荷 q があるとき，導体表面上で点電荷から距離 R の点における誘導電荷面密度 σ は R^3 に比例することを示せ。

4.7　電荷 q をもつ半径 a の絶縁導体球の中心から $d(>a)$ の距離に点電荷 Q がある。Q にはたらく影像力を求め，Q と q とが同符号であってもこの影像力が引力になる場合があることを示せ。

4.8　半径 a の絶縁導体球から距離 $d(>a)$ の位置に点電荷 Q がある。導体球の表面上すべての点で誘導電荷面密度を正にするために導体球に与えるべき最小の電荷を求めよ。ただし $Q>0$ とする。

4.9　変圧器の絶縁油の中に気泡があると，この部分から絶縁破壊が起こりやすい。絶縁耐力 30 kV/2.5 mm，比誘電率 $\varepsilon_s=2.2$ の絶縁油の中に直径 0.1 mm の気泡があるとき，気泡中で絶縁破壊を起こすときの油の中の電界を求めよ。ただし空気の絶縁耐力を 3 kV/mm とする。

4.10　無限に広がる誘電率 ε の誘電体中に一様な電界 E_0(水平方向とする)があり，この中に半径 a の接地導体球がある。この導体球表面の誘導電荷面密度 σ を求めよ。

5 電　　流

いままでは電流が流れていない場合の電界(静電界)について考えてきた。この章では電流が流れている場合について述べる。電流と電位差との関係(オームの法則)や電流連続の式などの基本的なことがら，および電気回路の基礎についても解説する。

5.1 電流の定義および単位

5.1.1 電流および電流密度

導線に電池をつなぐと，一定の電流が流れることはよく知られている。導体中で電荷が移動すると，電流が流れる。すなわち**電流**とは電荷が移動する(流れる)ことである。(ただし，電荷の移動を伴わない電流もある。たとえばコンデンサを流れる交流電流のように電荷分布が変化し(**変位電流**という)，それによってあたかも電流が流れたことと等価になる場合もある。)しかしここでは当面の間，電流とは電荷が移動するものとして考えることにする。

いまある導体中を電流が流れているとする。図5.1のようにこの導体中にある1つの面 S を考え，単位時間にこの面を通過する電荷の量を面 S を流れる電流の大きさ I と考える。電流 $\boldsymbol{I}$ には大きさと流れる方向があるから，一般

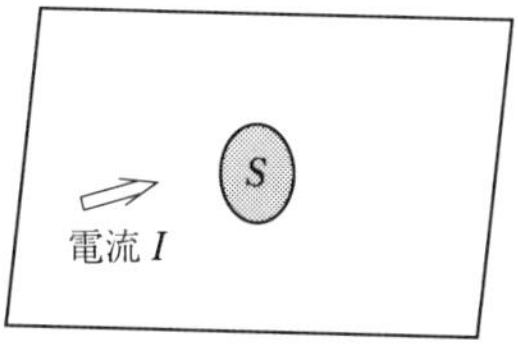

図 5.1　断面 S を通って流れる電流

にベクトルとなる。したがって面 S を流れる電流 $\boldsymbol{I}$ は，その大きさを I，その流れる方向をその向きとするベクトル量となる。1秒間に1クーロンの電荷が流れた場合，この電流を1**アンペア**(A)と決めて電流の単位とする。すなわち，アンペア＝クーロン/秒(A＝C/s)となり，1秒間に1クーロンの電荷が流れたとき，1アンペアの電流が流れたことになる。電流が時間的に変化せず，常に一定の電流が流れる場合，これを**定常電流**という。上で述べたようにある断面を通って t 秒間に Q クーロンの電荷が流れた場合，電流 I は次のように書ける。

$$I=Q/t \tag{5.1}$$

また電流が一定でなく，時間的に変化する場合には，ごく短い時間 dt の間に電荷 dQ が流れたとして，電流 I は次のように書くことができる。

$$I=\frac{dQ}{dt} \tag{5.2}$$

電流とは電荷の流れであり，正電荷が流れても負電荷が流れても電流が流れたことになる。電界 E があると電荷 q は $\boldsymbol{F}=q\boldsymbol{E}$ のクーロン力を受けるから，もしこの電荷が自由に動ける電荷(導体中の電子のように)なら，移動して電流が流れる。$q>0$(正電荷)なら電荷は電界と同じ方向に流れ，$q<0$(負電荷)なら電界と反対方向に流れる(図5.2)。そこで便宜上，正電荷の流れる方向を電流の流れる方向と定義する。したがって電流は負電荷が流れる方向とは反対向きになる。すなわち電流は電界と同じ方向に流れることになる。

上記のように電荷は電界より力を受けて移動し，電流となる。これを**ドリフト電流**という。しかし電流には必ずしも外部電界がなくても流れる電流がある。(たとえば電荷分布が場所によって異なる場合には電流が流れることがある。これを**拡散電流**といい，トランジスタなどでは重要な電流である。)しかし

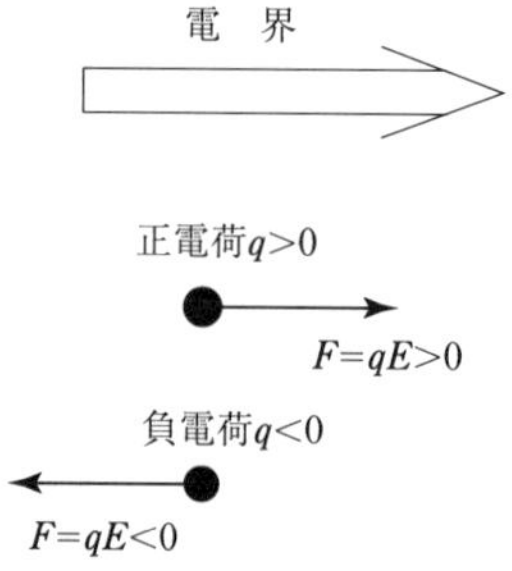

図 5.2　正電荷および負電荷が電界より受ける力

電磁気学では主としてドリフト電流のみを考える。

電流が流れていない場合には導体中には電界は存在しない。しかし上のことがらより電流が流れる導体中には電界が存在し，導体は等電位ではない。

5.1.2 電流密度

次に広い導体中を電流が流れており，場所によって電流が異なる場合にも適用できる概念として**電流密度**を考えよう。図5.3のように電流 $\boldsymbol{I}$ が流れる導体内にある点Pを考え，Pを含んで $\boldsymbol{I}$ に垂直な微小面積 dS を考える。この面を通過する電流を $d\boldsymbol{I}$ とするとき，

$$\boldsymbol{J}=\frac{d\boldsymbol{I}}{dS} \tag{5.3}$$

で定義される $\boldsymbol{J}$ を点Pにおける**電流密度ベクトル**という。電流密度 $\boldsymbol{J}$ は大きさ，方向をもつベクトル量である。もし図5.4のように垂直断面積 S_0 をもつ導線に電流 I が一様に流れていたとすれば，電流密度 J は，

$$J=I/S_0 \tag{5.4}$$

となる。もし図5.5のように垂直断面 S_0 と角度 θ をなす面 S を考えると，

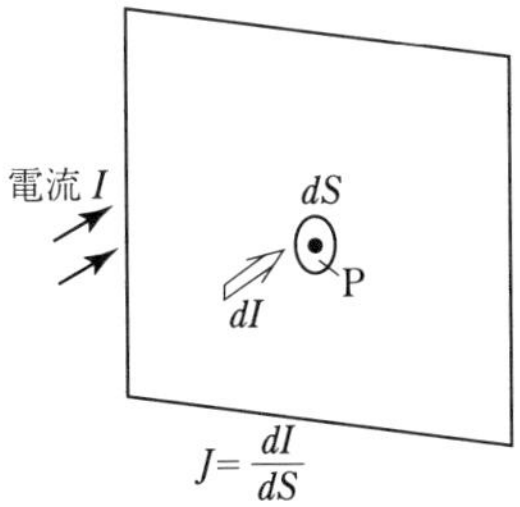

図 5.3 電流密度の定義

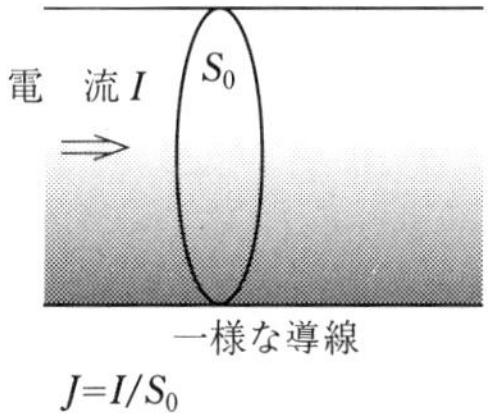

図 5.4 一様な導線を電流が流れる場合の電流密度

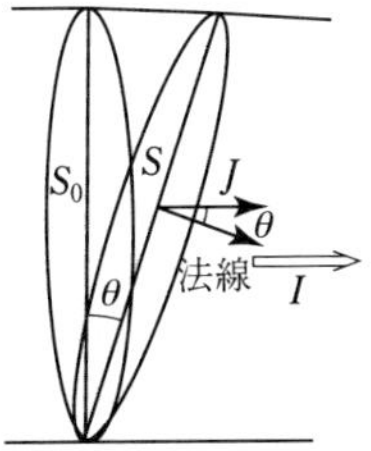

図 5.5 電流 I と垂直でない断面の場合

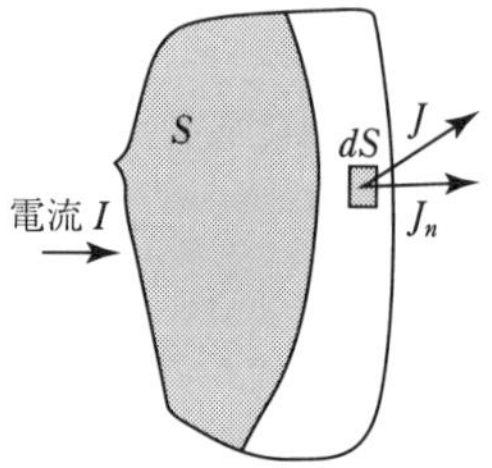

図 5.6　任意面 S を通って流れる電流 I と電流密度 J との関係

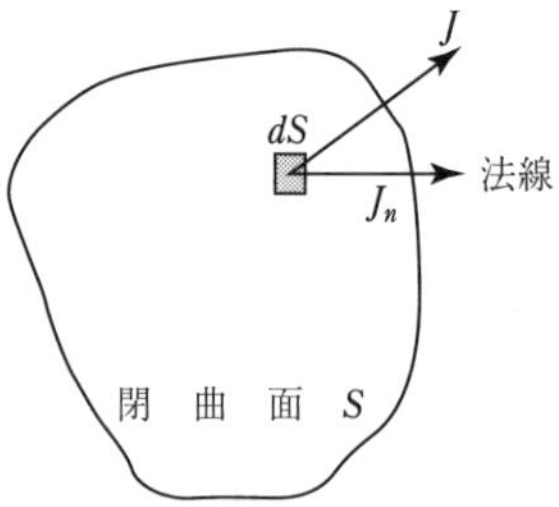

図 5.7　閉曲面 S の内側から外側へ流れ出す電流 I と電流密度 J の関係

$S\cos\theta = S_0$ であるから，

$$I = JS_0 = JS \cdot \cos\theta = J_n S \tag{5.5}$$

が成り立つ。ここで J_n は電流密度 J の面 S の法線方向の成分である。

一般に電流の流れている導体内に図 5.6 のような任意の面 S を考えるとき，その上の微小な面積 dS を通過する電流 dI は上から，$dI = J_n dS$ と書けるから，S 面全体を法線の正の方向(外側)へ向かって流れる全電流 I は次のように書くことができる。

$$I = \int_S dI = \int_S J_n dS \tag{5.6}$$

とくにこの面 S が図 5.7 のように閉曲面の場合，この閉曲面 S を通ってその内側から外側へ流れ出す全電流 I は，

$$I = \oint_S J_n dS \tag{5.7}$$

となる。この関係は閉曲面 S の内部に電流が流れ出る点または流れ込む点(すなわち電極)が含まれていても成り立つ。

5.1.3　定常電流と過渡電流

すでに述べたように時間的に一定な電流が流れる場合を定常電流と呼ぶ。定常電流が流れているとき，回路内の電位分布も，電荷分布も時間的に一定であり変化しない。したがって回路内の任意の点での電位を考えることによって回路動作を理解することができる。一方，電流の流れる道(回路)に電源をつないだり，切ったりする瞬間のきわめて短い時間に流れる電流は時間的に変化し，これを**過渡電流**という。すなわち過渡電流は定常電流に達するまでに流れる電流である。回路に電池をつなぐと，定常電流が流れる。その理由は後で述べ

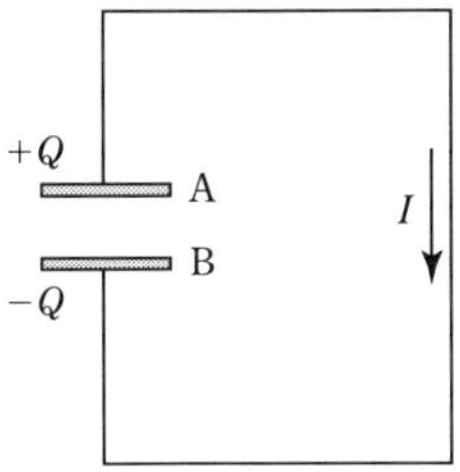

図 5.8　コンデンサの放電電流

る。ここでは過渡電流の実例として，コンデンサの充放電電流を考えよう。図5.8のように平行平板コンデンサの電極板A，Bにそれぞれ Q, $-Q$ の電荷を与えた後，導線でつなぐと電流がAからBへ向かって流れ，正電荷はだんだん減少，負電荷は増大してついに両者が0になって電流は0となる。これが放電であるが，このとき，電流 I は上で述べたように電荷 Q の時間変化で表され，

$$I=-\frac{dQ}{dt} \tag{5.8}$$

と与えられる。充電の場合には $I=dQ/dt$ となる。

5.2　オームの法則

5.2.1　オームの法則と電気抵抗

上でも述べたように導体中の電荷に力を及ぼして電流を流すのは電界であり，したがって電流が流れているときには導体中にも電界が存在し，電位差が発生する。いま図5.9のような導線を電流 I が流れているとする。導線上の任意の点A，Bをとり，それぞれの点での電位を V_A, V_B とする。電流 I は電位の高い点から電位の低い点に向かって流れ，その大きさ I はA，B点間

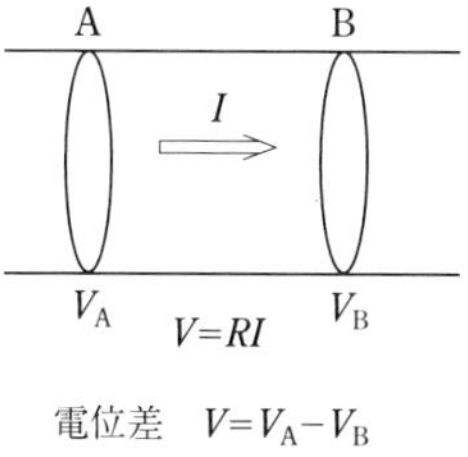

図 5.9　オームの法則

の電位差 $V = V_A - V_B$ に比例することが知られている。すなわち，

$$V = RI \tag{5.9}$$

が成り立つ。この関係，すなわち電流と電位差(電圧)とが比例するという関係を**オームの法則**といい，電流を扱う場合の最も基本的な関係を与える。また，比例定数 R を**電気抵抗**(または単に**抵抗**)と呼ぶ。電気抵抗 R の単位は**オーム**(ohm または Ω)と呼ぶ。すなわち，オーム＝ボルト/アンペア([Ω]＝[V]/[A])である。

式(5.9)は抵抗 R の導体の両端に電圧 V を加えたときに電流 I が流れるという関係を表しているが，また一方では抵抗 R に電流 I を流したとき，R の両端で電圧が V だけ降下することを意味している。この**電圧降下**という概念は，集積回路設計を行うときなどに考慮する必要のある場合もあり，重要な概念である。

電流と電位差(電圧)の関係を**電流電圧特性**といい，オームの法則が成り立っているときには図 5.10(a)のように直線関係となる。これを線形の電流電圧特性という。これから我々が電磁気学で取り扱う場合はほとんどこの線形の電流電圧特性が成り立っている場合である。しかし一般にはすべての場合にオームの法則が成り立つわけではない。たとえば半導体ダイオードの電流電圧特性は図 5.10(b)のように非線形になる。この場合，電流はほぼ電圧の指数関数で表される。また図 5.10(c)にはトランジスタの電流電圧特性を示す。この場合，電流はいったんは電圧の増加とともに増大するが，電圧がある大きさに達する

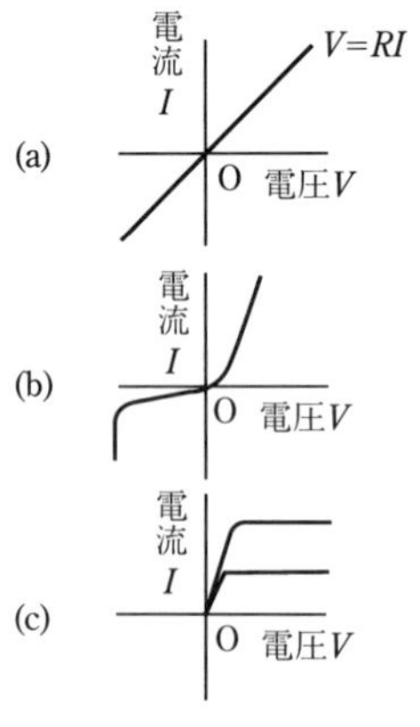

図 5.10 いろいろな電流電圧特性：(a)オームの法則が成り立つ場合，(b)ダイオード，(c)トランジスタの電流電圧特性

とほぼ一定となる。このほかにも非線形の電流電圧特性を示すものは多くある。

5.2.2 抵抗率

一般に電気抵抗 R は導体の種類や温度によって異なるほか，導体の形や寸法によっても異なる値となる。そこで単位の断面積[m²]および単位長さ[m]をもつ導体の抵抗を**抵抗率**と呼び，一般に ρ で表す。ρ は導体の種類と温度がきまればきまる定数である。電気抵抗 R と抵抗率 ρ の関係は重要であり，以下にこれを求める。

簡単のため，図 5.11 のような一様な断面積 S をもち，長さ l の導線中を電流 I が一様に流れていたとする。この導線中に図のような単位断面積と単位長さをもつ部分を考え，これにオームの法則を適用する。この部分を流れる電流は電流密度 $J=I/S$ に等しい。またこの部分の両端の電圧は V/l となる。また上の定義からこの導体中の部分の電気抵抗は抵抗率 ρ に等しいから，オームの法則は次のように書ける。

$$V/l=\rho I/S$$

これを書き直して

$$V=(\rho l/S)I$$

この式と式(5.9)とから，R と ρ との関係が以下のように求められる。

$$R=\rho l/S \tag{5.10}$$

この式から電気抵抗 R は導体の断面積が大きいほど小さく，また長さが大きいほど大きいことがわかる。またもし図 5.12 のように導体の断面積が一様でない場合は，この導体の長さに沿った方向に l 軸をとり，原点から距離 l の点での断面積を $S(l)$ とすると次のように書くことができる。

$$R=\int_s \frac{\rho}{S(l)}dl \tag{5.11}$$

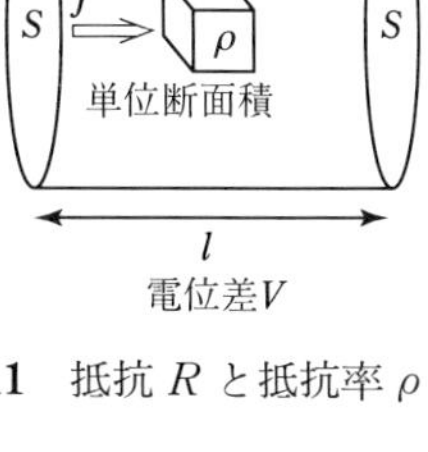

図 5.11　抵抗 R と抵抗率 ρ の関係

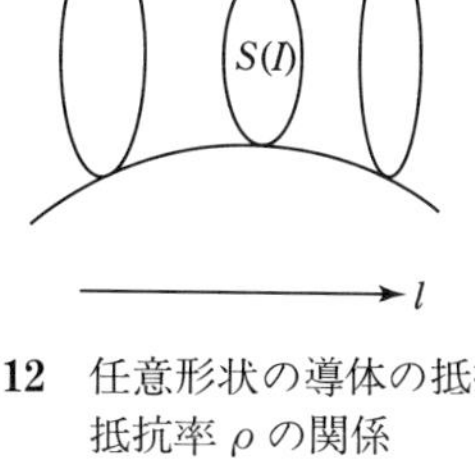

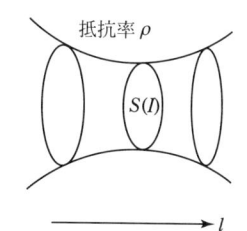

図 5.12　任意形状の導体の抵抗 R と抵抗率 ρ の関係

表 5.1 主要な物質の室温での抵抗率

物 質 名	抵抗率（室温） [Ωm]
金（Au）	1.7×10^{-8}
銀（Ag）	1.7×10^{-8}
銅（Cu）	1.7×10^{-8}
アルミニウム（Al）	2.8×10^{-8}
鉄（Fe）	1.0×10^{-7}
チタン（Ti）	4.2×10^{-7}
水銀（Hg）	9.6×10^{-7}
グラファイト（C）	$4\sim7\times10^{-7}$
ニクロム	1.1×10^{-6}
シリコン（Si）	$10^{-5}\sim10^{4}$
ガラス	$10^{8}\sim10^{15}$
ゴム	$10^{12}\sim10^{15}$

式(5.10)より $\rho=(S/l)R$ であるから，抵抗率の単位は[Ωm]であることがわかる。

表5.1にいくつかの物質の室温(300 K)における抵抗率 ρ の例を示す。導体(金属)によってもかなり抵抗率が異なり，銅，金，銀は ρ が低いが，鉄，チタンはそれらより1桁近く抵抗率が高くなっている。

5.2.3 コンダクタンスと導電率

オームの法則 $V=RI$ はまた次のように書くこともできる。

$$I=GV \quad (G=1/R) \tag{5.12}$$

ここで R の逆数 G を**コンダクタンス**と呼ぶ。コンダクタンスの単位は[1/Ω]であるが，これをモー([℧])と呼んだり，または**ジーメンス**([S])と呼ぶこともある。$G=1/R$ に式(5.10)を代入すると，$G=(1/\rho)S/l$ となるが，これを次のように書き直す。

$$G=\sigma S/l \quad (\sigma=1/\rho) \tag{5.13}$$

この抵抗率 ρ の逆数 σ を**導電率**と呼ぶ。導電率 σ の単位は[S/m]である。

5.2.4　電流密度と電界との関係（一般化されたオームの法則）

いま図5.13のようにある導体中を電流 I が流れていたとする。この導体内に断面積 dS，長さ dl の微小な円筒を考え，この円筒中を流れる電流を dI，円筒両端の電圧を dV とする。式(5.13)よりこの円筒についてのオームの法則はこの導体の導電率を σ として，次のように書ける。

$$dI = \sigma \frac{dS}{dl} dV$$

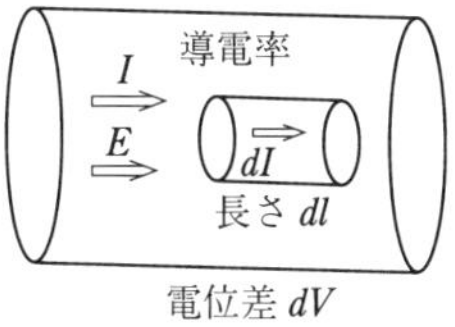

図 5.13　電流密度と電界の関係（オームの法則）

これをつぎのように変形する。

$$\frac{dI}{dS} = \sigma \frac{dV}{dl}$$

ここで dI/dS は電流密度 J，dV/dl は導体中の電界 E であるから，上の式をベクトルで表すと次のようになる。

$$\boldsymbol{J} = \sigma \boldsymbol{E} \tag{5.14}$$

すなわち電流密度は電界に比例し，その比例定数が導電率である。この式もオームの法則を表す重要な式であるが，これを**一般化されたオームの法則**（または電流密度に関するオームの法則）ということもある。この関係はまた $\sigma=1/\rho$ より次のようにも書ける。

$$\boldsymbol{E} = \rho \boldsymbol{J} \tag{5.15}$$

式(5.14)，(5.15)は電流が導体中を一様に流れていない場合でも成り立つ関係である。

5.2.5　種々の導体系の電気抵抗

ここでは上の一般化されたオームの法則を用いていくつかの導体系の電気抵抗を計算してみよう。

【例題 5.1】　図5.14のような面積 S の2枚の平行平板電極が距離 d だけ隔たって存在し，その電極の間に抵抗率 ρ の導体を入れ，2枚の電極間に電流 I を流す場合の電気抵抗 R を求めよ。

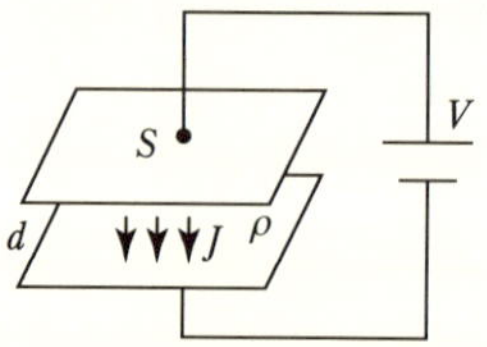

図 5.14 平行平板電極間の抵抗

(解) 電流 I は図のように 2 枚の電極板に垂直に流れると考えてよいから，電流密度を J とすると，

$$J=I/S$$

これを $E=\rho J$ に代入して

$$E=(\rho/S)I$$

であるから，電極板間の電圧 V は

$$V=Ed=(\rho/S)Id$$

となる。したがって電気抵抗 R は $V=RI$ の関係から次のように求められる。

$$R=\rho d/S \tag{5.16}$$

この関係は式(5.10)からもすぐに求められる。

【例題 5.2】 図 5.15 のように同心導体球系において半径 a の導体球 A と内半径 b の導体球殻 B の間に抵抗率 ρ の導体を満たした場合，AB 間の電気抵抗 R を求めよ。

(解) この問題を解く前に，**完全導体**という概念を導入しよう。いままで述べてきたように導体は有限な抵抗率 ρ をもっている。ここでいう完全導体とは抵抗率が 0($\rho=0$ または導電率 $\sigma=\infty$) という完全に理想的な導体で

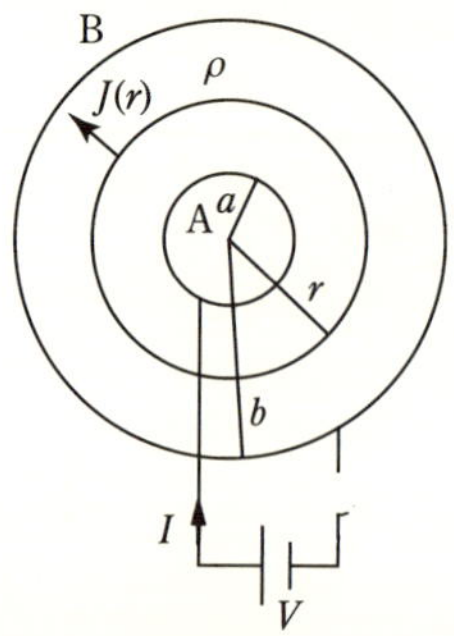

図 5.15 同心導体球電極系の抵抗

ある。抵抗率が0であるから，$E=\rho J$ より電流密度 J が有限でも $E=0$ となり，完全導体中では電流が流れていても電界が存在しない。したがって導体は等電位となり，ちょうど電流が流れていない場合の導体と同じと考えられる。このような導体は実際には存在しないが，この問題の場合，電極は十分に抵抗率が小さくほぼ完全導体になっていると仮定するわけである。（そう考えなければこの問題は厳密には解けない。）

いま図でA→Bへ定常電流 I が流れているとすると，球対称性より電流密度 J は図のように半径 r の方向にのみ放射線状に流れると考えてよい。J は r のみの関数 $(J=J(r))$ でかつ r 方向の成分しかない。いま図のように半径 $r\,(a<r<b)$ の球面 S を内側から外側へ流れ出る全電流 I は次のように書ける。

$$I=\oint_S J(r)\,dS=4\pi r^2 J(r)$$

これから電流密度 $J(r)$ は次のように求まる。

$$J(r)=I/4\pi r^2$$

電界 E は $E=\rho J$ より

$$E(r)=\rho J(r)=\rho I/4\pi r^2$$

と求められるから，AB間の電圧 V は次のように計算される。

$$V=\int_a^b E(r)\,dr=\frac{\rho I}{4\pi}\int_a^b \frac{1}{r^2}\,dr=\frac{\rho I}{4\pi}\left(\frac{1}{a}-\frac{1}{b}\right) \tag{5.17}$$

$V=RI$ の関係から，AB間の電気抵抗 R は以下のようになる。

$$R=\frac{\rho}{4\pi}\left(\frac{1}{a}-\frac{1}{b}\right) \tag{5.18}$$

【例題5.3】　図5.16のように同軸円筒導体系において半径 a の円筒導体Aと内半径 b の円筒導体殻Bの間に抵抗率 ρ の導体を満たした場合のAB間の電気抵抗 R を求めよ。

（解）　円筒電極の長さを l とする。この場合も電極A，Bは完全導体であると考える。全電流を I とする。対称性から電流密度 J は図のように半径方向にのみ流れ，かつ中心からの距離（半径）r のみの関数と考えてよい。そうすると次の関係が成り立つ。

$$I=\oint_S J(r)\,dS=2\pi rlJ(r)$$

$$E(r)=\rho J(r)=\frac{\rho}{2\pi rl}I$$

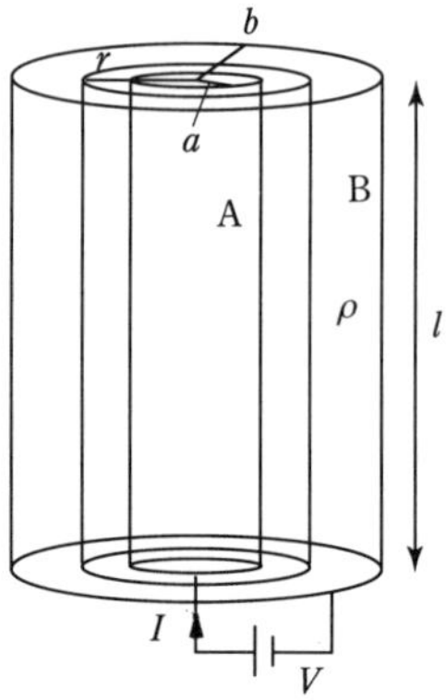

図 5.16 同軸円筒電極系の抵抗

となり，AB 間の電位差 V は次のようになる。

$$V=\int_a^b E(r)\,dr=\frac{\rho I}{2\pi l}\int_a^b \frac{1}{r}\,dr=\frac{\rho I}{2\pi l}\ln(b/a) \tag{5.19}$$

となり，AB 間の電気抵抗 R は以下のように求められる。

$$R=\frac{\rho}{2\pi l}\ln\frac{b}{a} \tag{5.20}$$

5.2.6 電気抵抗と静電容量の関係

次に 2 個の導体から成る系の間の電気抵抗 R と静電容量 C との関係を考えよう。いま図 5.17 のように任意形状の完全導体 A，B があるとする。

（I） まず A，B の周囲を導電率 σ の導体で満たし，A，B 間に電位差 V を与えたとすると，A，B 間には電流 I が流れる。このとき A，B を結ぶ導線は充分に細く，周囲の電界を乱さないとする。すなわち電流は単に A から流れ込み，B から流れ出て行くと考える。

（II） 次に A，B の周囲を誘電率 ε の誘電体で満たし，A，B 間に電位差(電圧) V を与えたとする。このときは電流は流れず，A，B にそれぞれ $\pm Q$ の電荷が蓄積される。

図 5.17 2 つの完全導体系

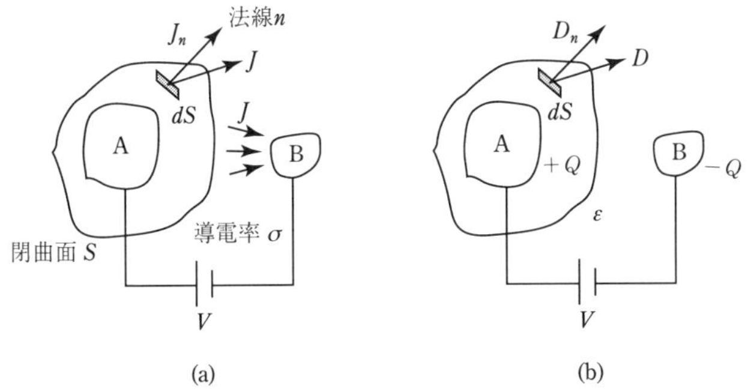

図 5.18 (a)2つの導体系の周囲に導電率σの導体を入れた場合,
(b)2つの導体系の周囲に誘電率εの誘電体を入れた場合

(I), (II)いずれの場合もA, Bの内部で電界$E=0$となるように電荷が分布し，A, Bとも等電位面となる。もし両者の場合でAB間の電圧Vが等しければ，電界分布は(I) (II)とも全く同一になるはずである。そこで(I)の場合，図5.18(a)のように例えば導体Aを含んだ任意の閉曲面Sを貫いて流れる電流Iは，この面上に任意の微小面積dSをとり，その点での電流密度のこの面の法線方向の成分をJ_nとすると，

$$I=\oint_S J_n dS=\sigma\int_S E_n dS \tag{5.21}$$

と書ける。一方，(II)の場合，上と同じ閉曲面Sについてガウスの法則を適用すると，

$$Q=\int_S D_n dS=\varepsilon\int_S E_n dS \tag{5.22}$$

となる(図5.18(b))。式(5.21)と(5.22)の積分の項は(I), (II)の電界分布が等しければ同じものとなる。導体A, B間の電気抵抗Rは次のようになる。

$$R=V/I=V/(\sigma\int_S E_n dS) \tag{5.23}$$

また導体A, B間の静電容量Cは次のように書ける。

$$C=Q/V=(\varepsilon\int_S E_n dS)/V \tag{5.24}$$

上の2つの式を辺々掛けると，次のように電気抵抗Rと静電容量Cの関係が得られる。

$$RC=\varepsilon/\sigma=\rho\varepsilon \tag{5.25}$$

この式を用いると，ある導体系の静電容量Cがわかれば，その間の電気抵抗

R が簡単に求められる。

上ではAB間が導体で満たされている場合と誘電体で満たされている場合を分けて考えた。しかし多くの物質は有限な抵抗率 ρ と誘電率 ε をもっている。すなわち導体的な性質と誘電体的な性質を兼ね備えているのが普通である。そこで上のように考える代わりに，抵抗率 ρ，誘電率 ε をもつ物質でAB間を満たしたと考えれば，上と全く同じことが成り立つ。

いま式(5.21)と(5.22)より積分項を消去すると，

$$I/\sigma = Q/\varepsilon \tag{5.26}$$

という関係が，また式(5.23)，(5.24)より，

$$RC = Q/I \tag{5.27}$$

という関係が成り立つ。すなわち電極A，B間に導電率 σ，誘電率 ε の物質を満たし，電極AB間に電圧を加えると，式(5.26)，(5.27)で表されるような電流 I がAB間に流れ，同時に電極A，Bに式(5.26)，(5.27)で表されるような電荷 $\pm Q$ が蓄積される。このことからこの導体系は抵抗 R と静電容量 C をもつ系であることがわかる。これを**等価回路**でかくと，図5.19のように抵抗 R と静電容量 C が並列に接続されていることになる。

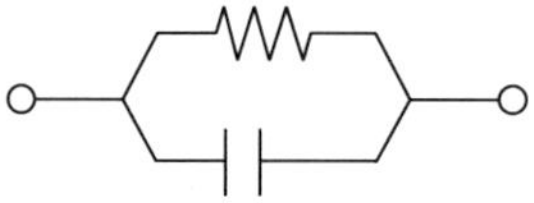

図 5.19 図5.15および5.16のような2つの導体系の等価回路

5.2.7 電気抵抗(抵抗率)の温度依存性

上でも述べたように電気抵抗(または抵抗率)は温度によって変化する。とくに導体の電気抵抗 R は温度の上昇とともに増大する。(物質によっては半導体のように温度が上昇すると電気抵抗が減少するものもある。)いま温度 θ_0(℃)および θ(℃)のときの導体の抵抗をそれぞれ R_0，R，抵抗率を ρ_0，ρ とすると，次のような関係がある。

$$R = R_0[1 + \alpha(\theta - \theta_0)] \tag{5.28}$$

$$\rho = \rho_0[1 + \alpha(\theta - \theta_0)] \tag{5.29}$$

ここで α は温度と導体の種類で決まる定数で，これを**抵抗温度係数**と呼ぶ。表5.2にいくつかの導体(金属)の20℃における抵抗温度係数 α の値の実例を

表 5.2　いくつかの導体の抵抗温度係数の例

導　　体	抵抗の温度係数（20℃）
銅（Cu）	0.00393
銀（Au）	0.0038
アルミニウム（Al）	0.0039
鉄（Fe）	0.0050

示した。α は導体の種類が異なってもあまり大きな差はないことがわかる。

5.3　電荷の保存則と電流の連続性

5.3.1　電荷保存の法則

導体に電流が流れている場合を取り扱う場合，オームの法則と並んで重要なのは電荷保存の法則である。いま図 5.20 のように電流の流れている導体内に任意の閉曲面 S を考える。電流密度を J とすると，面 S 上の任意の微小面積 dS を通って S の内側から外側へ単位時間に流れ出る電荷量(すなわち電流)は $J_n dS$(ここで J_n は J の面 dS に立てた法線方向への成分とする)であるから，閉曲面 S の内部から外部へ流れ出る全電荷量(電流)は $\oint_S J_n dS$ となる。閉曲面 S 内にある全電荷を Q とすると S の内側から外側に流れ出した電荷はこの面内の電荷 Q の単位時間当たりの減少量に等しい。すなわち次の式が成り立つ。

$$\oint_S J_n dS = -\frac{dQ}{dt} \tag{5.30}$$

この式の右辺は電荷 Q の時間的な変化を表している。この関係を**電荷保存の法則**と呼ぶ。

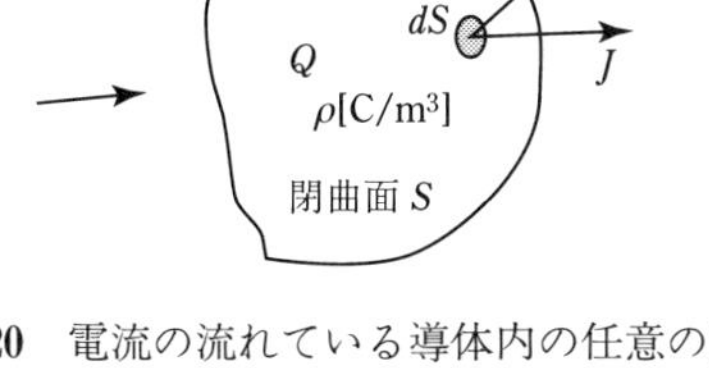

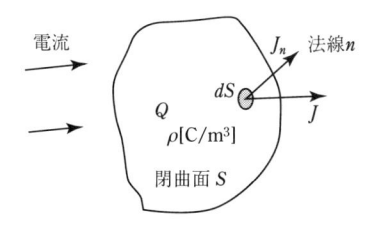

図 5.20　電流の流れている導体内の任意の閉曲面

5.3.2 電流連続の式

図 5.20 において，閉曲面 S 内の電荷 Q が体積密度 ρ[C/m³]で分布しているとすると，上の式(5.30)は次のように書ける（V は全体積）。

$$\oint_S J_n dS = -\frac{d}{dt}\left(\int_V \rho dv\right) \tag{5.31}$$

ここで左辺の面積分を体積分に変換するため，図 5.21 のように閉曲面 S の内部にそれぞれの辺の長さが dx，dy，dz であるような微小な直方体 ΔS（体積が $dv = dx \cdot dy \cdot dz$ となる）をとり，この面についての積分 $\int_{\Delta S} J_n dS$ を計算する。ポアソンまたはラプラスの方程式を導いたときと計算結果は全く同じになることは容易にわかる。すなわち，

$$\oint_{\Delta S} J_n dS = \left(\frac{\partial J_x}{\partial x} + \frac{\partial J_y}{\partial y} + \frac{\partial J_z}{\partial z}\right) dxdydz$$

左辺をすべての ΔS について積分すると $\oint_S J_n dS$ に等しくなる。また右辺は

$$\int_V \left(\frac{\partial J_x}{\partial x} + \frac{\partial J_y}{\partial y} + \frac{\partial J_z}{\partial z}\right) dv$$

となるから，これらを上の式(5.31)の左辺に代入すると，次の関係が得られる。

$$\int_V (\mathrm{div}\,\boldsymbol{J})\, dv = \int_V \left(-\frac{\partial \rho}{\partial t}\right) dv \tag{5.32}$$

である。上より次の関係が導かれる。

$$\mathrm{div}\,\boldsymbol{J} = -\frac{\partial \rho}{\partial t} \tag{5.33}$$

この式は電荷保存の法則（式(5.30)）を微分形に書き換えたもので，電荷保存の法則を別の形で表したものであるが，とくにこれを**電流連続の式**と呼ぶ。こ

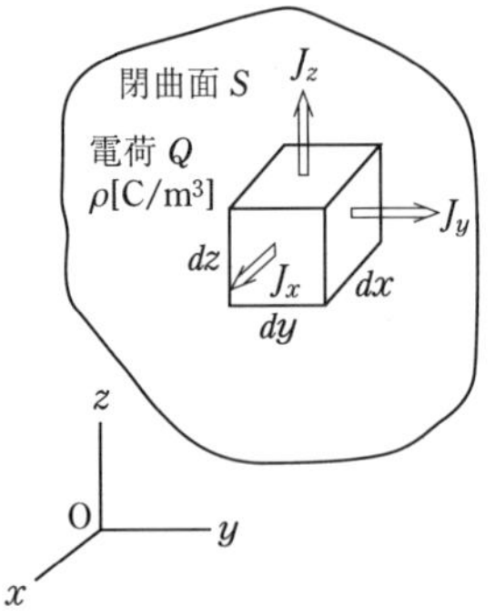

図 5.21 誘電体がある場合のポアソンまたはラプラス方程式の導出

の式はトランジスタなど半導体デバイスの解析などでは極めて重要な役割を演ずる。

定常電流の場合には，電荷分布は時間的に変化しないから，$dQ/dt=0$，$\partial\rho/\partial t=0$ であるから，上の電荷保存法則および電流連続の式は，

$$\oint_S J_n dS=0 \tag{5.34}$$

$$\mathrm{div}\,\boldsymbol{J}=0 \tag{5.35}$$

と書ける。$\boldsymbol{J}=\sigma\boldsymbol{E}$ を式(5.35)に代入すると，導電率 σ が一様であるとすれば，

$$\frac{\partial E_x}{\partial x}+\frac{\partial E_y}{\partial y}+\frac{\partial E_z}{\partial z}=0 \tag{5.36}$$

が成り立つ。これに $E_x=-\partial V/\partial x$ 等を代入すると，

$$\frac{\partial^2 V}{\partial x^2}+\frac{\partial^2 V}{\partial y^2}+\frac{\partial^2 V}{\partial z^2}=0 \tag{5.37}$$

となる。これは**ラプラスの方程式**である。すなわち定常電流が流れている一様な導体中ではラプラスの方程式が成り立つことがわかる。

5.3.3 異なった導体の境界面での電流の接続条件

図 5.22 のように導電率が σ_1，σ_2 の異なった導体 1，2 の境界面を通って定常電流が流れている場合の電流の接続条件を考える。導体 1 および 2 を流れる電流密度をそれぞれ J_1，J_2，その境界面に立てた法線との角度をそれぞれ θ_1，θ_2，それぞれの境界面の法線成分，接線成分を J_{1n}，J_{2n}，J_{1t}，J_{2t} とする(図 5.21)。また境界面には電荷面密度 σ が存在していたとする。まず法線成分から考えよう。

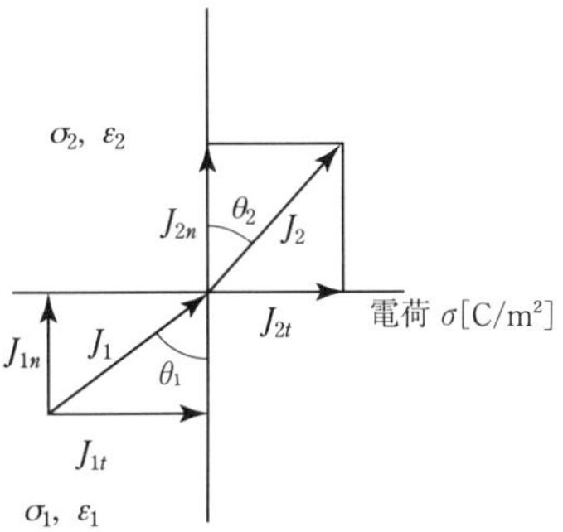

図 5.22 2 つの異なった物質の境界面における電流の接続条件

定常電流であるから，境界面の電荷面密度 σ は時間的に変化しない。したがって境界面に流れ込む電流と流れ出ていく電流とは同じはずである。すなわち，

$$J_{1n}=J_{2n} \tag{5.38}$$

が成り立つ。これより電流の法線成分は連続であることがわかる。もし $J_{1n}>J_{2n}$ であれば，σ は時間的に増大するはずであり，また大小関係が逆であれば σ は減少する。これは定常電流であることとは矛盾する。

次に境界面に平行な成分を考える。誘電体の境界面で考えたのと全く同じに導体中の電界 E の接線成分が連続となる。すなわち，

$$E_{1t}=E_{2t}$$

となるから，これに $E_{1t}=J_{1t}/\sigma_1$，$E_{2t}=J_{2t}/\sigma_2$ を代入して次の関係が得られる。

$$J_{1t}/\sigma_1=J_{2t}/\sigma_2 \tag{5.39}$$

以上の式(5.38)，(5.39)が電流に関する境界条件を与える。

また $J_{1n}=J_1\cos\theta_1$，$J_{2n}=J_2\cos\theta_2$，$J_{1t}=J_1\sin\theta_1$，$J_{2t}=J_2\sin\theta_2$ の関係を式(5.38)，(5.39)に代入して次の式が得られる。

$$\frac{\tan\theta_1}{\sigma_1}=\frac{\tan\theta_2}{\sigma_2} \tag{5.40}$$

この式より σ_1，σ_2 および θ_1 がわかっていれば，θ_2 が求められる。また2つの物質の誘電率をそれぞれ ε_1，ε_2 とすると，境界面の電荷面密度 σ はガウスの法則から次のように書ける。

$$\varepsilon_2E_{2n}-\varepsilon_1E_{1n}=\sigma$$

これに J と E の関係を用い，かつ式(5.39)を考えると，次のようになる。

$$\sigma=\left(\frac{\varepsilon_2}{\sigma_2}-\frac{\varepsilon_1}{\sigma_1}\right)J_n \tag{5.41}$$

ここで，電流密度 J の境界面に垂直な成分 $J_n=J_{1n}=J_{2n}$ である。

特別な場合として導体2が誘電体($\sigma_2=0$)とすると，$J=0$ であるから，

$$J_{1n}=J_{2n}=0 \tag{5.42}$$

が成り立つ。一方，式(5.39)の右辺は 0/0 となって不定数であり，したがって電流密度の接線成分 $J_{1t}\neq0$ となるから，導体と誘電体の境界面では電流は導体表面に沿って流れることがわかる。

5.4　起電力と電池

電池の両端を導線でつなぐと定常電流が流れる。定常電流を保ち続けるためには次に述べるような起電力が必要である。いま図 5.23 のように電池の両端を抵抗 R を含む導線でつないだとする。電流(正電荷)I は正電極 A から流れ出し，負電極 B まで電位差にしたがって流れていくが，電池の電極 B まで戻ると，こんどは電池内を B → A へ向かって流れる。しかし，A は B より電位が高いので，この電流を流すのにはこの電位差に逆らって正電荷(電流)を B から A へ運ぶ何らかの力が必要である。この力を電位差で表したものが**起電力**である。すなわち電池内で正電荷をより電位の高い状態に引き上げる力(電位差)を起電力という。

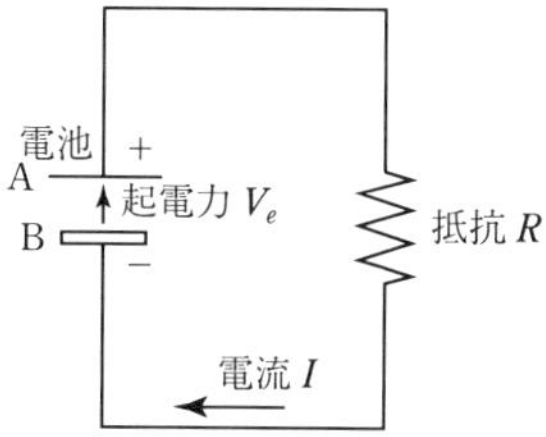

図 5.23　電池の起電力

いま図 5.24 のような電池を考えよう。**電池**は 2 枚の電極板を電解質液内に，ある距離隔てて挿入したものである。図のように正電極，負電極をそれぞれ A，B とすると，電解質内に A → B へ向かって電界 $\boldsymbol{E}_s$ が存在するはずである。一方，電池内には上で述べたようにこの $\boldsymbol{E}_s$ に打ち勝って正電荷を B → A へ運ぶような電界(力) $\boldsymbol{E}_e$ が B → A の方向に向かって発生していると考えら

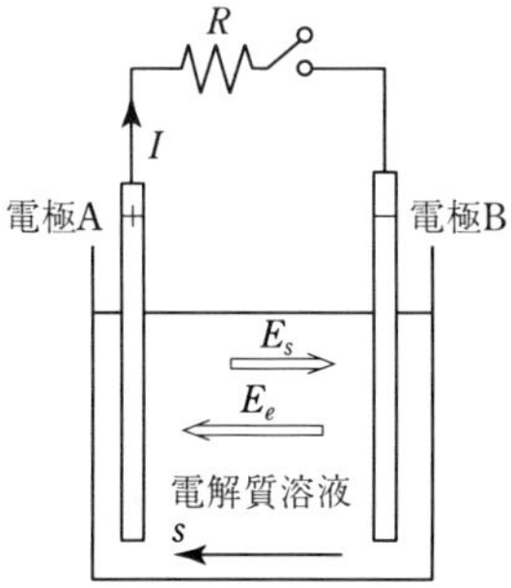

図 5.24　電池

れる。この電界 $\boldsymbol{E}_e$ は電解質と金属電極板との化学反応の結果生ずるが，電磁気学ではその発生機構や詳細については考えなくてよい。以上のことより電解質内の電界 $\boldsymbol{E}$ は次のようになる。

$$\boldsymbol{E}=\boldsymbol{E}_s+\boldsymbol{E}_e \tag{5.43}$$

もし図 5.24 の回路が開放(スイッチ・オフ)になっているとすると，電流は 0 であるから，電解質中の電界は 0 となり，

$$-\boldsymbol{E}_s=\boldsymbol{E}_e \tag{5.44}$$

が成り立つ。このとき電極板 A，B 間の電位差 V は $-\int_{\mathrm{A}}^{\mathrm{B}} E_s ds$ であるから，式(5.44)の両辺を A → B まで線積分すると次のようになる。

$$V=-\int_{\mathrm{A}}^{\mathrm{B}} E_s ds=\int_{\mathrm{A}}^{\mathrm{B}} E_e ds \tag{5.45}$$

ここで ds は電極 A から B の方向に A，B に垂直にとった微小直線の長さと方向を表すものである。上の式の最右辺は定義により電池の起電力 V_e であるから，これから回路が開放されているときには電池両端の電圧 V は電池の起電力に等しいことがわかる。すなわち，

$$V=V_e \tag{5.46}$$

となる。また回路が閉じていると電流 I が流れる。電解質液中の電流密度を $\boldsymbol{J}$ とすると，

$$\boldsymbol{J}=\sigma\boldsymbol{E}=\sigma(\boldsymbol{E}_s+\boldsymbol{E}_e)$$

(σ は電解質の導電率)

が成り立つ。ここで $\boldsymbol{J}/\sigma=\boldsymbol{E}_s+\boldsymbol{E}_e$ を図の直線 s に沿って A → B まで積分すると，

$$\int_{\mathrm{A}}^{\mathrm{B}} \frac{J}{\sigma} ds=\int_{\mathrm{A}}^{\mathrm{B}} E_s ds+\int_{\mathrm{A}}^{\mathrm{B}} E_e ds$$

が得られる。この順序を入れ替えて次のように書く。

$$\int_{\mathrm{A}}^{\mathrm{B}} E_e ds=-\int_{\mathrm{A}}^{\mathrm{B}} E_s ds+\int_{\mathrm{A}}^{\mathrm{B}} \frac{J}{\sigma} ds \tag{5.47}$$

ここで左辺は電池の起電力 V_e であり，右辺第 1 項は電流が流れているときの電極 A，B 間の電位差 V に等しい。いま電池中を電流が一様に流れているとすれば，電解質液中の電極板の面積を S，全電流を I とすれば，$J=I/S$ であるから，右辺第 2 項は，次のように書ける。

$$\int_{\mathrm{A}}^{\mathrm{B}} \frac{J}{\sigma} ds=I\int_{\mathrm{A}}^{\mathrm{B}} \frac{1}{\sigma S} ds$$

右辺の I の係数の積分は，電池中の電解質液の抵抗を表していると考えてよ

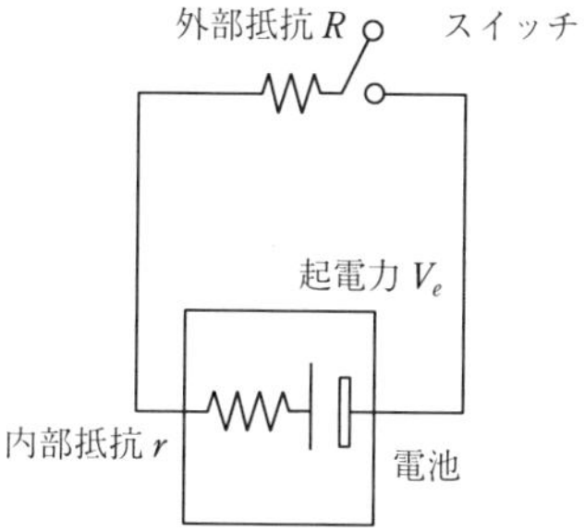

図 5.25 電池の等価回路

い。これを r で表し，**電池の内部抵抗**と呼ぶ。すなわち，

$$r=\int_{\mathrm{A}}^{\mathrm{B}}\frac{1}{\sigma S}ds=\int_{\mathrm{A}}^{\mathrm{B}}\frac{\rho}{S}ds \tag{5.48}$$

と書ける。これらの関係を式(5.47)に代入すると，次の関係が得られる。

$$V_e=V+rI=RI+rI=(R+r)I \tag{5.49}$$

この関係より起電力 V_e，内部抵抗 r の電池の両端に抵抗 R をつないだときに流れる電流 I は次のように与えられることがわかる。

$$I=V_e/(R+r) \tag{5.50}$$

このことがらを等価的に回路で表すと図 5.25 のようになり，電池を等価回路で表すと起電力 V_e，内部抵抗 r で表されることがわかる。

5.5 電気回路とキルヒホッフの法則

今まで考えてきた電気抵抗のほかに，容量素子(コンデンサ)，誘導素子(インダクタンス)などを電源(電池)につないで，電流を流すようにしたものが**電気回路**である。これらの抵抗，容量，誘導などの回路素子をつないだ回路網において，各素子を接続している点を**節点**，節点間を結んだ部分を**枝(ブランチ)**と呼ぶ。いま定常電流の流れている回路網を考える。この回路網における電流および電圧分布を求めるための基本的な法則としてキルヒホッフの第 1 および第 2 法則がある。

図 5.26 のような回路網中の 1 つの節点 P を考えると，ここに流れ込む電流の総和は 0 になるはずである。もしこの電流の総和が 0 でなければ，節点 P には電荷が蓄積され，定常電流ということと矛盾するからである。すなわち

$$I_1+I_2+I_3=I_4+I_5+I_6$$

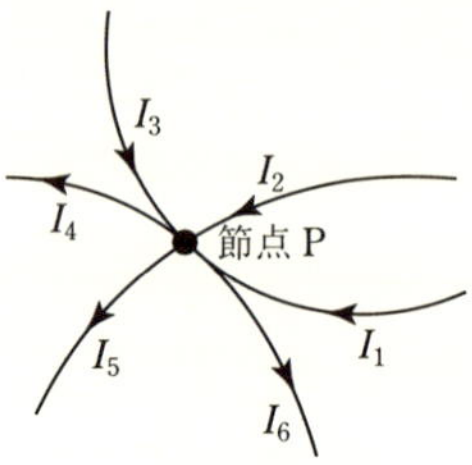

図 5.26 キルヒホッフの第 1 法則

が成り立つ。一般にある節点に n 本の枝が接続されているとすると，次の関係が成り立つ。

$$\sum_{i=1}^{n} I_i = 0 \qquad (5.51)$$

ここで流れ込む電流を正，流れ出る電流を負とする。この関係を**キルヒホッフの第 1 法則**という。

回路網で任意の枝を通って元に戻る回路の部分を閉回路という。図 5.27 のような閉回路において，おのおのの枝に接続されている電気抵抗を R_1，R_2，R_3，それぞれの抵抗を流れる電流を I_1，I_2，I_3，電池の起電力を V_{e1}，V_{e2} とすると，次の関係が成り立つ。

$$I_1R_1 - I_2R_2 + I_3R_3 = V_{e1} + V_{e2}$$

これはある閉回路上の任意の点から出発して閉回路を一巡し，元へ戻っても電位は変化しないことからでてくる。一般に閉回路を一巡するある任意の方向を正方向と決め，その方向の電流を正，反対方向の電流を負とすると，閉回路中

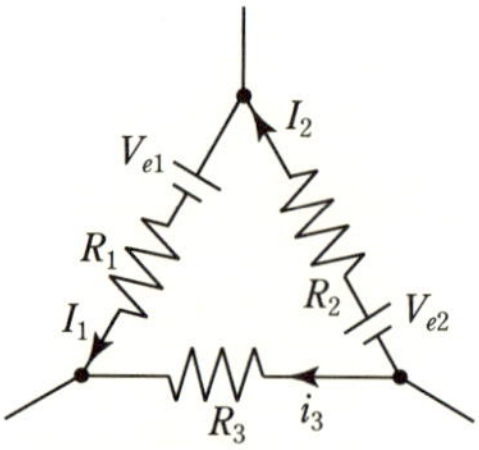

図 5.27 閉回路の一例(キルヒホッフの第 2 法則)

に n 個の抵抗と m 個の電源が接続されている場合，次の関係が成立する。

$$\sum_{i=1}^{n} I_i R_i = \sum_{j=1}^{m} V_{ej} \tag{5.52}$$

この関係を**キルヒホッフの第 2 法則**という。キルヒホッフの第 1 および第 2 法則は回路の解析にはきわめて重要な法則である。

5.6　電力，抵抗における損失およびジュール熱

5.6.1　ジュール熱および電力

導線に電流を流したり，電気機器を作動させていると，導線や電気機器の温度が上昇してくることはよく知られている。導線は有限な電気抵抗 R をもつから，抵抗を電流 I が流れると熱が発生する。これを**ジュール熱**という。このジュール熱は電界が電流に対してなした仕事が転化したものであり，この仕事(エネルギー)は，それが熱に転化する前に我々がいろいろな用途に利用することができるものである。この観点から見たこの仕事またはエネルギーを**電力**という。

いま，図 5.28 のように電圧 V が加わっている導線 AB 間に電流 I が流れているとする。この導線の部分の抵抗を R とする。電界 E により電荷 q が単位時間に運ばれたとすれば，電界 E が単位時間に電荷 q に対してなした仕事 W(**仕事率**という)は次のように与えられる。

$$W = IV = RI^2 = V^2/R \tag{5.53}$$

この関係式は以下のように導かれる。いま単位時間に電荷 q が電界 E によって距離 Δl だけ運ばれたとすると，単位時間に電界 E が電荷 q に対してした仕事 W(仕事率)は，

$$W = qE\Delta l = qV = IV \tag{5.54}$$

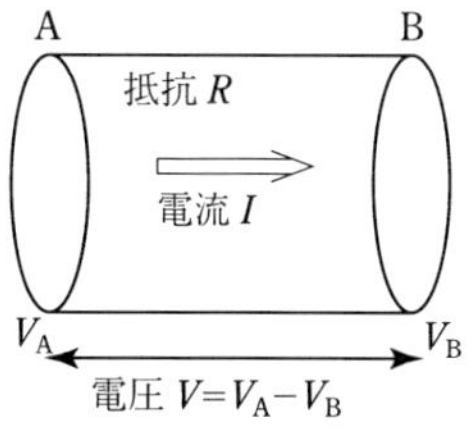

図 5.28　導線 AB 間に電流が流れているときの仕事 W

が成り立つ。ここで単位時間に電荷 q が流れた結果，電流 I が流れたとする。この W は上にのべたように電力 W である。電力 W の単位は**ワット**[W]であり，1W=1J(ジュール)/s(秒)である。なお1J=1W·sであるが，この単位は実用上小さすぎるので，電力は通常次のように**ワット・時**[Wh]で表される。

$$1\,\text{ワット・時[Wh]}=3600\,\text{W·s}=3600\,\text{ジュール[J]} \qquad (5.55)$$

【例題 5.4】 抵抗25Ωのニクロム線がある。これに100Vの電圧を加えたときの電力を求めよ。またこのニクロム線のジュール熱の発生率はいくらか。

（**解**） 式(5.53)より，電力 W は，

$$W=(100\times100)\div25=400\,\text{W}$$

となる。またこれがすべてジュール熱となるので，1カロリー(cal)＝4.2 J を考量して熱の発生率は，

$$400\,\text{W/s}=400/4.2\,\text{cal}=95.2\,\text{cal}$$

である。

電流が導体内で必ずしも一様に流れていない場合でも電流が流れている領域でジュール熱が発生する。いま図5.29のように，導体内に微小な部分を考え，その両端の電圧を V，断面積，長さを S，l，抵抗および抵抗率を R，ρ とすると，この部分に発生するジュール熱または電力 W は次のようになる。

$$W=\frac{V^2}{R}=\frac{S}{\rho l}V^2=\frac{Sl}{\rho}\left(\frac{V}{l}\right)^2=\frac{Sl}{\rho}E^2 \qquad (5.56)$$

ここで V/l は導体中の電界 E に等しい。上の式から，単位体積当たりのジュール熱または電力 w は次のように書ける。

$$w=W/Sl=E^2/\rho=\sigma E^2=JE=\rho J^2 \qquad (5.57)$$

この式は導線の形状，寸法にはよらない関係式である。

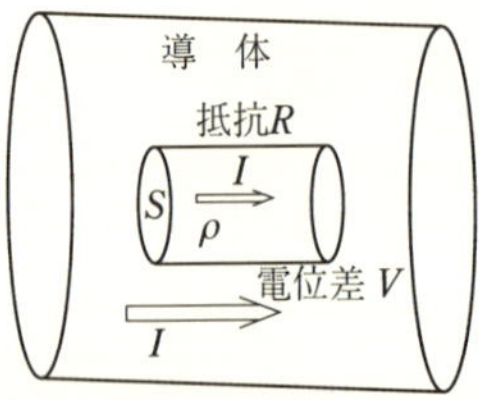

図 5.29 導体中の各部分におけるジュール熱

5.6.2　電源から最大限の電力を得る回路条件

図 5.30 のように起電力 V_e，内部抵抗 r の電池に電気抵抗 R をつないだ回路について，抵抗 R で発生する電力を最大限にするための条件を考える。このとき抵抗 R に流れる電流 I は，

$$I = V_e/(R+r)$$

で与えられるから，R で発生する電力 W は次のように書ける。

$$W = I^2R = R[V_e/(R+r)]^2 = RV_e^2/(R+r)^2 \tag{5.58}$$

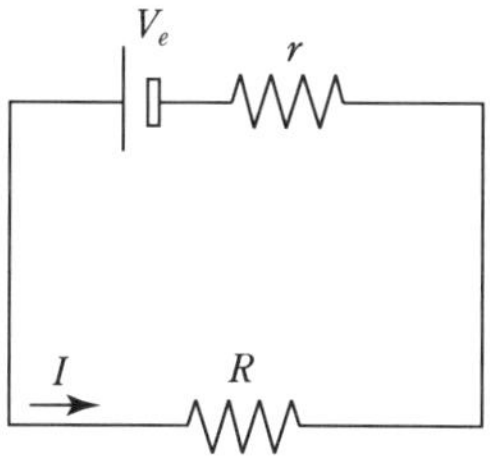

図 5.30　電池の両端に抵抗 R をつないだ回路

W が最大になるような抵抗 R の値は $dW/dR=0$ で与えられるから，

$$\frac{dW}{dR} = V_e^2\frac{r-R}{(R+r)^3} = 0$$

これより，

$$R = r \tag{5.59}$$

が得られる。すなわち電源(電池)から最大限のエネルギーを得るためには接続する抵抗 R を電池の内部抵抗に等しくすればよい。またこのとき得られる電力 $W_{\max}$ は式(5.58)に $R=r$ を代入して，

$$W_{\max} = V_e^2/4r \tag{5.60}$$

と求められる。一方，このときの電流 I は $I = V_e/2r$ であるから，電池内部で発生する電力は $rI^2 = V_e^2/4r$ となり，全電力はこの 2 つの和であるから，式(5.60)で与えられる最大電力 $W_{\max}$ は全電力の 1/2 になることがわかる。このように最大電力を得られるような回路条件を与えることを**整合**という。

演習問題

5.1 直径 1.6 mm の導線に 8 A の電流が一様に流れていたとする。以下の問に答えよ。

（1） 電流密度を求めよ。

（2） この電流が 1 時間流れ続けた。この間に運ばれた電子の個数はいくらか。

5.2 直径 1.2 mm の導線の最大許容電流を 20 A とする。

（1） 最大電流密度を求めよ。

（2） 単位時間に導線の断面積を通過する電子の個数を求めよ。

（3） 銅の抵抗率を $1.69\times10^{-8}\,\Omega\mathrm{m}$ として，最大許容電流に対する往復電線路 100 m あたりの電圧降下を求めよ。

5.3 電極板の面積 S，距離 d，中間の誘電体の誘電率 ε の平行平板コンデンサに電池をつないで電荷 Q_0 を蓄積させた後，電池を取り外し，2 つの電極間に抵抗 R を接続して電荷を放電させた。このとき，電荷が最初の値の $1/e$（e：自然対数の底）になるまでの時間 τ を求めよ。

5.4 平行平板コンデンサの電極間に誘電率 ε，抵抗率 ρ の物質を入れてある。コンデンサを電荷が Q_0 になるまで充電した後，電池を取り外すと，蓄積された電荷は中間の物質を通して放電していく。このとき電荷が最初の値の $1/e$（e：自然対数の底）になるまでの時間 τ を求めよ。

5.5 往復線路がある。往復両線の単位長さあたりの抵抗の和を r，線路間の単位長さあたりのコンダクタンスを g とするとき，任意の点 x における線路間の電圧 V は次式であたえられることを示せ。

$$\frac{d^2V}{dx^2}-rgV=0$$

5.6 銅の室温における抵抗率 ρ は $1.7\times10^{-8}\,\Omega\mathrm{m}$ である。次の銅線の室温における抵抗 R を求めよ。(1) 直径 2.5 mm，長さ 1 km の単線，(2) 直径 6.0 mm，長さ 10 m の単線，(3) 直径 2.5 mm，長さ 1 km の線 20 本よりなるより線。

5.7 電気機器の巻線の抵抗変化により，巻線の温度上昇を測定できる。20℃ で抵抗 2.0 Ω の巻線の抵抗が 2.18 Ω になったとする。巻線の抵抗温度係数を 0.0040 として，巻線の温度を求めよ。

5.8 図 5.31 のように，1 つの稜の長さが a であるような立方体 3 個からなる導体（抵抗率 ρ）がある。図の A，B に電極を付けて電流を流す場合の抵抗 R を求めよ。

5.9 図 5.32 のように円錐の頭部を軸に垂直に切断した形の導体がある。上下底面の半径をそれぞれ a，b，高さを h，導体の抵抗率を ρ としたとき，上下底面間の抵抗 R を求めよ。

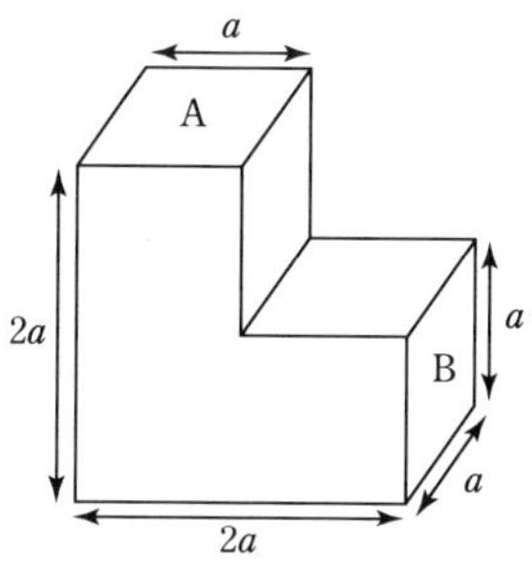

図 5.31

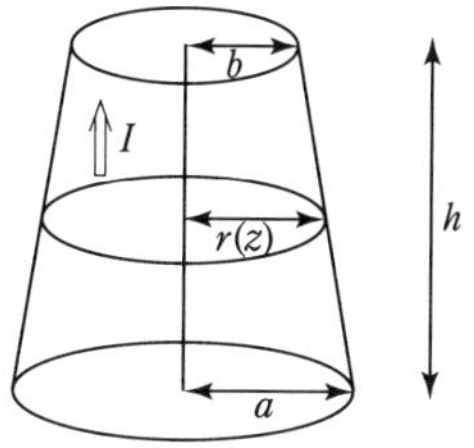

図 5.32

5.10 図5.33のように半径 a および b の2つの導体球A, Bがその中心間の距離 $d\,(\gg a, b)$ を隔てて導電率 σ の無限の導体中に置かれたとする。A, B間の抵抗 R を求めよ。

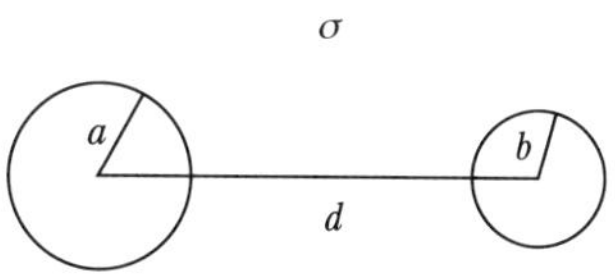

図 5.33

5.11 導電率 σ が場所により異なった導体中を定常電流が流れている場合，ラプラス方程式はどのようになるか。

5.12 誘電率 ε_1, 抵抗率 ρ_1 の物質1と誘電率 ε_2, 抵抗率 ρ_2 の物質2が接しているとする。この境界面に垂直に電流密度 J が物質1から物質2へ流れ込んでいるとき，境界面に蓄積される電荷の面密度 σ を求めよ。

5.13 図5.34に示した回路において，抵抗 R を流れる電流 I およびこの抵抗で発生するジュール熱 W を求めよ。

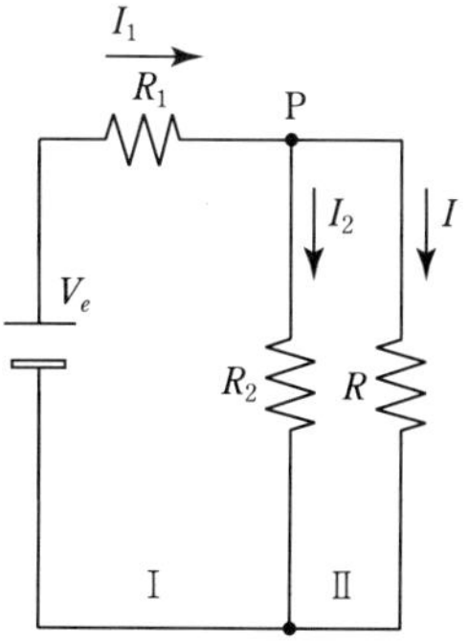

図 5.34

5.14 図5.35の回路において，端子A，B間の電圧 V を求めよ。またA，Bの電位を等しくするためには各抵抗値の間にどういう関係があればよいか。

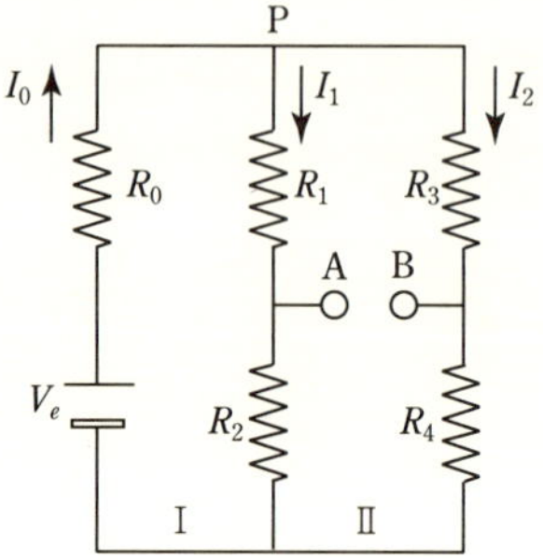

図 5.35

5.15 図5.36のように起電力 V_{e1}，内部抵抗 r_1 の電池と起電力 V_{e2}，内部抵抗 r_2 の電池を並列につなぎ，これらに直列に抵抗 R を接続して回路を形成した。

（1） 抵抗 R を流れる電流 I を求めよ。

（2） 抵抗 R で発生するジュール熱 W を求めよ。

（3） 抵抗 R で発生する電力を最大にするには抵抗 R の値をどのように選べばよいか。

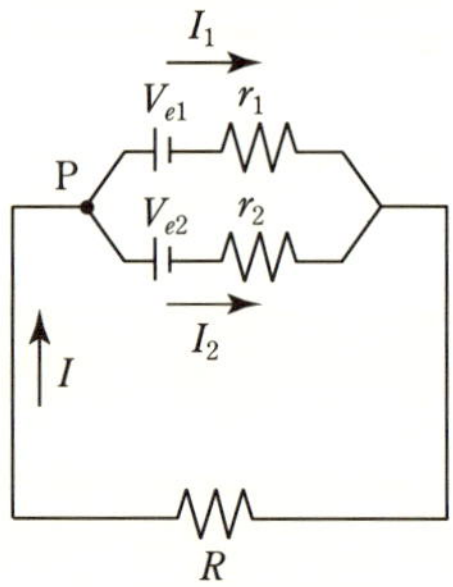

図 5.36

6 磁界(磁束密度)

磁石が南北を向く現象や，互いに引き合ったり反発し合ったりする現象，あるいは鉄などの物質を引きつける現象は，古代中国や古代ギリシャにおいて既に知られていた。これらは磁石が磁界を発生し，その磁界が他の磁石に力を及ぼしていることを示唆している。

その後19世紀初頭，エルステッドは，電線に電流を流すと近くに置いた磁針が振れる現象を発見した。このことは，電流もまた磁界を発生することを示唆している。この電流と磁石の相互作用の発見を契機として，アンペール，ビオおよびサバールは，アンペールの周回路の法則(またはアンペールの法則)，ビオ・サバールの法則という磁気学の基礎法則を次々と発見した。

この章では，まず磁束密度を定義した後，真空中におけるこれらの法則について解説をする。物質が存在する場合については，次章で解説する。こうしたことがらを理解することにより，電流によって発生する磁束密度の計算方法，および磁束密度が電流の流れている電線に及ぼす力の計算方法を会得することができる。

6.1 磁束密度

本書では磁束密度 $\boldsymbol{B}$ を，速度 $\boldsymbol{v}$[m/s]で運動する電荷量 q[C]の荷電粒子に働く力 $\boldsymbol{F}$[N]を用いて定義する。これは電界 $\boldsymbol{E}$[V/m]を，静止した電荷量 q の荷電粒子に働く力 $\boldsymbol{F}$ より，$\boldsymbol{E}=\boldsymbol{F}/q$ として定義したことに対応している。すなわち，運動している荷電粒子に働く力(**ローレンツ力**)，

$$\boldsymbol{F}=q(\boldsymbol{E}+\boldsymbol{v}\times\boldsymbol{B}) \tag{6.1}$$

から定まる物理量 $\boldsymbol{B}$ を**磁束密度**として定義する。単位は**テスラ**[T]である。

【例題 6.1】　z 軸方向を向いた一様な磁束密度 $\boldsymbol{B}$ があるとする。いま，電荷量 1C，質量 1kg の荷電粒子が，xy 平面上で原点を中心として半径 1m の円運動を速さ 1m/s でしているとする。このときの磁束密度の大きさを求めよ。ただし，電界は $\boldsymbol{E}=\mathbf{0}$[V/m] とする。

（解）　この場合，荷電粒子に働くローレンツ力は $\boldsymbol{F}=q\boldsymbol{v}\times\boldsymbol{B}$ である。また，xy 平面上で原点を中心とした円運動をしているので，ローレンツ力は遠心力＝(質量)×(v^2/r) と釣り合っている。また $\boldsymbol{v}$ と $\boldsymbol{B}$ のなす角は常に 90 度なので $|q\boldsymbol{v}\times\boldsymbol{B}|=qvB$ である。ここで，$v=|\boldsymbol{v}|$，$B=|\boldsymbol{B}|$ である。したがって，$B=m(v^2/r)/qv=1\,\mathrm{T}$ となる。

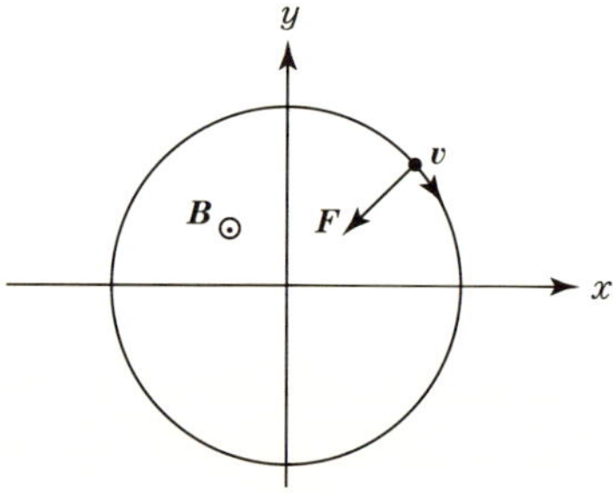

図 6.1　磁束密度 $\boldsymbol{B}$ の定義

電荷が電界を発生することは既に学んだ。では何が磁束密度を発生させるのであろうか？　現在までにわかっている磁束密度の発生源は (1) 電流と (2) 素粒子(電子，原子等)のもつ磁気モーメントである。磁気モーメントについては後に詳しく述べるが，ここでは，小さな電流ループあるいは小さな磁石をイメージしていただきたい。したがって，電流により発生した磁束密度の計算方法および磁気モーメントにより発生した磁束密度の計算方法がわかれば，それらのベクトル和として全ての磁束密度が計算できることになる(実際には，発生源がお互いに影響し合うのでそう単純ではないが)。また，電流による磁束密度の発生はクーロンの法則と相対論的効果(ローレンツ収縮)により説明できるが，それはこの教科書で想定している講義内容の範囲を越えるので省略する。

6.2　ビオ・サバールの法則

ビオ・サバールの法則は，電流がどのような磁束密度を発生するかを記述する。これは静電界におけるクーロンの法則に相当する静磁界の基本法則であ

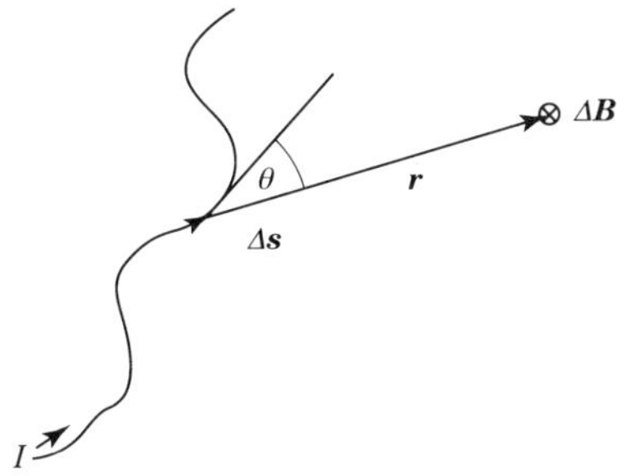

図 6.2 ビオ・サバールの法則

る。電線に電流 I が図 6.2 のように流れているとき，その電線の微小線分ベクトル $\boldsymbol{\Delta s}$ 上の電流が，その線分から $\boldsymbol{r}$ の位置に発生する磁束密度は次式で表される。

$$\Delta\boldsymbol{B}=\frac{\mu_0}{4\pi}\left(I\Delta\boldsymbol{s}\times\frac{\boldsymbol{r}}{r^3}\right) \tag{6.2}$$

ここで，μ_0 は**真空の透磁率**と呼ばれる定数で $4\pi\times10^{-7}$ H/m であり，$r=|\boldsymbol{r}|$ である。これを**ビオ・サバールの法則**という。

【例題 6.2】 z 軸上の線分 AB を A から B の方向へ流れる電流 I が点 P(x, y, z) に作る磁束密度は，AB と AP のなす角を θ_A，AB と BP のなす角を θ_B，線分 AB と点 P の距離を ρ とすると

$$B_\phi=\frac{\mu_0 I}{4\pi\rho}(\cos\theta_A-\cos\theta_B), \qquad B_r=B_z=0$$

となることを示せ。

(解) 図 6.3 に示すように線分 AB 上の点 Q＝$(0, 0, z')$ の近傍の微小線分要

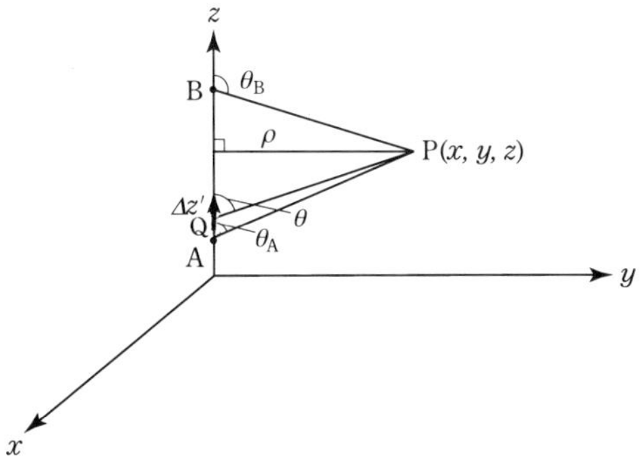

図 6.3

素 $\Delta z'$ の作る磁束密度を考える。このとき，$\Delta\boldsymbol{s}\times\boldsymbol{r}$ の方向は z' の値によらず常に同一で ϕ 方向(円柱座標)である。したがって，磁束密度は B_ϕ 成分のみとなる。すなわち，$B_r=B_z=0$ である。ビオ・サバールの法則より，

$$\begin{aligned}\Delta B_\phi &= |\Delta\boldsymbol{B}| = (\mu_0 I\,|\Delta\boldsymbol{s}|\times|\boldsymbol{r}|\sin\theta)/4\pi r^3 \\ &= (\mu_0 I\,|\Delta\boldsymbol{s}|\sin\theta)/4\pi r^2\end{aligned}$$

$|\Delta\boldsymbol{s}|=\Delta z'$ なので

$$B_\phi=\int\frac{\mu_0 I\sin\theta}{4\pi r^2}dz'$$

となる。ここで，$z-z'=\rho\cot\theta$，$\rho=\sqrt{x^2+y^2}$ として変数を z' から θ に変数変換をする。$dz'=(\rho/\sin^2\theta)\,d\theta$ なので，

$$B_\phi=\frac{\mu_0 I}{4\pi\rho}\int\sin\theta\;d\theta=\frac{\mu_0 I}{4\pi\rho}(\cos\theta_{\mathrm{A}}-\cos\theta_{\mathrm{B}})$$

となる。他の成分は，$B_r=B_z=0$ である。

6.3　アンペールの周回路の法則

アンペールの周回路の法則は，ある閉路に沿った磁束密度の線積分値がその閉路を通りぬける電流の総和の μ_0 倍(後述する磁性体中では μ 倍)に等しいことを述べている。式で表すと次式となる。

$$\oint\boldsymbol{B}\cdot d\boldsymbol{s}=\iint\mu_0\boldsymbol{J}\cdot\boldsymbol{n}ds \qquad (6.3)$$

ここで，μ_0 は真空の透磁率，$\boldsymbol{J}$ は電流密度ベクトル，$\boldsymbol{n}$ は閉路によってできた曲面上の微小面素 ds 上の法線ベクトルで，向きは線積分の方向に対して右ネジの進む向きである。この定理はビオ・サバールの定理を使って証明することができるがここでは省略する。

【例題 6.3】　図 6.4 のように z 軸と角度 θ で交わる円柱状導体(断面積 S)に電流 I が流れているとする。このとき，原点を中心とする半径 a の円(導体の断面より十分大きいとする)に沿った線積分値，$\oint\boldsymbol{B}\cdot d\boldsymbol{s}$ の値を求めよ。ただし，積分の方向および電流の方向は図に示した方向とする。

(解)　導体内の電流密度ベクトルの大きさは

$$|\boldsymbol{J}|=I/S$$

となる。また，導体が xy 面と交わる部分の面積 S' は

$$S'=S/\cos\theta$$

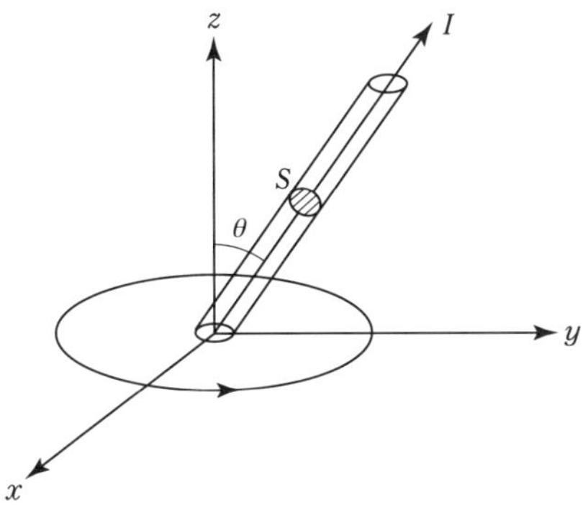

図 6.4

である。したがって，

$$\oint \boldsymbol{B}\cdot d\boldsymbol{s}=\iint \mu_0 \boldsymbol{J}\cdot\boldsymbol{n}ds=(\mu_0|\boldsymbol{J}||\boldsymbol{n}|\cos\theta)S'=\mu_0 I$$

このように電流 I が直線状導体線内を流れているとき，アンペールの周回路の法則は次式で表される。

$$\oint \boldsymbol{B}\cdot d\boldsymbol{s}=\mu_0 I \tag{6.4}$$

【例題 6.4】　半径 a[m]の無限に長い円柱状の導線に，電流 I[A]が一様に流れているとき，導線の内外に生ずる磁束密度を求めよ。

（**解**）　$r<a$ のとき

$$B_\phi=\mu_0 Ir/2\pi a^2,\qquad B_r=B_z=0\quad[\mathrm{T}]$$

$r\geqq a$ のとき

$$B_\phi=\mu_0 I/2\pi r,\qquad B_r=B_z=0\quad[\mathrm{T}]$$

【例題 6.5】　大半径 R，小半径 a の円環の周りに一様で密に導体が N 回巻かれているとする。この導体に電流 I を流したとき，円環内に発生する磁束密度の大きさを求めよ。ただし，$a\ll R$ として円環内の磁束密度の大きさは一定としてよいものとする。

（**解**）　$\oint \boldsymbol{B}\cdot d\boldsymbol{s}=\mu_0 NI$ より，

$$2\pi rB_\phi=\mu_0 NI$$
$$|\boldsymbol{B}|=B_\phi=\mu_0 NI/2\pi r$$

6.4 磁束(磁力)線と磁束の保存則

電界のところで学んだ電気力線に対応する**磁束線**をまずこの節では定義する。それにより磁束密度が視覚的にとらえられるようになる。

磁束線とは，(a)線上の任意の点における接線が，その場所での磁束密度の方向に一致するような線であり，(b)その密度(単位面積当たりに描く本数)は，その場所の磁束密度の大きさに比例するように描いた曲線群である。この定義において磁束線を電気力線，磁束密度を電界と置き換えれば，既に学んだ電気力線の定義となる。

直線状および円状の電流が作る磁束線の様子を図 6.5 に示した。磁束線の密度が濃い所は磁束密度が強いことを表し，磁束線の接線が磁束密度の方向を表している。

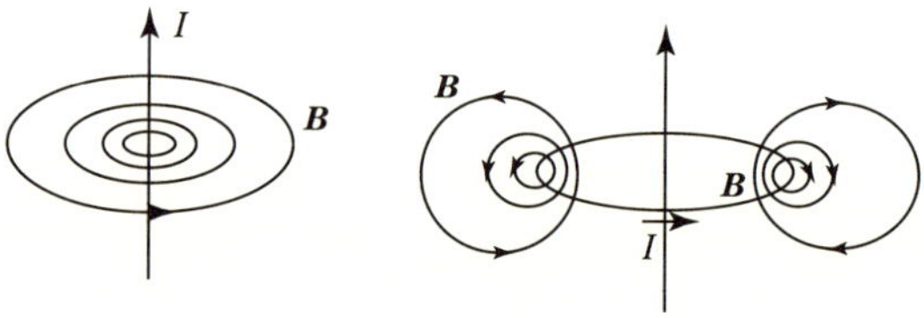

図 6.5 磁束線の様子

前に，静電界の発散 div $\boldsymbol{E}$ はその点における電気力線の湧き出し(負のときは吸い込み)を表し，その湧き出した電気力線の単位体積当たりの本数は，そこでの電荷密度を q とすると q/ε_0 本となることを述べた(div $\boldsymbol{E}=q/\varepsilon_0$)。同様に div $\boldsymbol{B}$ もその点における磁束線の湧き出しを表すが，電荷に対応する単極磁荷は存在しない(少なくとも見つかっていない)ので，div $\boldsymbol{B}=0$ となる。電流および後に述べる磁気モーメントによる磁束線は湧き出しおよび吸い込み口がなく閉じたループ状となるため div $\boldsymbol{B}$ の値には寄与しない。

このこと，すなわち

$$\mathrm{div}\,\boldsymbol{B}=0 \tag{6.5}$$

を**磁束の保存則**という。すなわち，磁束線はある点で突然消えたり，あるいは発生したりすることがなく連続していることをこの法則は述べている。磁束の保存則の積分形は

$$\iint \boldsymbol{B}\cdot\boldsymbol{n}ds=0 \tag{6.6}$$

である。この式はガウスの定理と $\mathrm{div}\,\boldsymbol{B}=0$ より導くことができる。

磁束密度の保存則の微分形は，次式により定義する。

$$\mathrm{div}\,\boldsymbol{B}\equiv\lim_{\Delta V\to 0}\left[\left(\iint \boldsymbol{B}\cdot\boldsymbol{n}ds\right)/\Delta V\right]$$

この式を使って計算すると，xyz 座標系では，

$$\mathrm{div}\,\boldsymbol{B}=\frac{\partial B_x}{\partial x}+\frac{\partial B_y}{\partial y}+\frac{\partial B_z}{\partial z}$$

円柱座標系では，

$$\mathrm{div}\,\boldsymbol{B}=\frac{1}{r}\frac{\partial(rB_r)}{\partial r}+\frac{1}{r}\frac{\partial B_\phi}{\partial\phi}+\frac{\partial B_z}{\partial z}$$

極座標系では，

$$\mathrm{div}\,\boldsymbol{B}=\frac{1}{r^2\sin\theta}\left\{\sin\theta\frac{\partial(r^2B_r)}{\partial r}+r\frac{\partial(B_\theta\sin\theta)}{\partial\theta}+r\frac{\partial B_\phi}{\partial\phi}\right\}$$

となる。

6.5　静磁界の法則

前節で磁束の保存則について説明した。時間変化のない静磁界についてのもう一つの法則は磁束密度の回転，すなわち $\mathrm{rot}\,\boldsymbol{B}$ についての法則である。既に，6.3 節でアンペールの周回路の法則(6.3)式について説明した。この式の左辺はストークスの定理より次式となる。

$$\oint \boldsymbol{B}\cdot d\boldsymbol{s}=\iint(\mathrm{rot}\,\boldsymbol{B})\cdot\boldsymbol{n}ds$$

したがって，

$$\iint(\mathrm{rot}\,\boldsymbol{B})\cdot\boldsymbol{n}ds=\iint\mu_0\boldsymbol{J}\cdot\boldsymbol{n}ds$$

となる。この式が任意の積分領域で成立するので，

$$\mathrm{rot}\,\boldsymbol{B}=\mu_0\boldsymbol{J} \tag{6.7}$$

となる。

磁束密度の回転 $\mathrm{rot}\,\boldsymbol{B}$ は，その点の周りにできている渦状の磁束線の強さを表している。式(6.7)より，その渦状の磁束線をつくり出しているのがその点における電流密度ベクトルであることがわかる。ある点における磁束密度の回転 $\mathrm{rot}\,\boldsymbol{B}$ のある任意の $\boldsymbol{t}$ 方向の成分の大きさを，次式により定義する。

$$(\mathrm{rot}\,\boldsymbol{B})_t\equiv\lim_{\Delta s\to 0}\left(\left|\oint\boldsymbol{B}\cdot d\boldsymbol{s}\right|/\Delta s\right)$$

ただし，微小な面素 Δs はベクトル $\boldsymbol{t}$ と直交する方向にとり，また微小線分ベ

クトル $d\boldsymbol{s}$ の方向は，$\boldsymbol{t}$ の方向に対して右ネジの回る方向である。

この式を使って計算すると，xyz 座標系では，

$$\mathrm{rot}\,\boldsymbol{B}=\left(\frac{\partial B_z}{\partial y}-\frac{\partial B_y}{\partial z},\ \frac{\partial B_x}{\partial z}-\frac{\partial B_z}{\partial x},\ \frac{\partial B_y}{\partial x}-\frac{\partial B_x}{\partial y}\right)$$

円柱座標系では，

$$\mathrm{rot}\,\boldsymbol{B}=\left(\frac{1}{r}\left\{\frac{\partial B_z}{\partial \phi}-\frac{\partial B_\phi}{\partial z}\right\},\ \frac{\partial B_r}{\partial z}-\frac{\partial B_z}{\partial r},\ \frac{1}{r}\left\{\frac{\partial (rB_\phi)}{\partial r}-\frac{\partial B_r}{\partial \phi}\right\}\right)$$

極座標系では，

$$\mathrm{rot}\,\boldsymbol{B}=\left(\frac{1}{r\sin\theta}\left\{\frac{\partial (B_\phi \sin\theta)}{\partial \theta}-\frac{\partial B_\theta}{\partial \phi}\right\},\right.$$
$$\left.\frac{1}{r\sin\theta}\left\{\frac{\partial B_r}{\partial \phi}-\sin\theta\cdot\frac{\partial (rB_\phi)}{\partial r}\right\},\ \frac{1}{r}\left\{\frac{\partial (rB_\theta)}{\partial r}-\frac{\partial B_r}{\partial \phi}\right\}\right)$$

となる。

磁束の保存則 $\mathrm{div}\,\boldsymbol{B}=0$ と磁束の回転の式 $\mathrm{rot}\,\boldsymbol{B}=\mu_0\boldsymbol{J}$ が，静磁界の基本法則であり，この2式により静磁界の現象を解析することができる。

【例題 6.6】 $\boldsymbol{B}=(B_x, B_y, B_z)$ の磁束密度を得るにはどのような電流密度分布が必要か。ただし，$B_x=B_y=0$，$B_z=B_0\sin kx$ [T] とする。

(解) $\boldsymbol{J}=(1/\mu_0)\mathrm{rot}\,\boldsymbol{B}$ より，

$$\boldsymbol{J}=\frac{1}{\mu_0}(0,\ -B_0k\cos kx,\ 0)\quad [\mathrm{A/m^2}]$$

6.6 ベクトルポテンシャル

静電界 $\boldsymbol{E}$ の回転は $\mathbf{0}$ である。すなわち，$\mathrm{rot}\,\boldsymbol{E}=\mathbf{0}$ である。したがって，$\boldsymbol{E}=-\mathrm{grad}\,V$ となるスカラー関数 V が定義できた(もし，$\mathrm{rot}\,\boldsymbol{E}\neq\mathbf{0}$ なら V の値は各位置ごとに一つの値として定まらない)。この V を電位，またはスカラーポテンシャルと呼んでいる。電位 V の満足すべき方程式は，ポアソンの方程式であり，

$$\nabla^2 V=-\rho/\varepsilon_0$$

となる。ここで，ρ は電荷密度である。この方程式の解は，

$$V(r)=\frac{1}{4\pi\varepsilon_0}\iiint\frac{\rho}{r}\,dxdydz$$

であった。

一方，磁束密度 $\boldsymbol{B}$ の回転は $\mathbf{0}$ とは限らないので，電位に対応するスカラーポテンシャルを一般的には定義できない。例外的に $\mathrm{rot}\,\boldsymbol{B}=\mathbf{0}$ の領域でのみ定

義可能である。しかし，$\boldsymbol{B}=\mathrm{rot}\,\boldsymbol{A}$ となるベクトル量 $\boldsymbol{A}$ を定義することは可能で，このベクトル $\boldsymbol{A}$ を**ベクトルポテンシャル**という。電位 V には基準点の選び方に対応した任意性があったように，ベクトルポテンシャルにも，ある種の任意性が存在する。すなわち，ベクトル $\boldsymbol{A}$ をベクトルポテンシャルとすると，次式で定まる $\boldsymbol{A}_1$ も $\boldsymbol{B}=\mathrm{rot}\,\boldsymbol{A}_1$ を満足するので，ベクトルポテンシャルとなる。

$$\boldsymbol{A}_1=\boldsymbol{A}+\mathrm{grad}\,V$$

ここで，V は任意のスカラー関数である。

通常，ベクトルポテンシャル $\boldsymbol{A}$ は，定義式

$$\mathrm{rot}\,\boldsymbol{A}\equiv\boldsymbol{B} \tag{6.8}$$

のほかに，

$$\mathrm{div}\,\boldsymbol{A}=0 \tag{6.9}$$

の条件式を加え，さらに境界条件，たとえば無限遠で $\boldsymbol{A}=\boldsymbol{0}$ を与えることにより一意に定まる。

次に，電位におけるポアソンの方程式に対応するベクトルポテンシャルの式を求めてみる。

式(6.7)，(6.8)より $\mathrm{rot}(\mathrm{rot}\,\boldsymbol{A})=\mu_0\boldsymbol{J}$，一方ベクトル公式より，$\mathrm{rot}\,\mathrm{rot}\equiv\mathrm{grad}\,\mathrm{div}-\nabla^2$ となる。したがって，

$$\nabla^2\boldsymbol{A}=-\mu_0\boldsymbol{J} \tag{6.10}$$

この式を各成分ごとに書き下すと，

$$\nabla^2A_x=-\mu_0J_x \tag{6.11}$$

$$\nabla^2A_y=-\mu_0J_y \tag{6.12}$$

$$\nabla^2A_z=-\mu_0J_z \tag{6.13}$$

となる。これらの式は，ポアソンの方程式と形式的に一致している。例えば，(6.11)式において，A_x を V，μ_0 を $1/\varepsilon_0$，J_x を ρ と置き換えるとこの式はポアソンの方程式となる。したがって，解もポアソンの方程式の解を参考にして容易に求めることができる。各々の解は，

$$A_x(r)=\frac{\mu_0}{4\pi}\iiint\frac{J_x}{r}dxdydz$$

$$A_y(r)=\frac{\mu_0}{4\pi}\iiint\frac{J_y}{r}dxdydz$$

$$A_z(r)=\frac{\mu_0}{4\pi}\iiint\frac{J_z}{r}dxdydz$$

となる。

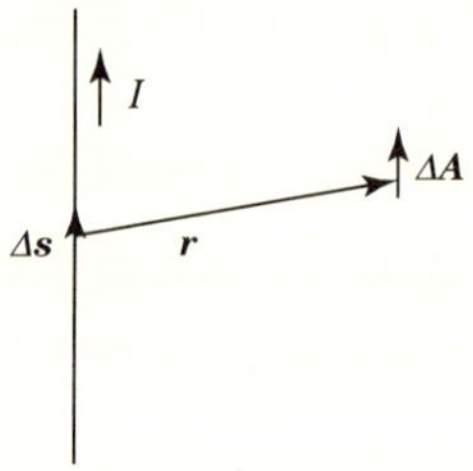

図 6.6 線電流が発生するベクトルポテンシャル

図6.6のような微小線分に流れる電流Iにより発生するベクトルポテンシャルは,

$$\Delta \boldsymbol{A} = \frac{\mu_0 I}{4\pi r} \Delta \boldsymbol{s}$$

となる。この式から分かるように，ベクトルポテンシャルの方向は電流ベクトルの方向を向き，その大きさは電流源からの距離に反比例している。

【例題 6.7】 図6.7のような長方形の微小電流ループが，電流ループから十分に離れた点につくる磁束密度をベクトルポテンシャルを用いて求めよ。ただし，電流は辺1から2の方向へ流れているものとする。

(解) 点P(x, y, z)におけるベクトルポテンシャル$\boldsymbol{A}$はA_x，A_y成分のみを有し，各々次式となる。

$$A_x \fallingdotseq \frac{\mu_0 \delta_x I}{4\pi}\left(\frac{1}{r_4} - \frac{1}{r_2}\right)$$

$$A_y \fallingdotseq \frac{\mu_0 \delta_y I}{4\pi}\left(\frac{1}{r_1} - \frac{1}{r_3}\right)$$

ただし，δ_x，δ_yは各々，辺2，4の長さと1，3の長さとする。

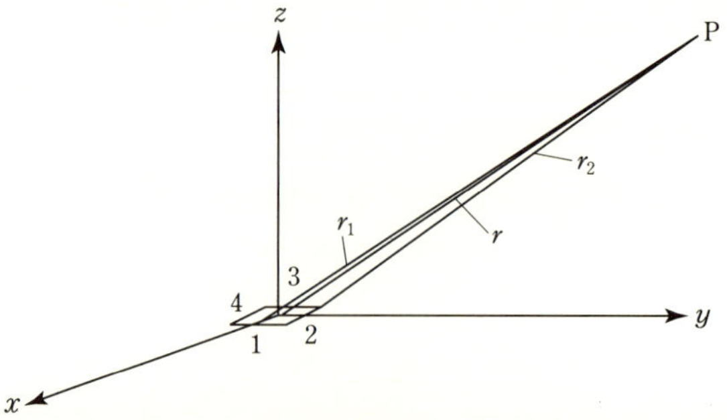

図 6.7

ここで，電流ループから点Pまでの距離が十分に離れていることを用いると，

$$A_x \fallingdotseq -\frac{\mu_0 \delta_x \delta_y I}{4\pi}\frac{y}{r^3}, \qquad A_y \fallingdotseq \frac{\mu_0 \delta_x \delta_y I}{4\pi}\frac{x}{r^3}$$

ただし，$r=\sqrt{x^2+y^2+z^2}$ である。したがって，$\boldsymbol{B}=\mathrm{rot}\,\boldsymbol{A}$ より，

$$B_x=\frac{\mu_0 \delta_x \delta_y I}{4\pi}\frac{3xz}{r^5}, \quad B_y=\frac{\mu_0 \delta_x \delta_y I}{4\pi}\frac{3yz}{r^5}, \quad B_z=\frac{\mu_0 \delta_x \delta_y I}{4\pi}\frac{2z^2-x^2-y^2}{r^5}$$

となる。

6.7 磁気モーメント

磁束密度の発生源は，電流と素粒子の持つ**磁気モーメント**である。電流による磁束密度はビオ・サバールの法則などにより計算することができる。では，磁気モーメントによる磁束密度は，どのようにして求めることができるのであろうか？ ここでは，ループ電流による磁気モーメントを定義し，それが発生する磁束密度について考えてみる。

ループ電流による磁気モーメント $\boldsymbol{m}$ を以下のように定義する。(1)その大きさは(電流値)×(面積)とし，(2)向きは電流の向きに対して右ネジの進む向きとする。単位は[Am²]である。

前節の例題6.7の電流ループのつくる磁気モーメント $\boldsymbol{m}$ は

$$\boldsymbol{m}=(0,\,0,\,\delta_x \delta_y I)$$

となる。また，この例題より，電流ループの中心を原点とし，磁気モーメントの方向を z 方向とすると，電流ループより十分離れた点 $\mathrm{P}(x,\,y,\,z)$ におけるベクトルポテンシャル $\boldsymbol{A}$ および磁束密度 $\boldsymbol{B}$ は各々

$$\boldsymbol{A}=\frac{\mu_0}{4\pi}\frac{\boldsymbol{m}\times\boldsymbol{r}}{r^3} \tag{6.14}$$

$$B_x=\frac{\mu_0 m}{4\pi}\frac{3xz}{r^5} \tag{6.15}$$

$$B_y=\frac{\mu_0 m}{4\pi}\frac{3yz}{r^5} \tag{6.16}$$

$$B_z=\frac{\mu_0 m}{4\pi}\frac{2z^2-x^2-y^2}{r^5} \tag{6.17}$$

となることがわかる。ただし，$m=|\boldsymbol{m}|$，$m=\delta_x \delta_y I$，$\boldsymbol{m}$ の向きは電流がループを流れる方向に右ネジを回したとき，右ネジの進む向きである。これらの式から，磁気モーメントのつくるベクトルポテンシャルあるいは磁束密度は，磁

気モーメント $\boldsymbol{m}$ すなわち，$\boldsymbol{m}$ の向きと大きさ(電流ループの面積と電流値の積)に依存していることがわかる。一般的に，磁気モーメント $\boldsymbol{m}$ が点Pにつくるベクトルポテンシャルと磁束密度は，式(6.14)～(6.17)で与えられる。ただし，$\boldsymbol{r}$ は磁気モーメントの位置を原点とした場合の点Pの位置ベクトルであり，x，y，z はその各成分，r は距離であり，$r=|\boldsymbol{r}|$ である。素粒子の持つ磁気モーメントが発生する磁束密度も同様に，磁気モーメントと素粒子からの距離により求めることができる。

ここまで述べてきたことから，任意の点における磁束密度を原則として，式(6.2)，(6.15)～(6.17)より求めることが可能になった。

【例題 6.8】　xy 平面上に半径 0.010 m のコイルが，その中心と原点が一致するように置かれているとする。いま，このコイルに電流 1.0 A を x 軸から y 軸の方向へ流したときの磁気モーメント $\boldsymbol{m}$ を求めよ。また，点 P＝(0, 0, 10) m での磁束密度を求めよ(コイルの形状は異なるが図は演習問題 6.7 を参照し結果を例題 7.4 と比較せよ)。

(解)

$$m=|\boldsymbol{m}|=\pi r^2 I=3.1\times10^{-4}\quad \mathrm{Am^2}$$

向きは，z 軸方向なので，

$$\boldsymbol{m}=(0, 0, 3.1\times10^{-4})\quad \mathrm{Am^2}$$

となる。また，点 P での磁束密度は式(6.15)～(6.17)より，

$$B_x=0, \qquad B_y=0, \qquad B_z=6.2\times10^{-14}\quad \mathrm{T}$$

となる。

6.8　電流および磁気モーメントの受ける力

磁束密度 $\boldsymbol{B}_0$[T]内に置かれた電線に電流 I[A]が流れているとき，この電線に働く力について考える。電線内の電子の密度を n_e[m^{-3}]，電子の持つ電荷量を $-q$[C]，電子の平均の速度を $\boldsymbol{v}$[m/s]，電線の断面積を s[m^2]とし，電流は電子の運動によって生じているとすると，電流 I は，

$$I=-qvn_e s, \qquad v=|\boldsymbol{v}|$$

となる。一方，磁束密度 $\boldsymbol{B}_0$ により個々の電子に働く力は，$\boldsymbol{F}=-q(\boldsymbol{v}\times\boldsymbol{B}_0)$ となる。単位長さ当たりに存在する全電子に働く $\boldsymbol{B}_0$ による力の合計 $\boldsymbol{F}_{\mathrm{tot}}$ は，

$$\begin{aligned}\boldsymbol{F}_{\mathrm{tot}}&=n_e s\boldsymbol{F}=-n_e sq(\boldsymbol{v}\times\boldsymbol{B}_0)\\&=\boldsymbol{I}\times\boldsymbol{B}_0\quad [\mathrm{N/m}]\end{aligned}\tag{6.18}$$

となる。この式は磁束密度 $\boldsymbol{B}_0$ 内で電流 I[A]が流れている導線に働く単位長

さ当たりの力を表している。

距離 d[m]離れた2本の電線に電流 I[A]が流れているとき働く単位長さ当たりの力の大きさ $F=|\boldsymbol{F}|$ は，1本の電線が他方の電線の所に作る磁束密度の大きさが $|\boldsymbol{B}|=\mu_0 I/2\pi d$，方向は電流の向きに対して右ネジの回る向きとなることから，式(6.18)より $F=\mu_0 I^2/2\pi d$ となる。

次に磁気モーメント $\boldsymbol{m}$ の受ける力について考える。図6.8のように置かれた一辺の長さ a[m]，電流値 I[A]の正方形ループの磁気モーメントを考える。ここで，磁束密度は z 方向を向いているとする。

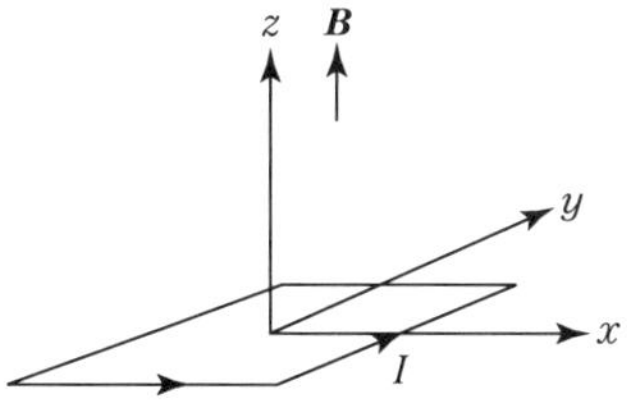

図 6.8　磁気モーメントに働く並進力

このとき，各辺は大きさ $|\boldsymbol{F}|=aI|\boldsymbol{B}|$ の外側に広がろうとする力を受ける。もし，磁束密度 $\boldsymbol{B}$ が空間的に一様なら，各辺の力はお互いに打ち消し合って全体として力が働かない。しかし，もし，磁束密度に空間的な違いがあった場合は全体として力が働くことになる。たとえば，磁束密度 $\boldsymbol{B}$ が x の位置座標に依存し，$\boldsymbol{B}=\boldsymbol{B}(x)$ と書けたとすると，磁気モーメントに働く力は，方向が x 方向で，その大きさは $\boldsymbol{F}_{\rm tot}=aI\{\boldsymbol{B}(a/2)-\boldsymbol{B}(-a/2)\}$ となる。この式を変形すると，

$$\boldsymbol{F}_{\rm tot}=a^2 I\frac{\partial \boldsymbol{B}}{\partial x}=m\frac{\partial \boldsymbol{B}}{\partial x}, \qquad m=|\boldsymbol{m}|$$

となる。

一般的に，磁気モーメントが外部の磁束密度の影響で受ける並進力は，

$$\boldsymbol{F}=\nabla(\boldsymbol{m}\cdot\boldsymbol{B}) \tag{6.19}$$

となる。また，回転力は，

$$\boldsymbol{N}=\boldsymbol{m}\times\boldsymbol{B} \tag{6.20}$$

となる(演習問題6.20参照)。

演習問題

6.1　磁界中(大きさ $B=1.0\,\mathrm{T}$)を陽子(質量 $m_p=1.67\times10^{-27}\,\mathrm{kg}$，電荷量 $q=1.60\times10^{-19}\,\mathrm{C}$)が半径 $R=0.50\,\mathrm{m}$ でサイクロトロン運動をしているとする。このときのサイクロトロン運動の角周波数 ω_c，陽子の速さ，および運動エネルギー U を求めよ。

6.2　一様な磁束密度 $\boldsymbol{B}=(0,0,\mathrm{B}_z)$ に垂直に導体板が置かれているとする。いま，x 方向に電界を加え電流 I_x を流したとする。このとき，y 方向に発生する電界の大きさ E_H を求めよ。ただし，導体板の y 方向の端面における電子の出入りはないものとし，電子の密度は n，電荷量は $-e$，平均の x 方向速度の大きさを v_x とする。この電界 $\boldsymbol{E}_H$ が発生することを**ホール効果**という。

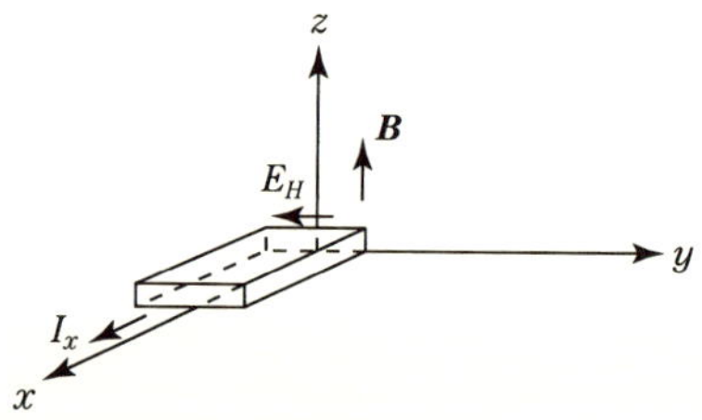

図 6.9

6.3　無限に長い直線電流 I の作る，直線より r の距離の磁束密度を求めよ。

6.4　一辺の長さが L の正方形回路に電流 I が流れているとき，中心における磁束密度を求めよ。

6.5　図 6.10 に示した半径 a の円電流 I が円の中心を通り円に垂直な軸上に作る磁束密度を求めよ。

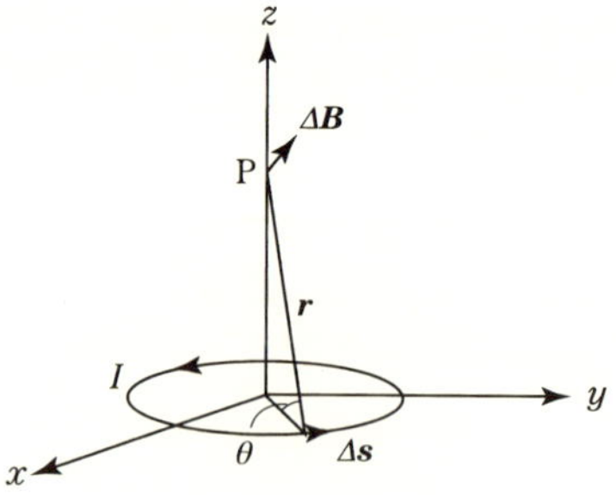

図 6.10

6.6　半径 a，長さ L の円筒形ソレノイド(巻き数 N)が x 軸を中心軸と一致するようにし，かつソレノイドの中心が原点となるように置かれているとする。いま，このソレノイドに電流 I を流したとき，原点に発生する磁束密度 $\boldsymbol{B}$ を求めよ。

［ヒント］ $\displaystyle\int \frac{dx}{(a^2+x^2)^{3/2}} = \frac{x}{a^2(a^2+x^2)^{1/2}}$

6.7 半径 a の円に内接する正 n 角形の回路を考える。この回路に電流 I が流れているとき，円の中心における磁束密度の大きさを求めよ。また，この値が $n \to \infty$ の極限において，円形コイルにより発生する磁束密度の大きさと一致することを示せ。

6.8 1辺の長さ a の正方形の回路に電流 I が流れているとする。このとき，この回路の中心Oから，この回路面に垂直に x だけ離れた点における磁束密度を求めよ。

6.9 1辺の長さ a の正三角形の回路に電流 I が流れているとする。このとき，この回路の中心Oから，この回路面に垂直に x だけ離れた点における磁束密度を求めよ。

6.10 図6.11のような半径 a の半円と直線からなる回路に電流 I が流れているとする。このとき，半円の中心における磁束密度を求めよ。

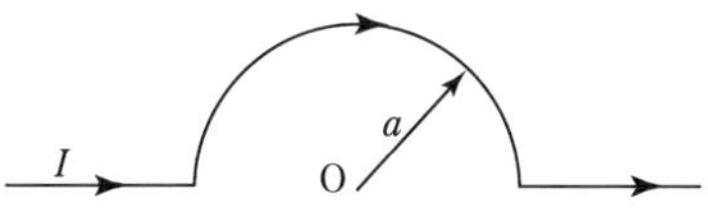

図 6.11

6.11 内導体の半径が a，外導体の内側の半径が b，外側の半径が c である同軸線（長さは無限大で直線とする）に電流 I（内側）および $-I$（外側）を流したときの各部における磁束密度の大きさを求めよ。ただし，電流密度は一様であるとする。

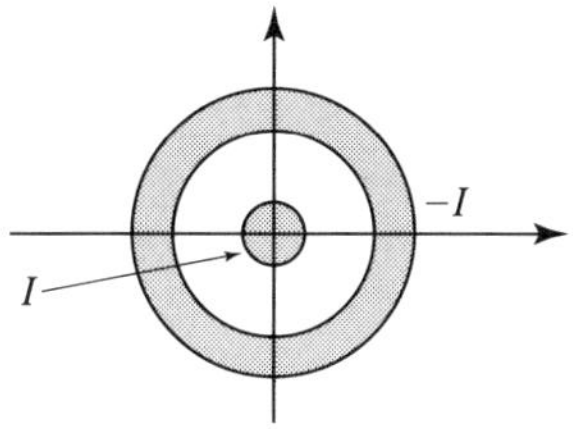

図 6.12

6.12 前問において，電流は内側導体に関しては外側表面，外側導体に関しては内側表面に流れているものとしたときの各部における磁束密度の大きさを求めよ。

6.13 内半径 a，外半径 b で厚さが c の中空の長方形断面を有する円環があり，その周りに巻き数 N のコイルを巻き，電流 I を流したときの円環内部の磁束密度の大きさを求めよ。

6.14 半径 a の円柱導体内に，その中心軸から d だけ離れた中心軸に平行な直線を中心軸とする半径 b $(b+d<a)$ の円筒形の空洞があるとする。いま，この導体に電流密度 J（z 方向）の電流が一様に流れているとする。このときの空洞内の磁束密度を求

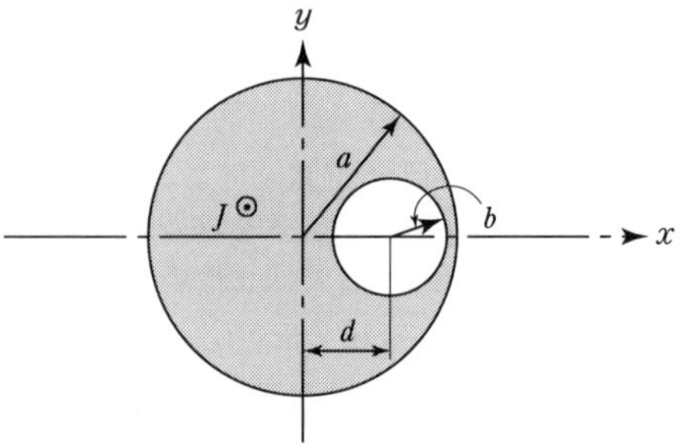

図 6.13

めよ。

6.15　磁束密度分布が下記で与えられたときの電流密度を求めよ。

$r \geqq a\,(r=\sqrt{x^2+y^2})$ のとき,

$$B_x=-\frac{\mu_0 I y}{2\pi r^2},\qquad B_y=\frac{\mu_0 I x}{2\pi r^2},\qquad B_z=0$$

$r<a$ のとき,

$$B_x=-\frac{\mu_0 I y}{2\pi a^2},\qquad B_y=\frac{\mu_0 I x}{2\pi a^2},\qquad B_z=0$$

である。

6.16　磁束密度の値が

$$B_x=-\frac{\mu_0 I y}{2\pi r},\qquad B_y=C\frac{x}{r},\qquad B_z=0$$

で与えられたとする。このときの C(定数)の値を求めよ。ただし, $r=\sqrt{x^2+y^2}$ とする。

6.17　図 6.6 における微小線分ベクトル $\varDelta \boldsymbol{s}$ 上を流れる電流 I が r の位置に作る磁束密度の値はビオ・サバールの法則で求めた値となることを，ベクトルポテンシャルを用いて示せ。

［ヒント］ $\mathrm{rot}(\boldsymbol{A}/r)=(\mathrm{rot}\,\boldsymbol{A})/r+\mathrm{grad}(1/r)\times\boldsymbol{A}$,
$\mathrm{grad}(1/r)=-\mathrm{grad}\,r/r^2$

6.18　図 6.14 のような有限長さの直線状導体に電流 I が流れているとする。この

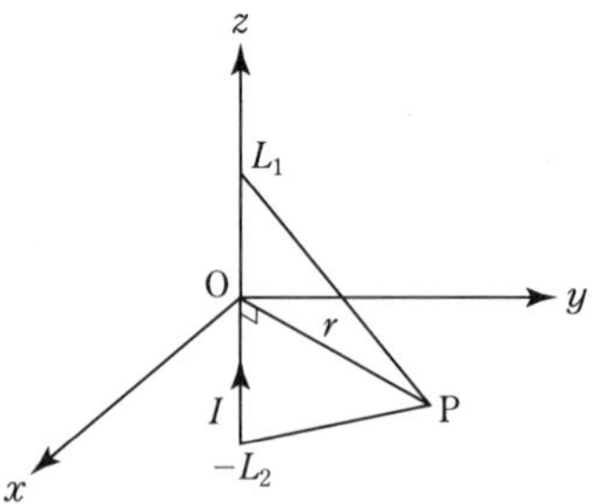

図 6.14

とき任意の点Pにおけるベクトルポテンシャルを求めよ。

［ヒント］ $\int\frac{dx}{\sqrt{x^2+c}}=\log|x+\sqrt{x^2+c}|$

6.19 任意の閉曲線 C と鎖交する磁束を ϕ とするとき，ϕ の値はベクトルポテンシャル $\boldsymbol{A}$ の閉曲線 C に沿った線積分の値に等しいこと，すなわち次式が成立することを示せ。

$$\oint \boldsymbol{A}\cdot d\boldsymbol{s}=\phi$$

6.20 図6.15に示された一辺の長さ a の正方形回路ABCDに電流 I が流れてできた磁気モーメント $\boldsymbol{m}(|\boldsymbol{m}|=a^2I)$ の回転力 $\boldsymbol{N}$ が

$$\boldsymbol{N}=\boldsymbol{m}\times\boldsymbol{B}$$

で表されることを示せ。

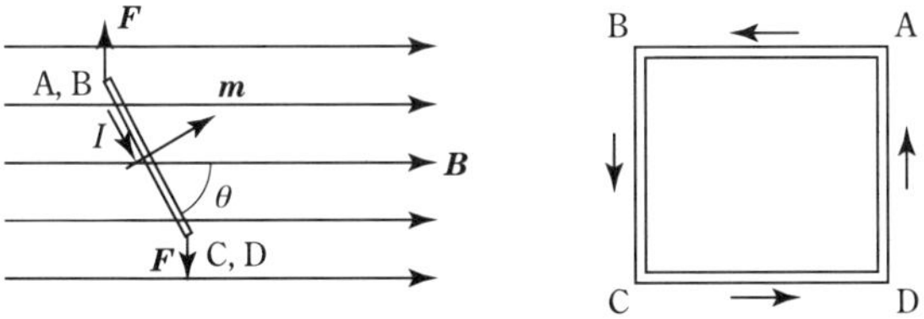

図 6.15

7 磁性体と磁界

第6章では，真空中における磁束密度について述べてきた。それでは，物質が存在すると磁束密度はどのように変化するのであろうか？　また，その場合，磁束密度の計算および物質に働く力の計算はどのようにして行えばよいのであろうか？　たとえば，鉄の存在するときはどうか？　磁石が存在するときの磁束密度はどうなるのか？　この章ではこうした課題を取り扱う。

7.1 磁性体

磁束密度に影響を与える物質をまとめて**磁性体**という。磁性体には大きく分けて，常磁性体と反磁性体がある。**常磁性体**とは，その物質を磁束密度が存在する領域に置いたとき，物質内部の磁束密度が上昇する物質をいう。一方，磁束密度が減少する物質は**反磁性体**と呼ばれている。常磁性は，最初ランダムな方向を向いていた常磁性体内の磁気モーメントが，外部の磁束密度の影響で，磁性体内部の磁束密度を強める方向に(演習問題6.20，7.5)向きをそろえるために生じる。反磁性は主として原子核の周りを回っている電子の発生する磁気モーメントが外部の磁束密度の影響で，磁性体内部の磁束密度の値を減じる方向にその値を変化させるために生じる(演習問題8.13)。

常磁性体のように物質内部の磁気モーメントが整列し全体として磁気モーメントが生じることを**磁化**という。磁性体の中には，磁束密度を加えると，強く磁化する物質がある。これを**強磁性体**という。強磁性体では，量子力学的な力により，電子の回転モーメント(スピン)がお互いに平行な向きになりやすい性質をもつ。したがって，電子のスピンにより生じる磁気モーメントもその方向をそろえる傾向がある。その結果，磁気モーメントの向きがそろった，大きさ約10μm程度の領域，**磁区**が形成されている。外部から磁束密度が加えられるとその方向の磁区の領域が広がったり，また磁区の磁気モーメントの向きが外部の磁束密度の向きに向いたりして強く磁化される。反磁性体や常磁性体の発生する磁束密度は外部から加えた磁束密度にほとんど影響を及ぼさない大きさであるが，強磁性体では大きな影響を及ぼす。外部の磁束密度が $\mathbf{0}$ の場合でも磁化した状態にある強磁性体が**磁石**である。図 7.1(a)に磁束密度 $\boldsymbol{B}_0$ 中に置かれた常磁性体と反磁性体が発生する磁束密度の様子を示す。

磁束密度は加えた磁束密度 $\boldsymbol{B}_0$ とこの磁性体が発生した磁束密度の和となる。常磁性体では，$\boldsymbol{B}_0$ と磁性体が発生した磁束密度が磁性体内部で強め合う方向なので磁束密度が上昇することがわかる。一方反磁性体ではその逆となり，内部において磁束密度が弱め合っている。

常磁性体と反磁性体を見分ける別の方法は，図 7.1(b)に示すようにソレノイドコイルに電流を流し電磁石を作ったとき，この電磁石に引きつけられるか，反発するかを調べることである。もし引きつけられたならその物質は常磁性体もしくは強磁性体であり，反発した場合は反磁性体である。

磁化した磁性体において単位体積当たりの磁気モーメントのことを**磁化ベクトル**といい $\boldsymbol{M}$ で表す。その単位は[A/m]である。この磁化ベクトルを用いて**磁界の強さ**(通常，**磁界**と呼ぶ) $\boldsymbol{H}$ を以下のように定義する。

$$\boldsymbol{H} \equiv \frac{\boldsymbol{B}}{\mu_0} - \boldsymbol{M} \tag{7.1}$$

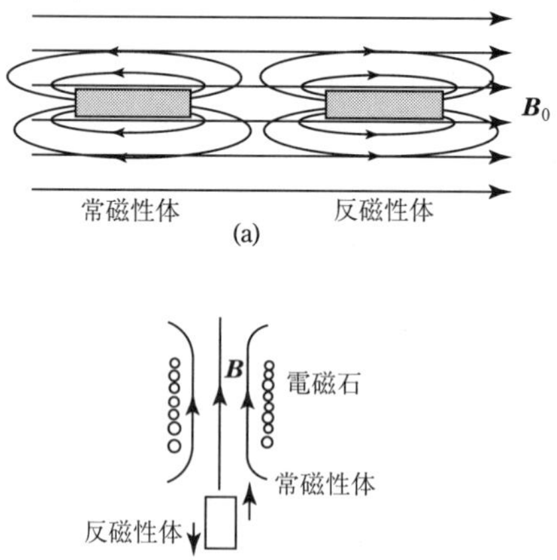

図 7.1　常磁性体と反磁性体

ここで，$\boldsymbol{B}$ は磁性体内の磁束密度であり，始めに加えた磁束密度とは異なる。真空中では $\boldsymbol{M}=\boldsymbol{0}$ なので $\boldsymbol{H}=\boldsymbol{B}/\mu_0$ となる。この磁界ベクトル $\boldsymbol{H}$ の指力線を**磁力線**という。磁化ベクトル $\boldsymbol{M}$ と磁界 $\boldsymbol{H}$ の比を**磁化率** χ_m という。また式(7.1)より，

$$\boldsymbol{B}=\mu_0(\boldsymbol{H}+\boldsymbol{M})=\mu_0(1+\chi_m)\boldsymbol{H}=\mu\boldsymbol{H} \tag{7.2}$$

となるが，この μ を**透磁率**といい，μ と μ_0 の比 μ_r を**比透磁率**という。これらの関係は，

$$\mu=\mu_r\mu_0=(1+\chi_m)\mu_0$$

と表される。

強磁性体内の磁界 $\boldsymbol{H}$ は外部から加えられた磁界 $\boldsymbol{H}_0$ より弱まる。これは，後で述べる磁極モデルを用いて考えるとわかりやすい。すなわち，仮想的な磁荷が強磁性体の表面に現れ，それが発生する磁界が $\boldsymbol{H}_0$ を弱めるためである。その減少した磁界 $\boldsymbol{H}_d(=\boldsymbol{H}_0-\boldsymbol{H})$ を**自己減磁力**(または**反磁界**)という。この自己減磁力の大きさと磁化ベクトルの大きさの比を**減磁率**(または**反磁界係数**) ν という。すなわち，$|\boldsymbol{H}_d|=\nu|\boldsymbol{M}|$ となる。

減磁率 ν の値は物体の形状によって決まり 0 から 1 の値となる。たとえば，一様に磁化された無限に長い棒状の磁性体を磁界に平行方向に置いた場合は $\nu=0$，無限に広い板状の磁性体では $\nu=1$ である。

【例題 7.1】 $H_0=|\boldsymbol{H}_0|=1.1\,\mathrm{A/m}$ の一様な磁界中に，これと平行に円柱状の強磁性体が置かれたとする。このときの平均の磁化ベクトルの大きさ，磁性体中の磁界の強さおよび磁束密度の大きさを求めよ。ただし，磁性体の比透磁率 $\mu_r=500$，この円柱状の強磁性体の平均の減磁率は $\nu=0.017$(長さ L と半径 r の比が $L/r=20$ 相当)とする。

(解) $H_d=H_0-H$，一方 $H_d=\nu M=\nu\chi_m H$ なので，

$$H=H_0/(1+\nu\chi_m)$$

また，$\chi_m=\mu_r-1=499$ より，

$$H=0.12\,\mathrm{A/m}$$

$$M=\chi_m H=58\,\mathrm{A/m}$$

である。

$$B=\mu H=0.76\times10^{-4}\,\mathrm{T}$$

この例題より次のことがわかる。外部から加えた磁界の大きさは $H_0=1.1\,\mathrm{A/m}$，磁束密度の大きさは $B_0=1.4\times10^{-6}\,\mathrm{T}$ であるが，強磁性体内の

磁界の大きさは 0.12 A/m となり減少し，磁束密度の大きさは 0.76×10^{-4} T となり増加している。すなわち，強磁性体内では，磁束密度は先に述べたように増加するが，磁化ベクトルの寄与のため磁界は減少していることがわかる。

磁化されていない強磁性体(たとえば鉄)に磁界を加え，その磁界を変化させたとき，磁界の大きさ H を横軸，磁化ベクトルの大きさ M を縦軸にとって描いた曲線を**磁化曲線**という。通常，磁化ベクトル $\boldsymbol{M}$ と磁束密度 $\boldsymbol{B}$ は，磁界 $\boldsymbol{H}$ に対してほぼ同じ変化を示すので，実用上 M-H 曲線の代わりに，B-H 曲線を用いる。

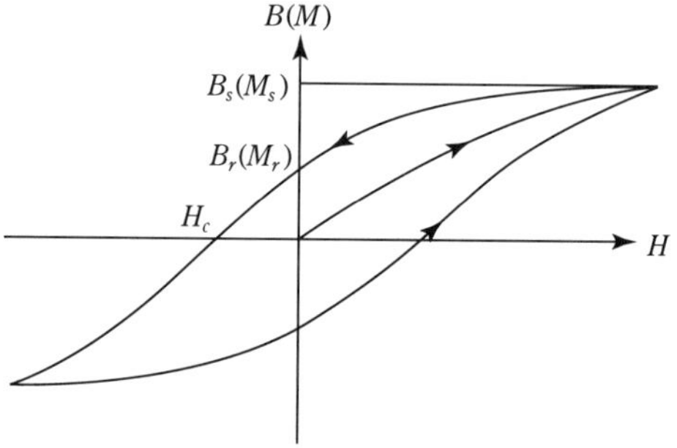

図 7.2　磁化曲線

図 7.2 における B-H 曲線はヒステリシス特性をもつので，磁界の大きさ H を増加させたときと，減少させたときとで曲線は一致しない。この B-H (磁化)曲線を特徴づける値として，図に示した飽和値 $B_s(M_s)$ および**残留磁束密度** B_r(**残留磁化**，M_r)，**保磁力** H_c を用いる。

この図は外部から加えた磁界が $\mathbf{0}$ のときでも，強磁性体は磁束密度を発生することがあることを示している。こうした状態の強磁性体が磁石である。

7.2　磁性体存在下での静磁界の法則

単極磁荷が存在しないので，磁性体の有無にかかわらず，磁束線の発生源，吸い込み源は存在しない。したがって，磁束の保存則は常に成立する。すなわち，

$$\mathrm{div}\,\boldsymbol{B}=0 \quad \text{または} \quad \iint \boldsymbol{B}\cdot\boldsymbol{n}ds=0$$

となる。

磁束の保存則は磁性体の有無によって変化を受けないが，アンペールの周回路の法則は一部変更が必要になる。

磁性体がある場合の磁界 $\boldsymbol{H}$ に対する周回積分 $\oint \boldsymbol{H}\cdot d\boldsymbol{s}$ を考える。式(7.1)より

$$\oint \boldsymbol{H}\cdot d\boldsymbol{s}=\oint \frac{\boldsymbol{B}}{\mu_0}d\boldsymbol{s}-\oint \boldsymbol{M}\cdot d\boldsymbol{s}$$

が成立する。ここで，右辺，第1項は閉路と鎖交する全電流を表し，第2項は閉路と鎖交する磁化に伴う電流(磁化電流)を表す。左辺はその差なので，閉路と鎖交する自由電流(荷電粒子の運動による電流)を表す。したがって，

$$\oint \boldsymbol{H}\cdot d\boldsymbol{s}=\iint \boldsymbol{J}_f\cdot \boldsymbol{n}ds \tag{7.3}$$

が成立する。ここで，$\boldsymbol{J}_f$ は自由電流密度ベクトルである。ストークスの定理より，

$$\oint \boldsymbol{H}\cdot d\boldsymbol{s}=\iint (\mathrm{rot}\,\boldsymbol{H})\cdot \boldsymbol{n}ds$$

が成立するので，

$$\mathrm{rot}\,\boldsymbol{H}=\boldsymbol{J}_f \tag{7.4}$$

が成り立つ。

磁性体を含む空間では，磁界 $\boldsymbol{H}$ に対する式(7.3)および(7.4)を用いて磁界もしくは磁束密度を容易に計算できることが多い。

自由電流が流れていない領域を考えると $\boldsymbol{J}_f=\boldsymbol{0}$ となるので，$\mathrm{rot}\,\boldsymbol{H}=\boldsymbol{0}$ となる。この場合は静電界の箇所で定義した電位と同様にして，磁位 V_m が次式を満たすスカラー関数として定義できる。

$$\boldsymbol{H}=-\mathrm{grad}\,V_m$$

磁位 V_m の値は電位と同様に，磁界を基準点から線積分することにより求めることができる。すなわち，静電荷が作る電位と同様に，磁荷 Q_m が r の所に作る無限遠を基準とした磁位は，

$$V_m=\frac{Q_m}{4\pi\mu_0 r}$$

となる。

7.3 磁性体境界面での磁界

図7.3のように透磁率の異なる二つの磁性体境界面において磁力線は屈折する。このときの $\boldsymbol{B}_1$ と $\boldsymbol{B}_2$，$\boldsymbol{H}_1$ と $\boldsymbol{H}_2$ の間に成立する関係式について述べる。簡単のため，境界面において電流は流れていないものとする(電流が流れている場合については演習問題7.3を参照)。

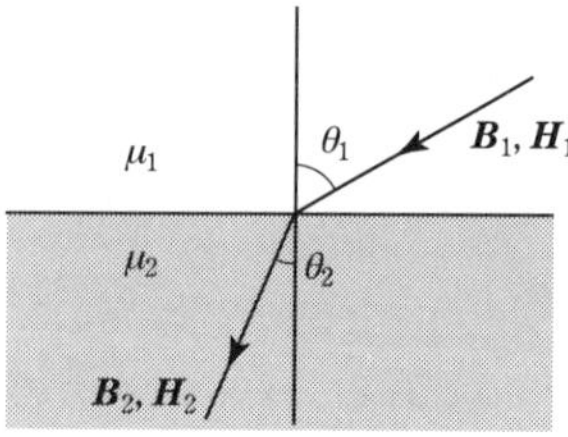

図 7.3 磁力線の屈折

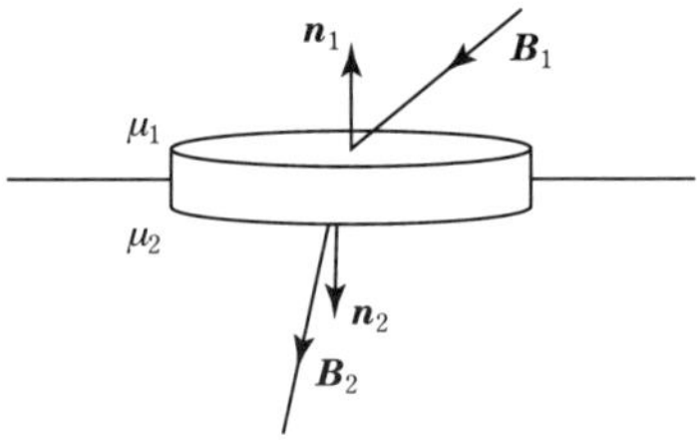

図 7.4 磁束密度の境界条件

図7.4のような，境界面を含む閉じた円柱状の領域について磁束の保存則を適用する。

$$\iint \boldsymbol{B} \cdot \boldsymbol{n} ds = 0$$

いま，円柱の高さ d がほぼ0の極限の場合を考えると，

$$\boldsymbol{B}_1 \cdot \boldsymbol{n}_1 S_1 + \boldsymbol{B}_2 \cdot \boldsymbol{n}_2 S_2 = 0$$

ここで，$\boldsymbol{n}_1 = -\boldsymbol{n}_2$，$S_1 = S_2$ なので，

$$B_1 \cos\theta_1 = B_2 \cos\theta_2 \tag{7.5}$$

が成立する。ただし，$B_1 = |\boldsymbol{B}_1|$，$B_2 = |\boldsymbol{B}_2|$ である。

次に，図7.5のような閉路についてアンペールの周回路の法則を適用する。

$$\oint \boldsymbol{H} \cdot d\boldsymbol{s} = 0$$

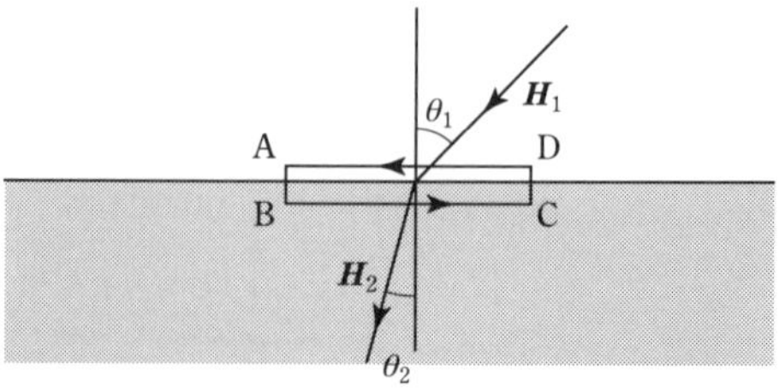

図 7.5 磁界の境界条件

この線積分を AB，CD がほぼ 0 の極限の場合について，A-B-C-D-A 積分路で積分を行うと，

$$H_2 \sin\theta_2 - H_1 \sin\theta_1 = 0 \tag{7.6}$$

が成立する。ただし，$H_1 = |\boldsymbol{H}_1|$，$H_2 = |\boldsymbol{H}_2|$ である。もし境界面に電流が流れているときは，この式の右辺に電流の影響を加える必要がある。

以上，$B_1 \cos\theta_1 = B_2 \cos\theta_2$ および $H_2 \sin\theta_2 = H_1 \sin\theta_1$ が，境界面に電流が流れていないときの磁束密度および磁界の満足すべき条件となる。

次に，この境界条件を表す式をもとに，磁力線の屈折について考えてみる。式(7.6)の右辺，左辺を式(7.5)の右辺，左辺で各々割り整理すると，

$$\frac{\mu_2}{\mu_1} = \frac{\tan\theta_2}{\tan\theta_1}$$

となる。この式は μ_2 と μ_1 の比により θ_2 と θ_1 の値が変わること，すなわち屈折することを表している。

【例題 7.2】　鉄心内の磁路の長さ L，断面積 S，透磁率 μ の環状鉄心に長さ δ，断面積 S の空隙が空いているものとする。この鉄心に導線を N 回巻き付け電流 I を流したとき，空隙に発生する磁束密度の大きさを求めよ。ただし，各断面内の磁束密度は一様だとし，外部への漏れは無視できるものとする。

（解）　$\oint \boldsymbol{H} \cdot d\boldsymbol{s} = NI$ より，

$$LH_1 + \delta H_2 = NI$$

が成り立つ。ここで，H_1，H_2 はそれぞれ鉄心内の磁界の大きさおよび空隙内の磁界の大きさである。

また，境界面では磁束密度(の法線成分)が等しいので次式が成り立つ。

$$\mu H_1 = \mu_0 H_2$$

よって，

$$H_2 = \frac{NI}{\dfrac{\mu_0}{\mu}L + \delta}, \qquad B_2 = \mu_0 H_2 = \frac{NI}{\dfrac{L}{\mu} + \dfrac{\delta}{\mu_0}}$$

となる。

7.4　磁化された強磁性体のモデル化

磁石のように磁化した磁性体は内部に多数の磁気モーメントを持っている。ここではその集合として，磁化した磁性体を一つの磁気モーメントと考え，それが発生する磁束密度を計算する方法について述べる。その方法としては，等価的な電流を考える場合と等価的な磁荷を考える場合がある。もっとも，全体の磁気モーメント $\boldsymbol{m}$ から，式(6.15)～(6.17)を用いて直接磁束密度を計算することも可能である。

7.4.1　磁化電流モデル

磁性体の磁気モーメントが磁性体内部，および表面に流れる等価的な電流，**磁化電流**によって発生しているとするモデルである。この等価的な電流が与えられれば，任意の点(実は磁性体から十分離れた任意の点というのがより正しい)の磁束密度はビオ・サバールの法則により計算することができる。

磁化ベクトル $\boldsymbol{M}$，全体としての磁気モーメント $\boldsymbol{m}$ の図 7.6 のような磁性体を考える。

$$\boldsymbol{m}=\boldsymbol{M}\times(\text{底面積})\times(\text{側面の高さ})$$

これと，等価な磁気モーメントを作る，磁性体側面を流れる電流を考える。この電流の単位長さ当たりの電流値を I_m[A/m]とする。この電流がつくる磁気モーメントの大きさは全体として，$I_m\times$(側面の高さ)$\times$(底面積)である。この値が $\boldsymbol{m}$ の大きさと等しいので，

$$I_m=|\boldsymbol{M}| \tag{7.7}$$

となる。

一般的には，磁化電流密度ベクトル $\boldsymbol{J}_m$ は

$$\boldsymbol{J}_m=\boldsymbol{M}\times\boldsymbol{n} \tag{7.8}$$

で求めることができる。ここで，$\boldsymbol{n}$ はその場所での外向き法線ベクトルであ

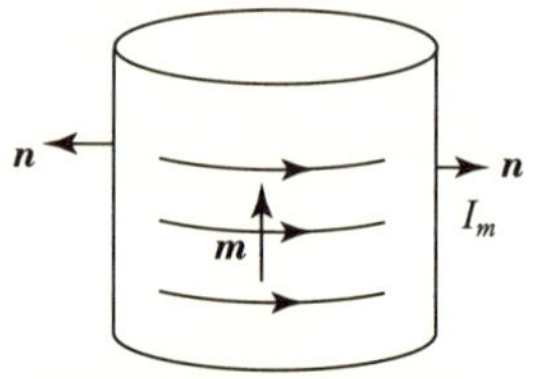

図 7.6　磁化電流モデル

る。

7.4.2　磁極モデル

次に等価的な**磁荷**(静電界における電荷に相当するもので静磁界を発生する)が強磁性体の表面に存在するとしたモデルを考える。この場合，(1)磁荷量，(2)磁荷による磁界の発生を表す式，および(3)磁荷と磁界による相互作用を表す式が適切に与えられれば，磁荷モデルを用いて強磁性体が発生する磁界および外部磁界が強磁性体に及ぼす力を容易に計算できる。

磁化した断面積 S，長さ L の円柱状強磁性体を考える。いま，上面，底面に磁荷 $Q_m=\sigma_m S$，$-Q_m=-\sigma_m S$ [Wb]が存在しているとする。Q_m から $\boldsymbol{r}_1$ の位置 P に Q_m が作る磁界 $\boldsymbol{H}_1$ が次式で与えられるものとする(磁気クーロンの法則，電荷 Q の場合を参照)。

$$\boldsymbol{H}_1=\frac{Q_m}{4\pi\mu_0 r_1{}^3}\boldsymbol{r}_1$$

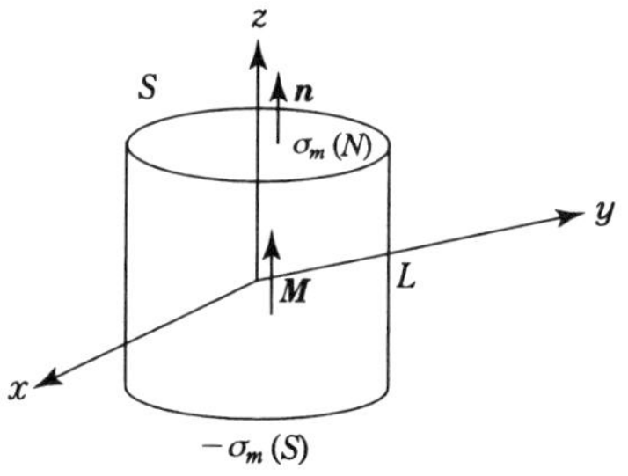

図 7.7　磁極モデル

同様に $-Q_m$ が同じ位置につくる磁界は，$-Q_m$ から測った位置ベクトルを $\boldsymbol{r}_2$ とすると，

$$\boldsymbol{H}_2=-\frac{Q_m}{4\pi\mu_0 r_2{}^3}\boldsymbol{r}_2$$

となる。このとき，点 P(磁性体中心からの位置ベクトルを $\boldsymbol{r}=(x, y, z)$ とする)の磁界は次式で表される(電気双極子が発生する電界を参照)。

$$H_x=\frac{Q_m L}{4\pi\mu_0}\frac{3xz}{r^5} \tag{7.9 a}$$

$$H_y=\frac{Q_m L}{4\pi\mu_0}\frac{3yz}{r^5} \tag{7.9 b}$$

$$H_z=\frac{Q_m L}{4\pi\mu_0}\frac{2z^2-x^2-y^2}{r^5} \tag{7.9 c}$$

一方，この強磁性体の磁気モーメントは

$$\boldsymbol{m}=\boldsymbol{M}\times(\text{底面積})\times(\text{側面の高さ})=SL\boldsymbol{M}$$

である。この磁気モーメントが $\boldsymbol{r}$ の所に作る磁束密度は（式(6.15)～(6.17)参照），

$$B_x=\frac{\mu_0 m}{4\pi}\frac{3xz}{r^5} \tag{7.10 a}$$

$$B_y=\frac{\mu_0 m}{4\pi}\frac{3yz}{r^5} \tag{7.10 b}$$

$$B_z=\frac{\mu_0 m}{4\pi}\frac{2z^2-x^2-y^2}{r^5} \tag{7.10 c}$$

$$(m=|\boldsymbol{m}|)$$

である。磁極モデルが正しいためには，その発生した磁界を表す式(7.9)が，強磁性体が発生した磁束密度を表す式(7.10)と一致しなければならない。そのためには，磁荷の値を $Q_m=\mu_0 m/L$ とすればよいことがこれらの式の比較よりわかる。磁荷密度 $\sigma_m(=Q_m/S)$ は，$m=SL|\boldsymbol{M}|$ より

$$\sigma_m=\mu_0|\boldsymbol{M}| \tag{7.11}$$

とすれば正しい磁界を与えることがわかる。

一般的には，磁荷密度 σ_m は，

$$\sigma_m/\mu_0=\boldsymbol{M}\cdot\boldsymbol{n} \tag{7.12}$$

とすればよい。ここで $\boldsymbol{n}$ は考えている点での外向き法線ベクトルである。したがって，強磁性体の磁荷密度を式(7.12)で与え，その磁荷が作る磁界を磁気クーロンの法則で求めれば，強磁性体の発生する磁界を計算できることがわかった。

【例題 7.3】 長さ L，磁気モーメント $\boldsymbol{m}$ の棒磁石が図 7.8 のように置かれているとする。このとき，棒磁石の中心から r，θ で表される点Pにおける磁

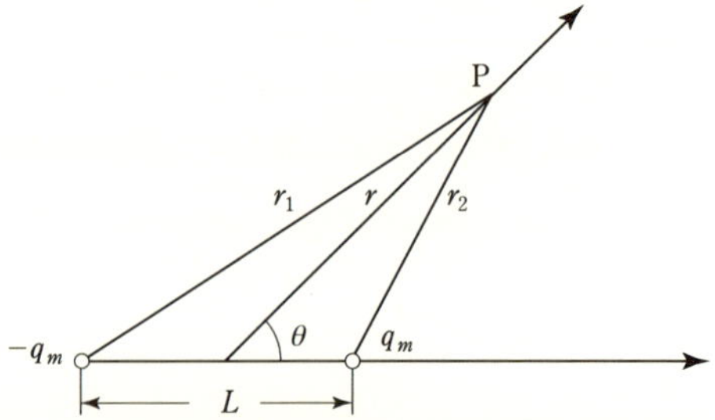

図 7.8

位および磁界を求めよ。ただし，$r \gg L$ とする。

(解) 磁荷 $\pm q_m$ が距離 L 離れて存在し磁気モーメント $\boldsymbol{m}$ を形成しているとする $(q_m L = \mu_0 m)$。

$$V_m = \frac{1}{4\pi\mu_0}\left(-\frac{q_m}{r_1} + \frac{q_m}{r_2}\right)$$

$$= \frac{q_m}{4\pi\mu_0}\left(\frac{1}{\sqrt{r^2 + (L^2/4) - rL\cos\theta}} - \frac{1}{\sqrt{r^2 + (L^2/4) + rL\cos\theta}}\right)$$

$r \gg L$ より，

$$V_m \sim \frac{q_m}{4\pi\mu_0} \cdot \frac{L}{r^2}\cos\theta = \frac{m\cos\theta}{4\pi r^2}$$

$\boldsymbol{H} = -\mathrm{grad}\, V_m$ より

$$H_r = \frac{m\cos\theta}{2\pi r^3}, \qquad H_\theta = \frac{m\sin\theta}{4\pi r^3}, \qquad H_z = 0$$

［参考］ $H_r = -\partial V_m/\partial r$, $H_\theta = -\partial V_m/(r\partial\theta)$

［参考］ 磁荷と磁気クーロンの法則

磁極モデルでは，磁荷および磁気クーロンの法則を用いて磁界の計算を行った。ここではそれらについてまとめておく。

電荷に相当する仮想的な磁荷を考え，磁気クーロンの法則をもとにして，静磁気学的に現象を考えた方が理解しやすい場合がある。

磁荷 Q_m[Wb，ウェーバーと読む]と Q_m'[Wb]間に働く力 $\boldsymbol{F}$ の大きさは，

$$|\boldsymbol{F}| = |Q_m Q_m'|/4\pi\mu_0 r^2 \tag{7.13}$$

方向は，$Q_m Q_m' > 0$ のとき反発し合う向き，$Q_m Q_m' < 0$ のとき引き合う向きとなる。この法則を**磁気クーロンの法則**と呼ぶ。

このことは，Q_m がそこから r 離れた点 P に発生する磁界 $\boldsymbol{H}$ が

$$\boldsymbol{H}(r) = Q_m \boldsymbol{r}/4\pi\mu_0 r^3 \tag{7.14}$$

となることを意味している(電荷と電界の関係を参照)。

また，磁極モデルより，$Q_m(>0)$ と $-Q_m$ が距離 d だけ離れて存在するとき発生する磁気モーメントの大きさは，$Q_m d/\mu_0$ であり，向きは $-Q_m$ から Q_m の向きであることがわかる。

また磁界 $\boldsymbol{H}$[A/m]が存在するとき，磁荷 Q_m[Wb]には

$$\boldsymbol{F} = Q_m \boldsymbol{H} \quad [\mathrm{N}] \tag{7.15}$$

の力が働くとすると，磁界中における磁荷によりつくられた磁気モーメントに働く回転力，並進力が電流ループによるものと，磁気モーメント $\boldsymbol{m}$ の値が同

じなら同一となることがわかる(演習問題 7.5，7.7 と式(6.22)，(6.23)を比較せよ)。

【例題 7.4】　点 P′＝(0, 0, −0.0050)に -3.9×10^{-8} Wb，点 P＝(0, 0, 0.0050)に 3.9×10^{-8} Wb の磁荷が存在するときの，点 R＝(0, 0, 10)での磁束密度を式(7.14)を用いて求めよ。また，磁気モーメント $\boldsymbol{m}$ を求め，その値から式(6.15)～(6.17)を用いて磁束密度を計算し比較せよ。ただし，長さの単位は[m]とする。

(解)　点 P および点 P′にある磁荷が点 R に作る磁束密度は，式(7.14)より z 成分のみで，

$$B_z=\frac{-Q_m}{4\pi(z+d)^2}+\frac{Q_m}{4\pi(z-d)^2}$$
$$=\frac{Q_m}{4\pi}\left[\frac{-1}{(z+d)^2}+\frac{1}{(z-d)^2}\right]=\frac{Q_m}{4\pi}\frac{1}{z^2}\left[\left(1-\frac{d}{z}\right)^{-2}-\left(1+\frac{d}{z}\right)^{-2}\right]$$
$$\fallingdotseq\frac{Q_m d}{4\pi z^3}=6.2\times10^{-14}\,\mathrm{T}$$

となる。また，磁気モーメントの大きさは，

$$m=|\boldsymbol{m}|=Q_m d/\mu_0$$
$$\fallingdotseq 3.1\times10^{-4}\,\mathrm{Am^2}$$

方向は z 軸方向となる。これは，例題 6.8 と同じ磁気モーメントの値である。

また，磁気モーメントと点 R との位置関係は例題 6.8 の磁気モーメントと点 P との関係と同じなので，この磁気モーメントが点 R に作る磁束密度は例題 6.8 より，

$$B_x=0,\qquad B_y=0,\qquad B_z=6.2\times10^{-14}\,\mathrm{T}$$

となり，上で求めた値と一致する。

演習問題

7.1　1.0×10^{-2} T の一様な磁束密度中にこれと平行に円柱状の磁性体が置かれたとする。このときの平均の磁化ベクトルの大きさ，および磁性体中の磁界の強さを求めよ。ただし，磁性体の比透磁率 $\mu_r=500$，この円柱状磁性体の平均の減磁率は $\nu=0.013$(長さ L と半径 r の比が $L/r=100$ 相当)とする。

7.2　透磁率が μ_1 と μ_2 の2種類の半径 R の長さが等しい半円状金属を図7.9のように接続し，一部に長さ 2δ の空隙を作ったとする。いま，この円環に導線を N 回巻き付け電流 I を流したとき，空隙に発生する磁束密度の大きさを求めよ。ただし，各断面内の磁束密度は一様とし，外部への漏れは無視できるものとする。

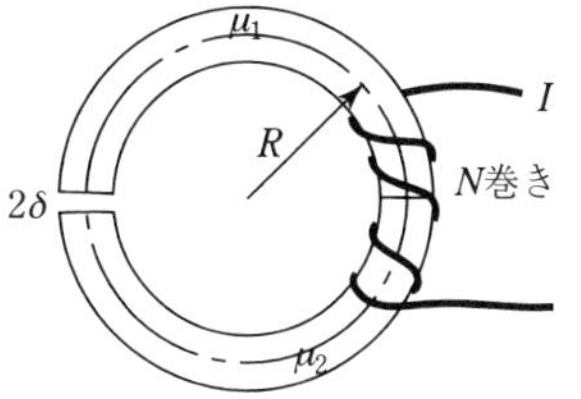

図 7.9

7.3　図7.5において，境界面に電流が流れている場合の磁界 $\boldsymbol{H}$ の境界条件を求めよ。ただし，電流は紙面の裏側から表側に向かって流れているものとし，その電流密度ベクトルを $\boldsymbol{J}$ とする。

7.4　図7.10のような環状磁石の磁束密度ベクトル $\boldsymbol{B}$，磁界ベクトル $\boldsymbol{H}$，磁化ベクトル $\boldsymbol{M}$ の指力線の様子を描け。

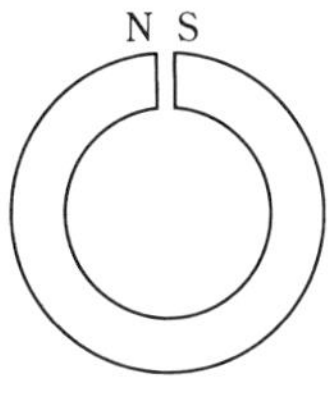

図 7.10

7.5　図7.11の磁気モーメント $\boldsymbol{m}$ の回転力 $\boldsymbol{N}$ が

$$\boldsymbol{N}=\boldsymbol{m}\times\boldsymbol{B}_0$$

で表せることを示せ。

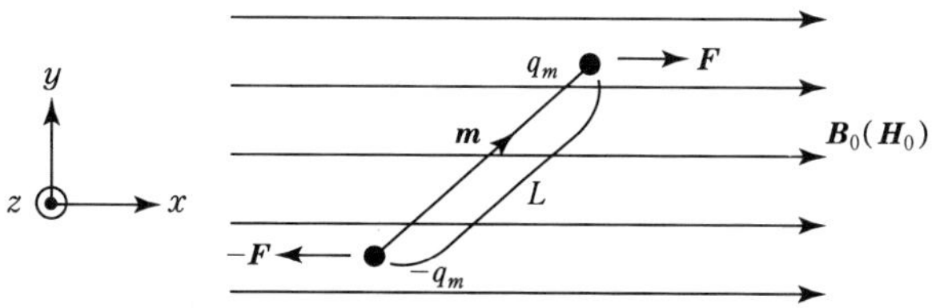

図 7.11

7.6　図 7.12 の磁気モーメント $\boldsymbol{m}$ のポテンシャルエネルギー U_m が次式で表されることを示せ。

$$U_m = -\boldsymbol{m}\cdot\boldsymbol{B}_0$$

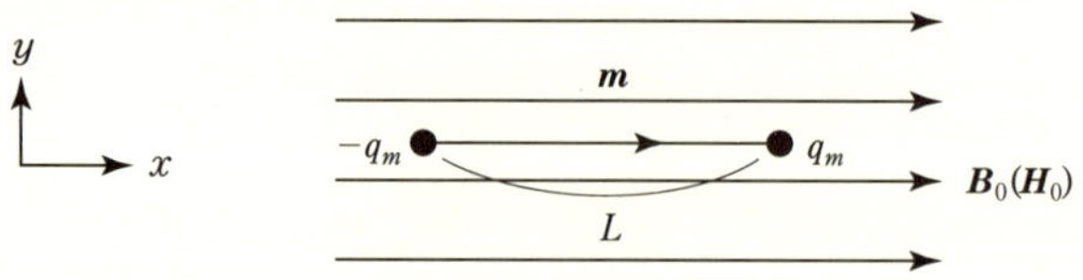

図 7.12

7.7　問 7.6 の場合，この磁気モーメントに働く並進力を求めよ。

7.8　2 個の等しい棒磁石が図 7.13 のように距離 d を隔てて平行に置かれているものとする。このとき両磁石に働く力を求めよ。ただし，この磁石の長さは L，断面積は S，磁化ベクトルの強さは M とする。

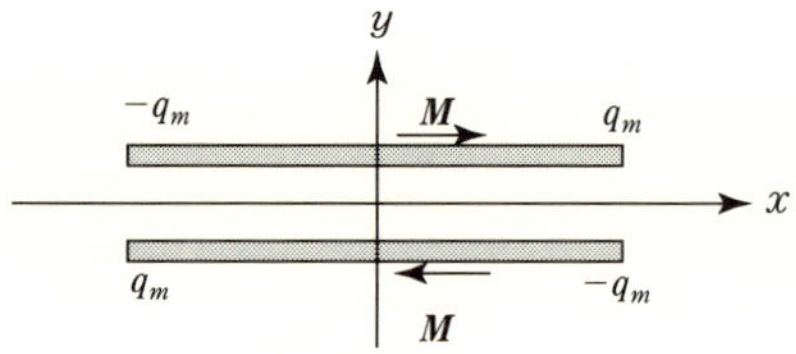

図 7.13

8 インダクタンスと電磁誘導

電界のエネルギーはコンデンサによって蓄えることができる。このコンデンサに対応する磁界のエネルギーの貯蔵がインダクタンスによって行われる。コンデンサでは電極に電荷を蓄え，空間に電界をつくり，この電界のエネルギーを蓄えた。インダクタンスでは電流を流し，その電流によって，空間に磁界を発生させ，それを蓄える。インダクタンスを含む電気回路では電流を流そうとすると，インダクタンスのところで逆起電力が発生し電流が流れにくくなる。この逆起電力に逆らって電流を流すということは，電源が仕事をし，空間が仕事をされエネルギーを受け取ったことを意味する。インダクタンスは電源と空間との磁気的エネルギーのやり取りのインターフェイスの役割を果たしている。

ここでは，まずインダクタンスを定義した後，コイル形状などが与えられたとき，どのようにしてインダクタンスの値を計算するのかについて述べる。また空間に蓄えられた磁気エネルギーとインダクタンスの関係についても触れる。次に，電力をどのようにして発生するのか，特に磁界による起電力およびその計算方法について述べる。ここでいう，起電力とは，単位電荷に働く力の周回積分の値のことで，その値を周回積分路の起電力と定義する。

これまでの章で述べてきたことと，ここから後の章で述べることの最も大きな違いは，以前の章では，時間変化がない状態(静止あるいは定常状態)について検討してきたのに対して，この章からは時間変化が本質的な役割を果たす現象について検討することである。

8.1　インダクタンス

8.1.1　自己インダクタンス

図 8.1 のようにコイルに電流 I[A]が流れているとき，I の作る磁束が I 自身と鎖交する磁束を Φ[Wb，ウェーバー]とする。このとき，Φ の値は I の値に比例する。この比例係数 L[H，ヘンリー]を**自己インダクタンス**という。

$$\Phi = LI \tag{8.1}$$

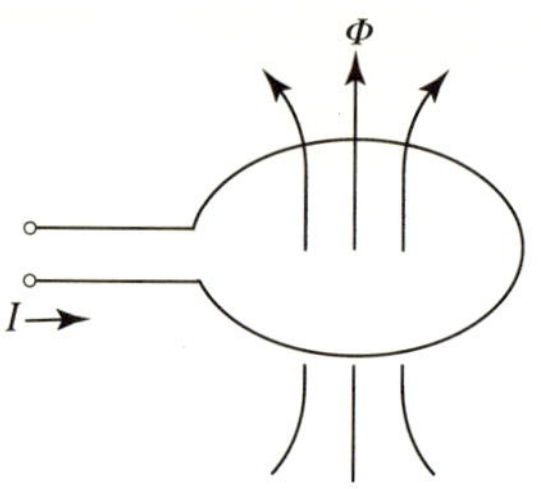

図 8.1　自己インダクタンス

ここでいう，**鎖交**とは，磁束のループとコイルのループが絡み合っていることを言っている。例えば，図 8.1 においては，コイルのループは 1 重巻きであるが，コイルが 2 重巻きであった場合の鎖交磁束は 2Φ となる。すなわち，鎖交とは何回絡み合ったかをも含めた概念である。

【例題 8.1】　矩形断面の鉄心入りトロイダルコイルの自己インダクタンスを求めよ。ただし，比透磁率 $\mu_r = 1.0 \times 10^3$，巻き数 $N = 10^3$，$r_1 = 0.05$ m，$r_2 = 0.1$ m，厚さ $h = 0.01$ m とせよ。

（**解**）　いま，コイルに電流 I[A]を流したとする。このとき，半径 r ($r_1 \leqq r \leqq r_2$) の所の磁束密度の大きさ $B(r)$ は次式となる。

$$B(r) = \mu_r \mu_0 IN / 2\pi r$$

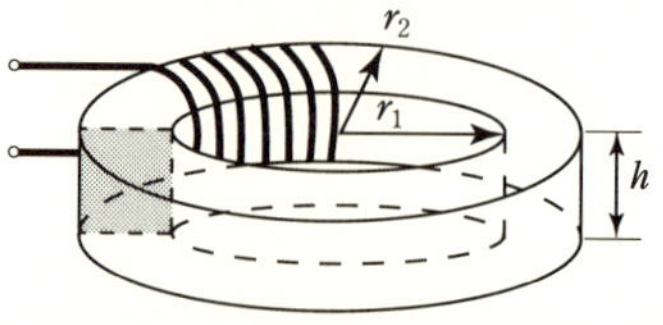

図 8.2

したがって，コイル内の磁束 ϕ は下式で表される。

$$\phi=\int_{r_1}^{r_2}B(r)\,hdr$$

コイル(電流)と鎖交する磁束 Φ は，コイルが N 回巻きなので，

$$\Phi=N\phi=\frac{\mu_r\mu_0 IN^2h}{2\pi}\log\frac{r_2}{r_1}$$

となる。一方，$\Phi=LI$ なので，自己インダクタンス L は，

$$L=\frac{\mu_r\mu_0 N^2h}{2\pi}\log\frac{r_2}{r_1}$$
$$\sim 1.4\,\mathrm{H}$$

となる。

8.1.2　相互インダクタンス

コイル1，2があるとき，コイル1に電流 I_1[A]を流したとする。このとき，電流 I_1 が発生した磁束のうち，コイル2と鎖交する磁束を Φ_{21} とすると，Φ_{21} の値は I_1 の値に比例する。そのときの比例係数 M_{21}[H] を**相互インダクタンス**という。

$$\Phi_{21}=M_{21}I_1 \tag{8.2}$$

同様にして，相互インダクタンス M_{12} を定義することができるが，例題8.2で示すように，

$$M=M_{21}=M_{12}$$

が成立する。

また，コイル間の磁束結合の強弱を表す指標として**結合係数** k が次式で定義されている。

$$k\equiv M/\sqrt{L_1L_2} \tag{8.3}$$

ここで，L_1，L_2 は各コイルの自己インダクタンスである。

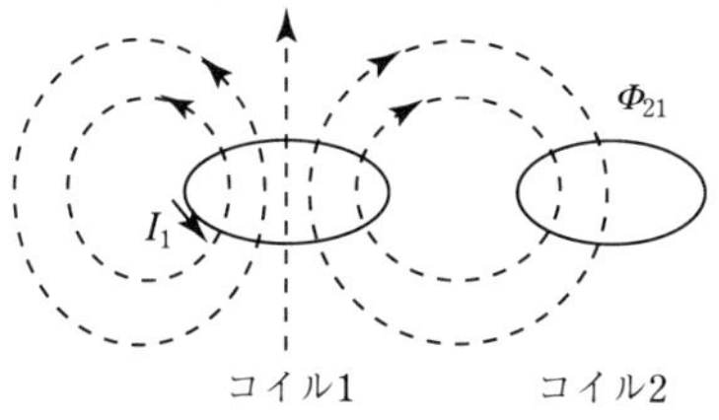

図 8.3　相互インダクタンス

【例題 8.2】 コイル1，2があるとする。各々の閉路 C_1，C_2 上の微小線分ベクトルを $d\boldsymbol{s}_1$，$d\boldsymbol{s}_2$，その間の距離を r_{12} とするとき，次式(**ノイマンの公式**)が成立することを示せ。また，$M_{21}=M_{12}$ を証明せよ。

$$M_{21}=\frac{\mu_0}{4\pi}\oint_{c1}\oint_{c2}\frac{1}{r_{12}}d\boldsymbol{s}_1\cdot d\boldsymbol{s}_2$$

(解) コイル1に電流 I_1 を流したとき発生する磁束密度を $\boldsymbol{B}_1$，ベクトルポテンシャルを $\boldsymbol{A}_1$ とする。また，Φ_{21} を電流 I_1 によって作られた磁束のうち，コイル2と鎖交する磁束とする。

$$\Phi_{21}=\iint_{S2}\boldsymbol{B}_1\cdot\boldsymbol{n}ds=\oint_{c2}\boldsymbol{A}_1\cdot d\boldsymbol{s}_2$$

（ストークスの定理，$\boldsymbol{B}=\mathrm{rot}\,\boldsymbol{A}$）

一方，$\boldsymbol{A}_1=\frac{\mu_0}{4\pi}\oint_{c1}\frac{I_1}{r_{12}}d\boldsymbol{s}_1$ なので，

$$\Phi_{21}=\frac{\mu_0 I_1}{4\pi}\oint_{c1}\oint_{c2}\frac{1}{r_{12}}d\boldsymbol{s}_1\cdot d\boldsymbol{s}_2$$

よって，

$$M_{21}=\frac{\mu_0}{4\pi}\oint_{c1}\oint_{c2}\frac{1}{r_{12}}d\boldsymbol{s}_1\cdot d\boldsymbol{s}_2$$

が成立する。また，$d\boldsymbol{s}_1\cdot d\boldsymbol{s}_2=d\boldsymbol{s}_2\cdot d\boldsymbol{s}_1$ なので，

$$M_{21}=M_{12}$$

が成立する。

8.2 ファラデーの法則

ある閉じた1巻きの回路があり，その起電力を V_{emf} とすると，

$$V_{\mathrm{emf}}=-\frac{d\Phi}{dt} \tag{8.4}$$

と表すことができる。これを**ファラデーの法則**という。ここで，Φ はこの回路と鎖交する磁束である。また，この場合の**起電力** V_{emf} とは，電荷 q[C]をこの回路に沿って一周させたとき必要な仕事量 U_w[J]$\left(U_w=\oint\boldsymbol{F}\cdot d\boldsymbol{s}\right)$ と q の比，$V_{\mathrm{emf}}=U_w/q$ のことである。単位は[V]である。式(8.4)を用いて回路に誘起される起電力を計算することができる。この起電力は，コイルと鎖交する磁束の時間変化による起電力と，磁束密度と考えている回路との相対速度から発生する速度起電力に分けて考えることができる。

式(8.4)をベクトル公式，

$$\frac{d}{dt}\left[\iint \boldsymbol{B}\cdot\boldsymbol{n}ds\right]=\iint\frac{\partial\boldsymbol{B}}{\partial t}\cdot\boldsymbol{n}ds+\oint\boldsymbol{B}\cdot(\boldsymbol{v}\times d\boldsymbol{s})$$

を使って変形すると，

$$V_{\mathrm{emf}}=-\frac{d\Phi}{dt}=-\frac{d}{dt}\left[\iint\boldsymbol{B}\cdot\boldsymbol{n}ds\right]$$

$$=-\left[\iint\frac{\partial\boldsymbol{B}}{\partial t}\cdot\boldsymbol{n}ds+\oint\boldsymbol{B}\cdot(\boldsymbol{v}\times d\boldsymbol{s})\right] \qquad (8.5)$$

と書ける。右辺の第1項は鎖交磁束の時間変化による起電力を表し，第2項は速度起電力を表している。右辺第1項を計算するときは，考えている回路(閉路)の位置を固定し，その回路内の磁束密度の時間変化の面積積分値を計算する。一方，第2項を求めるときは，閉路の位置の固定に加えて，磁束密度の値も固定し，回路の微小要素 $d\boldsymbol{s}$ の速度 $\boldsymbol{v}$(磁束密度に対する相対速度)を用いて第2項の周回積分を計算する。例題8.3で起電力計算の練習をしてみよう。

【例題8.3】 図8.4のような長方形($a\times 2b$)の領域において一様な振動磁界 $B_x=0$，$B_y=0$，$B_z=B_0\cos\omega t$ が存在するとする。このとき，閉回路ABCDが磁界と垂直方向に $X=X_0\sin\omega t$ で振動したとき，この閉路に誘起される起電力を求めよ。ただし，紙面の表から裏方向を z 軸の正方向とし，$b>X_0>0$ とする。

(解) 起電力は式(8.5)より，

$$V_{\mathrm{emf}}=-\left[\iint\frac{\partial\boldsymbol{B}}{\partial t}\cdot\boldsymbol{n}ds+\oint\boldsymbol{B}\cdot(\boldsymbol{v}\times d\boldsymbol{s})\right]$$

と表される。右辺第1項の計算においては，ある時刻 t で閉回路ABCDと鎖交する磁束密度の時間変化のみを考える。つまり，閉回路ABCDは

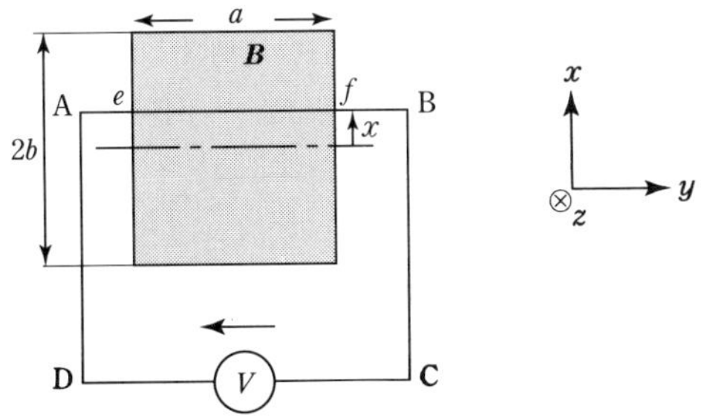

図 8.4

固定して考える。したがって，第1項による起電力 V_{emf1} は，

$$V_{\mathrm{emf1}}=-a\cdot(b+X_0\sin\omega t)\cdot\frac{d}{dt}(B_0\cos\omega t)$$
$$=B_0\omega a(b+X_0\sin\omega t)\sin\omega t$$

である。

右辺第2項起電力 V_{emf2} の計算においては，ある時刻 t における磁束密度の値は固定して考え，閉回路の微小要素 $d\boldsymbol{s}$ と磁束密度 $\boldsymbol{B}$ との相対速度 $\boldsymbol{v}$ を用いた $\boldsymbol{B}\cdot(\boldsymbol{v}\times d\boldsymbol{s})$ の値を閉回路に沿って一周積分する。

$$|\boldsymbol{v}\times d\boldsymbol{s}|=\frac{d}{dt}(X_0\sin\omega t)\cdot ds$$

となり，$\boldsymbol{v}\times d\boldsymbol{s}$ の方向も考えると，

$$\boldsymbol{B}\cdot(\boldsymbol{v}\times d\boldsymbol{s})=-B_0\omega X_0\cos^2\omega t$$

となる。この値は閉回路の ef 間以外では 0 となるので，

$$V_{\mathrm{emf2}}=-B_0\omega aX_0\cos^2\omega t$$

となる。したがって，全起電力 V_{emf} は

$$V_{\mathrm{emf}}=V_{\mathrm{emf1}}+V_{\mathrm{emf2}}$$
$$=B_0\omega a(b\sin\omega t-X_0\cos 2\omega t)$$

となる。

(別解) もちろん，式(8.4)を用いても同様の答えを得ることができる。時刻 t における鎖交磁束を Φ_1，時刻 $t+\Delta t$ における鎖交磁束を Φ_2 とすると，

$$\Phi_1=B(t)\cdot a\cdot\{X(t)+b\}$$
$$\Phi_2=B(t+\Delta t)\cdot a\cdot\{X(t+\Delta t)+b\}$$
$$\varepsilon=-\frac{d\Phi}{dt}=-\lim_{\Delta t\to 0}\frac{\Phi_2-\Phi_1}{\Delta t}=B_0\omega a\{b\sin\omega t-X_0\cos 2\omega t\}$$

もし，磁束密度が時間変化しないときは，第2項のみを計算すればよい(例題8.4)。もし，閉回路の微小要素と磁束密度の間の相対速度が $\boldsymbol{v}=\boldsymbol{0}$ なら，第1項のみを計算すればよい(例題8.5)。

さて，起電力の定義より V_{emf} は次式のように表される。

$$V_{\mathrm{emf}}=\oint\frac{\boldsymbol{F}}{q}\cdot d\boldsymbol{s}$$

ここで，$\boldsymbol{F}$ は電荷 q に働く力である。一方，$\boldsymbol{F}$ は $\boldsymbol{F}=q(\boldsymbol{E}+\boldsymbol{v}\times\boldsymbol{B})$ と書けるので，

$$V_{\mathrm{emf}}=\oint(\boldsymbol{E}+\boldsymbol{v}\times\boldsymbol{B})\cdot d\boldsymbol{s}=\oint\boldsymbol{E}\cdot d\boldsymbol{s}+\oint(\boldsymbol{v}\times\boldsymbol{B})\cdot d\boldsymbol{s}$$
$$=\iint\mathrm{rot}\,\boldsymbol{E}\cdot\boldsymbol{n}ds+\oint\boldsymbol{B}\cdot(\boldsymbol{v}\times d\boldsymbol{s})$$

となる。この式と式(8.5)との比較から，

$$\mathrm{rot}\,\boldsymbol{E}=-\frac{\partial\boldsymbol{B}}{\partial t}\tag{8.6}$$

が成立することがわかる。

【例題 8.4】　図 8.5 の閉路 ABCD の起電力を求めよ。ただし，AB 間の長さを L とする。

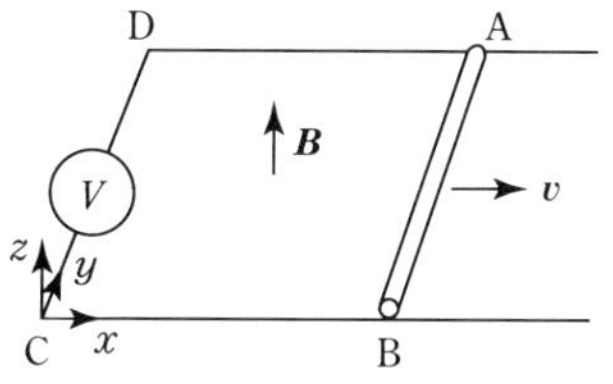

図 8.5

（解）
$$V_{\mathrm{emf}}=-\left[\iint\frac{\partial\boldsymbol{B}}{\partial t}\cdot\boldsymbol{n}ds+\oint\boldsymbol{B}\cdot(\boldsymbol{v}\times d\boldsymbol{s})\right]$$

ここで，右辺第 1 項は磁束密度の時間変化がないので 0 である。第 2 項の値は A → B の方向を正とすると $|\boldsymbol{v}|\cdot|\boldsymbol{B}|L$ なので，起電力は，

$$V_{\mathrm{emf}}=|\boldsymbol{v}|\cdot|\boldsymbol{B}|L$$

となる。すなわち，起電力は，A から B の方向で大きさは $|\boldsymbol{v}|\cdot|\boldsymbol{B}|L$ である。

【例題 8.5】　磁束密度の大きさが $B(t)=B_0\sin\omega t$ で時間的に変化している空間に，面積 S の 1 巻きのコイルが磁束密度 B に垂直に置かれている。このコイルに誘起される起電力はいくらか。

（解）
$$V_{\mathrm{emf}}=-\left[\iint\frac{\partial\boldsymbol{B}}{\partial t}\cdot\boldsymbol{n}ds+\oint\boldsymbol{B}\cdot(\boldsymbol{v}\times d\boldsymbol{s})\right]$$
$$=-\left[\iint\frac{\partial\boldsymbol{B}}{\partial t}\cdot\boldsymbol{n}ds\right]=-SB_0\omega\cos\omega t$$

8.3 磁界のエネルギーと物質に加わる力

空間に蓄えられる電界のエネルギーは，単位体積あたり，$\boldsymbol{E}\cdot\boldsymbol{D}/2$[J/m³]である。一方，空間に蓄えられる磁界のエネルギーは，単位体積あたり，$\boldsymbol{B}\cdot\boldsymbol{H}/2$[J/m³]となる。このことをトロイダルコイルに蓄えられるエネルギーの例で検証してみよう。

まず始めに，図8.2のような，自己インダクタンスLのトロイダルコイルに電流I[A]を流すとき，電源が行う仕事量U_w[J]を考える。

電源は逆起電力$V=-LdI/dt$に逆らって電流を流すために仕事をする。その仕事量U_wは，時刻$t=0$，$t=t$の間に電流が$I=0$から$I=I$になったとすると，

$$U_w=-\int VIdt=\int\frac{LIdI}{dt}dt=\int LIdI=LI^2/2$$

となる。

一方，$L=(\mu_0N^2h/2\pi)\log(r_2/r_1)$なので，

$$LI^2/2=\frac{\mu_0N^2I^2h}{4\pi}\log\frac{r_2}{r_1}=\int 2\pi r\frac{\boldsymbol{B}\cdot\boldsymbol{H}}{2}hdr$$
$$=\iiint\frac{\boldsymbol{B}\cdot\boldsymbol{H}}{2}dxdydz \qquad (8.7)$$

となる。このことは，電源がした仕事が，空間の磁界のエネルギーとして蓄えられていることを示している。そして，その単位体積当たりのエネルギーは$\boldsymbol{B}\cdot\boldsymbol{H}/2$であることを示している。

式(8.4)より自己インダクタンスは空間に蓄えられた磁界のエネルギーU_mを用いて次式から求めることができることがわかる。

$$L=2U_m/I^2 \qquad (8.8)$$

次に，図8.2のような相互インダクタンスを含む系の磁気エネルギーについて考えてみる。コイル1に電流をI_1，コイル2に電流をI_2流すために電源がした仕事U_wは，各々のコイルの自己インダクタンスをL_1，L_2，相互インダクタンスをM，コイルに発生する逆起電力をV_1，V_2とすると次式で表される。

$$U_w=\int(V_1I_1+V_2I_2)dt=\int\left\{\left(L_1\frac{dI_1}{dt}+M\frac{dI_2}{dt}\right)I_1+\left(L_2\frac{dI_2}{dt}+M\frac{dI_1}{dt}\right)I_2\right\}dt$$
$$=\int[L_1I_1dI_1+Md(I_1I_2)+L_2I_2dI_2]$$

$$=\frac{1}{2}L_1I_1{}^2+MI_1I_2+\frac{1}{2}L_2I_2{}^2 \tag{8.9}$$

【例題 8.6】 内導体の外径 a[m]，外導体の内径 b[m]の同軸線路の単位長さ当たりの自己インダクタンスを求めよ。ただし，電流は表面のみに流れているとする。

（解） 内導体に電流 I[A]，外導体に電流 $-I$[A]を流したときの単位長さ当たりの磁界のエネルギー U_m は，

$$U_m=\frac{\mu_0 I^2}{4\pi}\log\frac{b}{a}$$

となる。したがって，$L=2U_m/I^2=(\mu_0/2\pi)\log(b/a)$ である。

磁界のエネルギー U_m を用いて，仮想変位の方法により物体に働く力を求めることができる。これは，電界の場合と同様である。すなわち，磁束 Φ 一定の場合，次式から物体に働く力を求めることができる。

$$F_x=-\frac{\partial U_m}{\partial t},\qquad F_y=-\frac{\partial U_m}{\partial y},\qquad F_z=-\frac{\partial U_m}{\partial z}$$

一方，電流 I 一定のときは，電流源が仕事をするので次式となる。

$$F_x=\frac{\partial U_m}{\partial x},\qquad F_y=\frac{\partial U_m}{\partial y},\qquad F_z=\frac{\partial U_m}{\partial z}$$

【例題 8.7】 半径 a のコイルに電流 I が流れているとする。このコイルの広がろうとする力（フープ力）を求めよ。ただし，自己インダクタンスを $L=L(r)$ とせよ。

（解）

$$F_r=-\left(\frac{\partial U_m}{\partial r}\right)_{\Phi=\text{一定}}=-\frac{\partial(\Phi^2/2L)}{\partial r}=\frac{\Phi^2}{2L^2}\frac{\partial L}{\partial r}$$

$$=\frac{I^2}{2}\frac{\partial L}{\partial r},\ \text{または}$$

$$=\left(\frac{\partial U_m}{\partial r}\right)_{I=\text{一定}}=\frac{\partial(LI^2/2)}{\partial r}=\frac{I^2}{2}\frac{\partial L}{\partial r}$$

物体に働く磁気力は，電界のときと同様マクスウェルの応力を用いても計算することができる。すなわち，磁力線（磁束線）は，磁力線の方向には縮む方向の力が働き，その大きさは単位面積当たり $\boldsymbol{B}\cdot\boldsymbol{H}/2$[N/m²]であり，磁力線に垂直な方向には広がろうとする力が単位面積当たり $\boldsymbol{B}\cdot\boldsymbol{H}/2$[N/m²]働く（演習問題 8.5 参照）。

8.4　磁束の拡散方程式と表皮効果

物質中での磁束密度の時間・空間変化を表す方程式が磁束の拡散方程式である。まず，この節では，この磁束の拡散方程式を導く。

前節の結果より，$\mathrm{rot}\,\boldsymbol{E}=-\partial\boldsymbol{B}/\partial t$ となる。一方オームの法則より，$\boldsymbol{E}=\boldsymbol{J}/\sigma$ となる。ここで，$\boldsymbol{J}$ は電流密度ベクトル，σ は導電率である。また，$\boldsymbol{J}=\mathrm{rot}(\boldsymbol{B}/\mu)$，$\mu$ は透磁率，なので次式が成立する。

$$-\frac{\partial\boldsymbol{B}}{\partial t}=\mathrm{rot}\left[\frac{1}{\sigma}\mathrm{rot}\left(\frac{\boldsymbol{B}}{\mu}\right)\right]$$

いま，簡単化のため，σ，μ の値が空間的に一定だと仮定すると，σ，μ はベクトル演算 rot の外に出せる。また，ベクトル公式，

$$\mathrm{rot}\,\mathrm{rot}=\mathrm{grad}(\mathrm{div})-\nabla^2 \quad \text{および} \quad \mathrm{div}\,\boldsymbol{B}=0$$

より，

$$\nabla^2\boldsymbol{B}=\sigma\mu\frac{\partial\boldsymbol{B}}{\partial t} \tag{8.10}$$

が成立する。この式を**磁束の拡散方程式**という。

【例題 8.8】　幅 L，導電率 σ，透磁率 μ の図 8.6 のような物質内に，時刻 $t=0$ のとき，

$$B_x=B_z=0$$
$$B_y=B_0\sin(\pi x/L),\qquad 0\leqq x\leqq L$$
$$B_y=0,\qquad \text{それ以外の領域}$$

のように磁束密度が分布していたとする。このとき，時刻 t でのこの物質内の磁束密度を求めよ。

（解）　$0\leqq x\leqq L$ の時刻 t における磁束密度の y 成分を次式のように仮定す

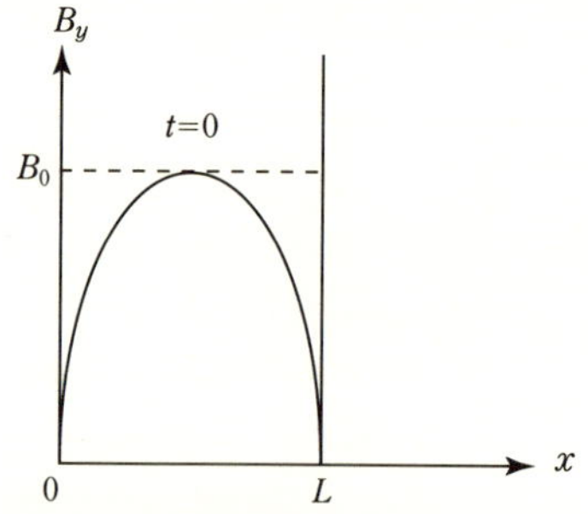

図 8.6

る。

$$B_y(x,t)=B_0\sin(\pi x/L)\exp(-t/\tau_m) \tag{1}$$

この式を式(8.10)に代入して計算し，整理すると，

$$(\tau_m-\sigma\mu L^2/\pi^2)B_y=0$$

となる。したがって，$\tau_m=\sigma\mu L^2/\pi^2$ のとき(1)が解となることがわかる。これは，τ_m 時間で，B_y の値が $1/e$ に減少することを示している。

一般に，幅 L の導体に対する磁束の拡散時間 τ は

$$\tau=\sigma\mu L^2/\pi^2 \tag{8.11}$$

で与えられる。

導体の外部に交流磁界があるとき，磁界は導体内に δ の距離しか進入できない(正確には，外部での磁界の大きさが $1/e$ に減少する距離)。この距離を**表皮の厚さ**といい，

$$\delta=\sqrt{\frac{2}{\omega\sigma\mu}} \tag{8.12}$$

で表される。

導体に交流電流を流すと，電流は表面から厚さ δ の領域に流れる(**表皮効果**)。このときの δ も式(8.12)で表され，表皮の厚さと呼ばれている。

ベクトルポテンシャル $\boldsymbol{A}$ も空間電荷が無い場合，磁束の拡散方程式と同様の次式で時間変化を記述することができる。

$$\nabla^2\boldsymbol{A}=\sigma\mu\frac{\partial\boldsymbol{A}}{\partial t} \tag{8.13}$$

この式より，ベクトルポテンシャルも磁束密度と同じような時間変化をすることがわかる。

【例題 8.9】　抵抗率 $\rho=1.7\times10^{-8}\,\Omega\cdot\mathrm{m}$ の銅の場合の周波数 $f=1.0\,\mathrm{MHz}$ の交流電流に対する表皮の厚さを求めよ。

(**解**)　$\delta\sim0.07\,\mathrm{mm}$

演習問題

8.1　二つのコイルの自己インダクタンスを L_1，L_2，相互インダクタンスを M とするとき，$L_1L_2\geqq M^2$ が成立することを示せ。

8.2　円形断面(半径 a)の直線導体の単位長さ当たりの内部インダクタンス(導体内部の磁束のみによるインダクタンス)を，電流が，(1)断面内を一様に流れる場合，

および(2)表面にのみ流れる場合に分けて求めよ。ただし，この導体の透磁率を μ_0 とし，導体の端部の効果は無視してよいとする。

8.3　2本の半径 a の円形断面導体が中心間隔 $d\,(\gg a)$ で平行に置かれ，往復回路を形成しているとする。このときの，単位長さ当たりの自己インダクタンスを求めよ。ただし，電流は導体内を一様に流れているものとする。

8.4　同一平面内に，十分長い直線状導線と，長方形のコイルが図8.7のように置かれているとき，両者間の相互インダクタンスを求めよ。

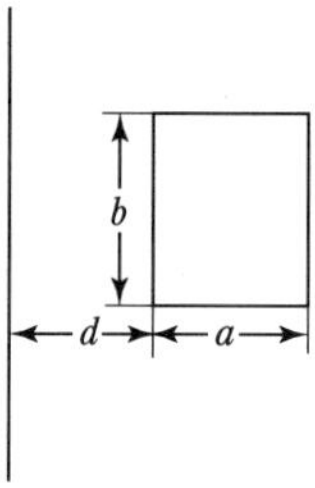

図 8.7

8.5　無限に長いソレノイドを考える。単位長さ当たりの巻き数は N，電流は I 流れているとする。このとき，ソレノイドコイルに働く単位面積当たりの力の大きさを求めよ。

8.6　地上 h の所に張られた半径 a の電線の単位長さ当たりの自己インダクタンスを求めよ。ただし，大地は完全導体と見なしてよいものとし，電流は導体の表面にのみ流れるものとする。

8.7　辺の長さ a と b の長方形コイルを辺 AB，CD を x 軸と平行にして長方形コイルの中心軸を x 軸と一致させ，x 軸の周りに y 軸から z 軸の方向へ角速度 ω で回転させたときのコイル内に生じる起電力 V を求めよ。ただし，$\boldsymbol{B}=(0, 0, B_0)$ とし，$t=0$ でコイルは xy 面上にあったとする。

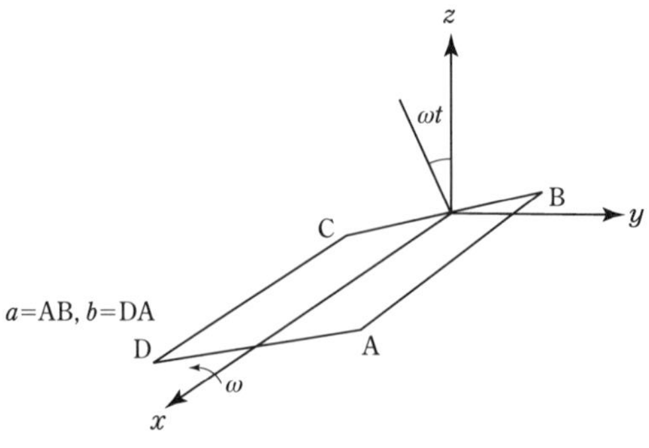

図 8.8

8.8 磁束密度 $\boldsymbol{B}$ の一様な磁界内で，半径 a の導体円板が，磁界と平行な中心軸の周りを角速度 ω で回転しているとき，板の中心軸と周辺との間に生じる起電力を求めよ。また，図 8.9 のように抵抗 R をつないだ回路を作成したとき，この回路に流れる電流を求めよ。

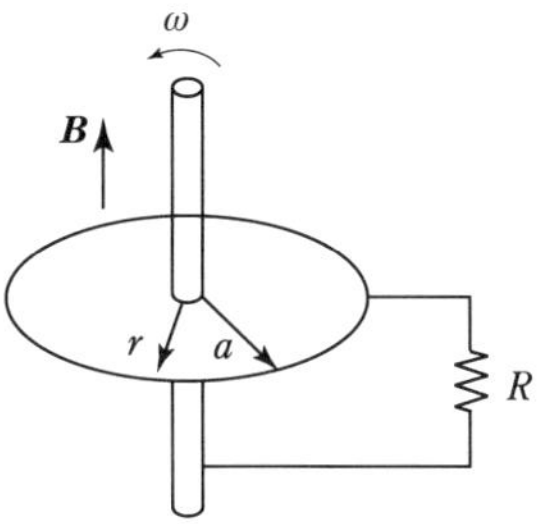

図 8.9

8.9 地磁気中において，半径 12 cm，4000 回巻きの円形コイルを 1 秒間に 30 回の割合で回転させたところ，1.2 V の起電力(実効値)を得た。この場所の地磁気の大きさを求めよ。ただし，コイルの回転軸は起電力が最大になるような方向に向いているものとする。

8.10 図 8.10 のような，断面積 S，平均磁路長 L の鉄心(比透磁率 μ_s)に，2 つの巻き線が，巻き数 N_1，N_2 で巻かれているとする。いま，N_1 に電流 $I=I_0\sin\omega t$ を流したとき，N_2 の端子に発生する電圧を求めよ。

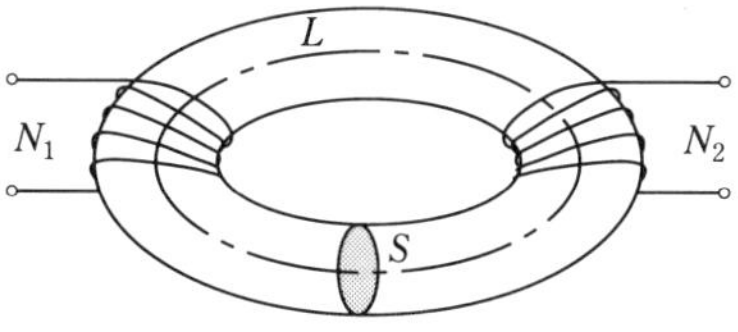

図 8.10

8.11 図 8.11 のように z 軸に沿って，$I=I_0\sin\omega t$ の電流が流れているとする。こ

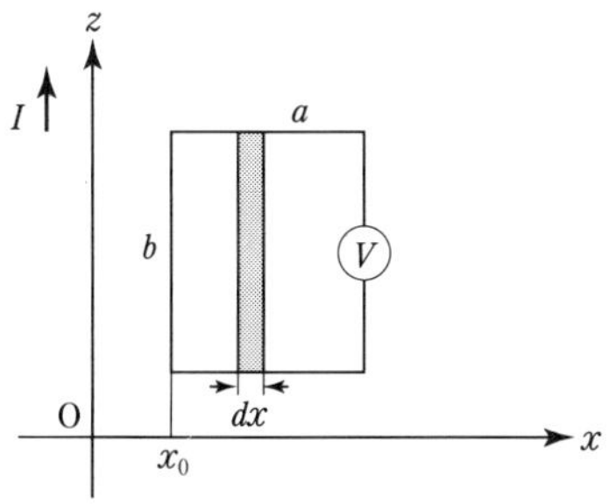

図 8.11

のとき，xz 面上に置かれた長方形状のコイルに誘起される起電力を求めよ。ただし，コイルの巻き数は 1 であるとする。

8.12　ベクトルポテンシャルを $\boldsymbol{A}$ とするとき，磁束密度 $\boldsymbol{B}$ の時間変化によって発生する誘導電界 $\boldsymbol{E}$ は次式で表されることを示せ。

$$\boldsymbol{E}=-\frac{\partial \boldsymbol{A}}{\partial t}$$

8.13　電子が原子核の周りを半径 a の円軌道を描いて運動しているものとする。この円軌道面を垂直に貫く一様な磁束密度の大きさが 0 から B へ増加したとき，誘導電界加速による電子の速さの変化 $\varDelta v$ を求めよ。また，これに伴う磁気モーメントの変化を求めよ。ただし，この間円軌道の半径 a は変化しないものとする。

8.14　問 8.4 の回路において直線導体には電流 I_1 が下から上へ，長方形コイルには時計回り方向に電流 I_2 が流れているとする。このとき，長方形コイルに働く力を求めよ。

9 マクスウェルの方程式と電磁波

第1章から第8章までに述べてきたことがらに，次に述べる変位電流を加えることによりマクスウェルの方程式が完成する。電気磁気学の諸問題はこのマクスウェルの方程式と各物質の物性値を用いて解くことが可能である。その例として，この章では電磁波の伝搬の様子について解いてみる。

9.1 変位電流とマクスウェルの方程式

アンペールの周回路の法則から，電流が渦状の磁束密度を発生することを知った。すなわち，$\mathrm{rot}\,\boldsymbol{B}=\mu_0\boldsymbol{J}_f$ である。ただし，この式の導入時には前提条件として，時間変化のない定常状態を仮定していた。時間変化がある場合はどうであろうか。既に，磁束密度の時間変化が渦状の電界を発生することを学んだ。すなわち，$\mathrm{rot}\,\boldsymbol{E}=-\partial\boldsymbol{B}/\partial t$ が成立する。電界と磁束密度は，電荷に対応する磁荷が見つかっていないことを除いて極めて類似性が強い。それでは，電束密度ベクトル $\boldsymbol{D}$ の時間変化が渦状の磁束密度，$\mathrm{rot}\,\boldsymbol{B}$ を発生することはないのであろうか。このことについて電流の連続性の話を絡めて，以下に述べる。

アンペールの周回路の法則に発散(div)の演算を行うと，

$$\mathrm{div}\,(\mathrm{rot}\,\boldsymbol{B})=\mu_0\,\mathrm{div}\,\boldsymbol{J}_f$$

となる。一方，ベクトル公式より $\mathrm{div}\,(\mathrm{rot})=0$ である。したがって，$\mathrm{div}\,\boldsymbol{J}_f=0$ ということになる。一方，（自由）電流密度ベクトルは電荷の流れにより生じるので，$\mathrm{div}\,\boldsymbol{J}_f$ はその地点へ単位時間内に流れ込んだ電荷量と流出した電荷量の差を表している。したがって，電荷密度を ρ とすると，

$$\mathrm{div}\,\boldsymbol{J}_f=-\frac{\partial\rho}{\partial t}$$

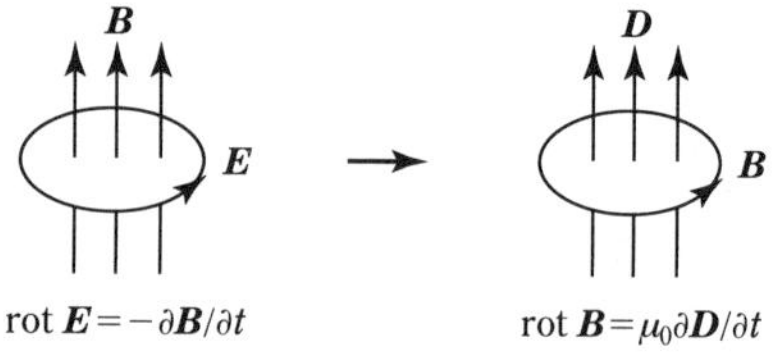

図 9.1　電束密度の時間変化が渦状の磁束密度を発生？

となる。もし，$\mathrm{div}\,\boldsymbol{J}_f = 0$ なら，$\partial\rho/\partial t = 0$（？）となるが，しかし，電荷密度は時間的に変化しうるので，$\partial\rho/\partial t$ は常に 0 というわけではない。いま，$\mathrm{div}\boldsymbol{E} = \rho/\varepsilon_0$ を使って上式を変形すると次式を得る。

$$\mathrm{div}\,\boldsymbol{J}_f = -\frac{\partial}{\partial t}(\varepsilon_0 \mathrm{div}\,\boldsymbol{E}) = \mathrm{div}\left(-\frac{\partial \boldsymbol{D}}{\partial t}\right)$$

ここで，荷電粒子の運動による従来の電流密度ベクトル $\boldsymbol{J}_f$（**自由電流密度ベクトル**）のほかに，

$$\boldsymbol{J}_d = \frac{\partial \boldsymbol{D}}{\partial t} \tag{9.1}$$

で定義される物理量を新たな電流密度ベクトルとして導入すると，全電流密度ベクトル $\boldsymbol{J}$ は（磁性体が存在せず磁化電流がないとすると）

$$\boldsymbol{J} = \boldsymbol{J}_f + \boldsymbol{J}_d$$

となる。この場合は，

$$\begin{aligned}\mathrm{div}\,\boldsymbol{J} &= \mathrm{div}\,\boldsymbol{J}_f + \mathrm{div}\,\boldsymbol{J}_d = -\frac{\partial\rho}{\partial t} + \mathrm{div}\left(\frac{\partial \boldsymbol{D}}{\partial t}\right)\\ &= -\frac{\partial\rho}{\partial t} + \frac{\partial\,\mathrm{div}\,\boldsymbol{D}}{\partial t} = -\frac{\partial\rho}{\partial t} + \frac{\partial\rho}{\partial t}\\ &= 0\end{aligned}$$

となり，$\partial\rho/\partial t \neq 0$ でも $\mathrm{div}\,\boldsymbol{J} = 0$ が成立する。したがって上で述べた矛盾はなくなる。この $\boldsymbol{J}_d$ を**変位電流密度ベクトル**と呼ぶ。変位電流は自由電流と同様に磁束密度を発生するのであろうか？　図 9.2 に示したコンデンサ内では，自由電流は存在せず，変位電流のみ存在する。それにもかかわらずコンデンサ内で磁束密度の測定を行うと変位電流により発生した磁束密度を測定することができる。すなわち，**変位電流**（電束密度ベクトル $\boldsymbol{D}$ の時間変化）は，自由電流と同様，渦状の磁束密度（$\mathrm{rot}\,\boldsymbol{B}$）を発生することがわかる。

この変位電流を導入することにより，電流の連続性が保たれる。例えば，図 9.2 のようなコンデンサに電流が流れている場合を考えてみよう。自由電流は導線を流れ，電極のところで電荷としてたまり，その電荷によって発生する電

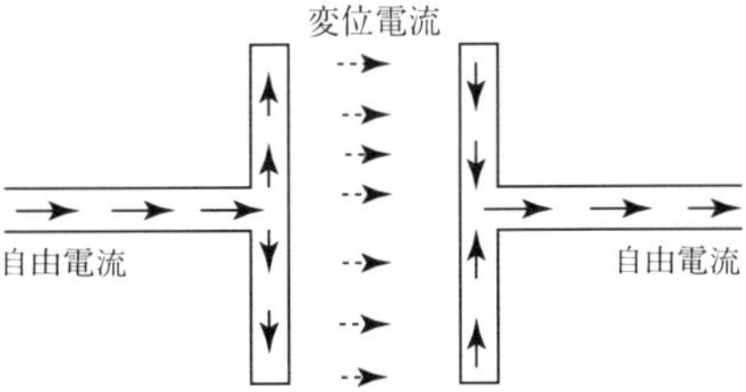

図 9.2　コンデンサ内を流れる変位電流

束密度の時間変化が変位電流となり電極間を流れる。この変位電流はもう一方の電極のところで自由電流となり，再び導線内を流れていく。自由電流は導体中を流れるが，変位電流は絶縁体(図 9.2 では真空)中を流れる。では，コンデンサの中に何か物質を挿入した場合はどちらの電流が流れるのであろうか。それは，その物質の導電率と流れる電流の周波数に依存して決まる。すなわち，導体では，自由電流密度($|\boldsymbol{J}_f|$)$\gg$変位電流密度($|\partial \boldsymbol{D}/\partial t|$)となり，一方絶縁体(誘電体)では逆の関係が成立する。

【例題 9.1】　面積 S の 2 枚の金属円板よりなる平行平板コンデンサがある。その円板上に電荷 $Q=Q_0 \sin \omega t$ が一様に分布しているとして，コンデンサ内の磁束密度を求めよ。

（**解**）　コンデンサ内の変位電流密度は，

$$\boldsymbol{J}_d=\frac{\partial \boldsymbol{D}}{\partial t}=\left(\frac{\omega Q_0}{S}\cos \omega t\right)\boldsymbol{k}$$

（$\boldsymbol{k}$ は z 方向の単位ベクトル）

よって，$B_\phi(r)=(\mu_0 \omega Q_0 r/2S)\cos \omega t$ となる。他の成分 B_r，B_z は 0 である。

以上の電気磁気学の基本法則をまとめると，**マクスウェルの方程式**を得る。

$$\mathrm{rot}\,\boldsymbol{E}=-\frac{\partial \boldsymbol{B}}{\partial t} \quad \text{（電磁誘導の法則）} \tag{9.2}$$

$$\mathrm{rot}\,\boldsymbol{B}=\mu_0\left(\boldsymbol{J}_f+\frac{\partial \boldsymbol{D}}{\partial t}+\mathrm{rot}\,\boldsymbol{M}\right)$$

（アンペール・マクスウェルの法則）　(9.3)

$$\mathrm{div}\,\boldsymbol{E}=\frac{\rho}{\varepsilon_0} \quad \text{（ガウスの法則）} \tag{9.4}$$

$$\mathrm{div}\,\boldsymbol{B}=0 \quad \text{（磁束の保存則）} \tag{9.5}$$

ここで，$\boldsymbol{M}$ は磁化ベクトルであり，前節では，真空中での説明を行ったので，磁化ベクトルの項は省略した。

9.2 電磁波

マクスウェルの方程式によれば，磁束密度の時間変化が電界を発生し(式(9.2))，その電界の時間変化(電束密度の時間変化)が磁束密度を発生する(式(9.3))。このようにして，磁界と電界が相互に発生しあいながら伝搬していくのが電磁波である。ここで，真空中かつ電荷が存在しないときの**電磁波の方程式**をマクスウェルの方程式から導出してみる。

真空中かつ電荷が存在しないときのマクスウェルの方程式は

$$\mathrm{rot}\,\boldsymbol{E} = -\frac{\partial \boldsymbol{B}}{\partial t}$$

$$\mathrm{rot}\,\boldsymbol{B} = \varepsilon_0\mu_0\frac{\partial \boldsymbol{E}}{\partial t}$$

$$\mathrm{div}\,\boldsymbol{E} = 0$$

$$\mathrm{div}\,\boldsymbol{B} = 0$$

である。ベクトル演算の公式，$\mathrm{rot}(\mathrm{rot}) = \mathrm{grad}(\mathrm{div}) - \nabla^2$ を用いると，

$$\mathrm{rot}(\mathrm{rot}\,\boldsymbol{E}) = -\nabla^2\boldsymbol{E} \quad (\text{ここでは，}\mathrm{div}\,\boldsymbol{E}=0\text{ なので})$$

一方，

$$\mathrm{rot}(\mathrm{rot}\,\boldsymbol{E}) = -\mathrm{rot}\left(\frac{\partial \boldsymbol{B}}{\partial t}\right) = -\frac{\partial(\mathrm{rot}\,\boldsymbol{B})}{\partial t} = -\varepsilon_0\mu_0\frac{\partial^2 \boldsymbol{E}}{\partial t^2}$$

が成り立つので，

$$\nabla^2\boldsymbol{E} = \varepsilon_0\mu_0\frac{\partial^2 \boldsymbol{E}}{\partial t^2} = \frac{1}{c^2}\frac{\partial^2 \boldsymbol{E}}{\partial t^2} \tag{9.6}$$

となる。ここで，c は真空中の光速であり，$2.998\times10^8\,\mathrm{m/s}$ である。同様に，

$$\nabla^2\boldsymbol{B} = \varepsilon_0\mu_0\frac{\partial^2 \boldsymbol{B}}{\partial t^2} = \frac{1}{c^2}\frac{\partial^2 \boldsymbol{B}}{\partial t^2} \tag{9.7}$$

が成り立つ。式(9.6)，(9.7)は電界 $\boldsymbol{E}$ と磁束密度 $\boldsymbol{B}$ が波動として，速さ c で伝搬していることを示している。

いま，

$$\boldsymbol{E} = E_0[\sin(ky-\omega t)]\,\boldsymbol{k} \tag{9.8 a}$$

$$\boldsymbol{B} = B_0[\sin(ky-\omega t)]\,\boldsymbol{i} \tag{9.8 b}$$

(ただし，$\boldsymbol{k}$，$\boldsymbol{i}$ は各々 z 方向，x 方向単位ベクトルである)

と表される電磁界を考えてみる。この電磁界は，図 9.3 に示すように y 軸の

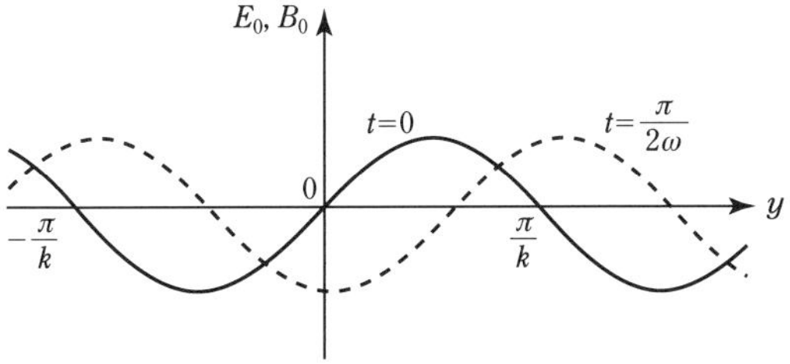

図 9.3 y 軸方向へ伝搬する電磁波

正の方向に進む電磁波を表している。図からわかるように，その速さ(位相速度) v は

$$v=\omega/k$$

であり，波長は $2\pi/k$ である。またこの電磁界は，x 座標，z 座標によらず y 座標の関数となっているので，y 軸に垂直な平面波であると考えられる。もちろん，この電磁界は電磁波の波動方程式(9.6)，(9.7)を満足する。ただし，$c=\omega/k$ との条件のもとでではあるが。

9.3 電磁波によるエネルギーの伝搬

境界の無い真空中を伝搬する電磁波においては，電界と磁界の間に次の関係式が成り立つ(演習問題 9.5)。

$$\sqrt{\varepsilon_0}E=\sqrt{\mu_0}H \tag{9.9}$$

ただし，$E=|\boldsymbol{E}|$，$B=|\boldsymbol{B}|$ である。

ここで，電磁界の空間に蓄えられたエネルギー密度について考えてみる。電界のエネルギー密度は $\boldsymbol{E}\cdot\boldsymbol{D}/2$ であり，磁界のエネルギー密度は $\boldsymbol{B}\cdot\boldsymbol{H}/2$ である。式(9.9)から，電磁波の電界，磁界のエネルギー密度が等しいことが導かれる。すなわち，$\boldsymbol{E}\cdot\boldsymbol{D}/2=\boldsymbol{B}\cdot\boldsymbol{H}/2$ である。

電磁波はこの電磁界のエネルギーを光速 c で伝搬していると考えられる。電磁波の伝搬速度の大きさを $c=1/\sqrt{\varepsilon_0\mu_0}$ とすると，単位時間に単位面積を通過する電磁波のエネルギー W は，

$$\begin{aligned}W&=c\,(\boldsymbol{E}\cdot\boldsymbol{D}/2+\boldsymbol{B}\cdot\boldsymbol{H}/2)=c\boldsymbol{E}\cdot\boldsymbol{D}=\boldsymbol{E}\cdot\sqrt{\varepsilon_0}\,\boldsymbol{E}/\sqrt{\mu_0}\\&=|\boldsymbol{E}\times\boldsymbol{H}|\end{aligned}$$

となる。電界 $\boldsymbol{E}$ と磁界 $\boldsymbol{H}$ のベクトル積で定義するベクトル $\boldsymbol{S}$ を**ポインティングベクトル**という。

$$\boldsymbol{S}=\boldsymbol{E}\times\boldsymbol{H} \tag{9.10}$$

式(9.8)で表される電磁波は，y 軸の正の方向へ伝搬している。一方，式(9.10)で定義された電磁界によるポインティングベクトルもやはり，y 軸の正の向きを向いている。このことから，ポインティングベクトルは，その点における，単位面積を，単位時間当たりに通過する電磁気エネルギーを表し，エネルギーの流れの方向はポインティングベクトルの方向であることがわかる。

【例題 9.2】　図 9.4 のような半径 a，単位長さ当たりの抵抗 R の導体に電流 I が流れているとする。この導体に近接した半径が b，長さが単位長さの円筒面を考え，この面を通過して導体に流れ込む電力をポインティングベクトルを用いて計算せよ。

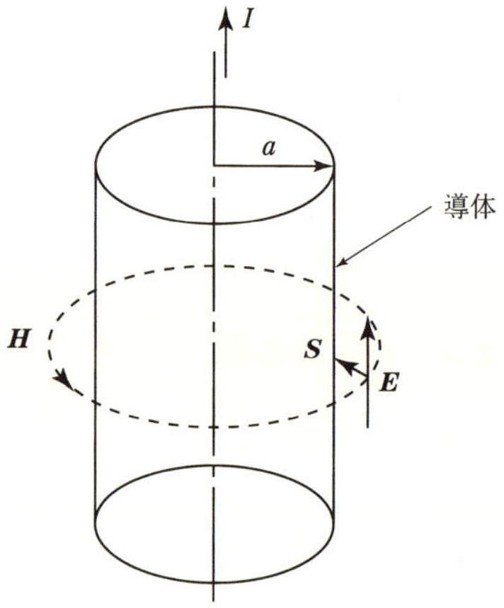

図 9.4

（解）　円筒面の上面，下面ではポインティングベクトルのこれらの面に垂直な成分はないので，側面のみを考えればよい。側面における電界を $\boldsymbol{E}$，磁界を $\boldsymbol{H}$ とすると，流れ込む電力 P は

$$P=\iint(\boldsymbol{E}\times\boldsymbol{H})\cdot\boldsymbol{n}ds=\iint(EH)\,ds=\iint IR\frac{I}{2\pi r}ds$$
$$=I^2R$$

となる。

演習問題

9.1 点電荷 q が z 軸上を正の方向に等速度 $\boldsymbol{v}$ で真空中を運動しているとするとき，任意の点 $\mathrm{P}(x, y, z)$における変位電流密度ベクトル $\boldsymbol{j}_d$ を求めよ。ただし，時刻 $t=0$ において電荷は原点にあったものとする。

9.2 電気伝導率 σ，誘電率 ε の媒質が振動電界に対して導体とみなし得るのは，電流の周波数 f が $f_c=\sigma/2\pi\varepsilon$ より十分に小さい場合であることを示せ。

9.3 海水($\sigma=2\,℧/\mathrm{m}$，$\varepsilon=81\varepsilon_0$)が導体とみなせるのはどの程度までの周波数の交流電流に対してか求めよ。

9.4 マクスウェルの方程式から，真空中を伝搬する電界 $\boldsymbol{E}$ の波動方程式を導き，次に電界の x 成分，E_x の方程式を導け。ただし，波は平面波とし，伝搬方向は z 軸の正方向，電界 $\boldsymbol{E}$ は x 軸に平行な方向を向いているものとする。

9.5 次式で表される電磁界は電磁波の方程式の解となっている。

$$E_x=E_0\sin(kz-\omega t),\qquad E_y=0,\qquad E_z=0$$

$$B_x=0,\qquad B_y=B_0\sin(kz-\omega t),\qquad B_z=0$$

ただし，E_0，B_0 は正の値とする。このとき E_0，k，ω，B_0 の間に成立する関係式を求めよ。また，電磁波の電界と磁界の間には次式が成立することを証明し，

$$\sqrt{\varepsilon_0}\,E_0=\sqrt{\mu_0}\,H_0$$

この等式を参考にして，ω/k の値(電磁波の位相速度の大きさ)を求めよ。次に，ポインティングベクトルを求め，その方向と電磁波の進む向きが一致することを確かめよ。

9.6 図 9.5 のように，2 つの誘電率の異なる媒質の境界面での電磁波の反射率，透過率を求めよ。ただし，透磁率は両媒質とも μ_0 であるとし，電磁波は平面波，境界面に垂直に入射するものとする。

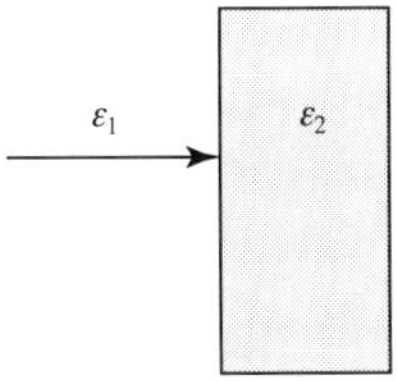

図 9.5

9.7 電磁波の電界と磁界の実効値を E_a，H_a とするとき，その比の値 E_a/H_a，およびその単位を求めよ。

9.8 電界の振幅が $E_0=100\,\mathrm{V/m}$ の電磁波の真空中におけるエネルギー密度の時間平均値を求めよ。ただし，電磁波は平面波とする。

9.9　同軸線路において，両導体に流れる電流を I，導体間の電圧を V とする。このとき，同軸線路を伝わって送られる電力 P をポインティングベクトルを用いて求めよ。ただし，内側の導体の半径を a，外側の導体の半径を b とし，電流は導体表面にのみ流れるものとする。

9.10　地球上での太陽光のパワー密度はおおよそ $1\,\mathrm{kW/m^2}$ である。そこでの磁界の強さの実効値を求めよ。

演習問題解答

第1章

1.1
$$F_1=\frac{q_1q_3}{4\pi\varepsilon_0r^2}=\frac{1\times3\times(10^{-6})^2}{4\times3.14\times8.85\times10^{-12}\times(0.1)^2}=2.70\,\mathrm{N}$$
$$F_2=\frac{q_2q_3}{4\pi\varepsilon_0r^2}=\frac{2\times3\times(10^{-6})^2}{4\times3.14\times8.85\times10^{-12}\times(0.1)^2}=5.40\,\mathrm{N}$$

したがって，
$$F_x=F_1+F_2\cos60^\circ=5.40\,\mathrm{N}$$
$$F_y=F_2\sin60^\circ=4.68\,\mathrm{N}$$
$$F=(5.40^2+4.68^2)^{1/2}=7.15\,\mathrm{N}$$
$$\boldsymbol{F}=(5.40\boldsymbol{i}_x+4.68\boldsymbol{i}_y)\,\mathrm{N}$$

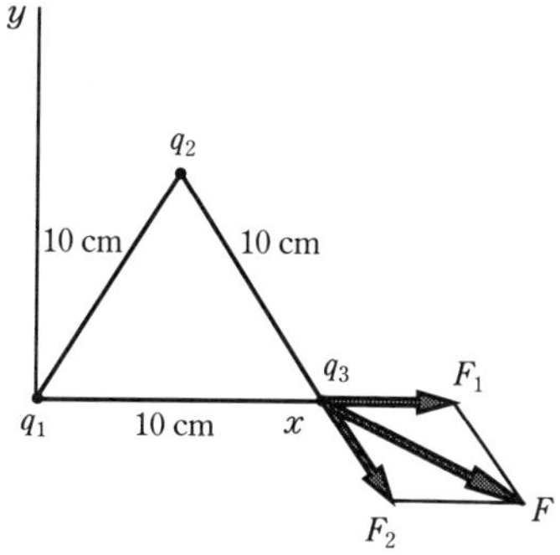

1.2 q_1，q_2，q_3 に作用する力をそれぞれ F_1，F_2，F_3 とすると，
$$F_1=-\frac{q_1q_2}{4\pi\varepsilon_0a^2}-\frac{q_1q_3}{4\pi\varepsilon_0(2a)^2}=-\frac{q_1(4q_2+q_3)}{16\pi\varepsilon_0a^2}\quad[\mathrm{N}]$$
$$F_2=\frac{q_1q_2}{4\pi\varepsilon_0a^2}-\frac{q_2q_3}{4\pi\varepsilon_0a^2}=\frac{q_2(q_1-q_3)}{4\pi\varepsilon_0a^2}\quad[\mathrm{N}]$$
$$F_3=\frac{q_1q_3}{4\pi\varepsilon_0(2a)^2}+\frac{q_2q_3}{4\pi\varepsilon_0a^2}=\frac{q_3(q_1+4q_2)}{16\pi\varepsilon_0a^2}\quad[\mathrm{N}]$$

力学的に安定であるためには，

$$F_1=F_2=F_3=0$$
$$\therefore\quad 4q_2+q_3=0$$
$$q_1-q_3=0$$
$$q_1+4q_2=0$$

これより，

$$q_1:q_2:q_3=4:-1:4$$

1.3

$$r=\sqrt{3^2+4^2+5^2}=\sqrt{50}$$
$$E_x=5\times10^{-9}\times\frac{0-3}{4\pi\varepsilon_0\times50^{3/2}}=-0.38\,\mathrm{V/m}$$

同様にして，

$$E_y=-0.51\,\mathrm{V/m}$$
$$E_z=-0.64\,\mathrm{V/m}$$
$$\boldsymbol{E}=-(0.38\boldsymbol{i}_x+0.51\boldsymbol{i}_y+0.64\boldsymbol{i}_z)$$
$$E=(0.38^2+0.51^2+0.64^2)^{1/2}=0.90\,\mathrm{V/m}$$

1.4 粒子に作用する電気力を F_e，重力を F_g とすると，

$$F_e=qE$$
$$F_g=mg=4\pi a^3\rho/3$$

電気力と重力が釣り合っているのであるから，

$$F_e=F_g$$

ゆえに，

$$q=mg/E=\frac{4\pi\times(0.1\times10^{-6})^3\times8.79\times10^3\times9.8}{3\times4.5\times10^2}$$
$$=8.014\times10^{-19}$$

よって，電気素量に換算するとその数 N は，

$$N=q/(1.602\times10^{-19})\fallingdotseq5$$

1.5

$$r_1=\sqrt{(0-3)^2+(5-0)^2}=5.83$$
$$r_2=\sqrt{(0-4)^2+(5-0)^2}=6.40$$
$$E_x=\frac{1\times10^{-6}}{4\pi\varepsilon_0}\,\frac{-0.55\times(0-3)}{r_1{}^3}=74.9\,\mathrm{V/m}$$
$$E_y=\frac{1\times10^{-6}}{4\pi\varepsilon_0}\,\frac{0.35\times(0-4)}{r_2{}^3}=-48.0\,\mathrm{V/m}$$
$$E_z=\frac{1\times10^{-6}}{4\pi\varepsilon_0}\left[\frac{-0.55\times(5-0)}{r_1{}^3}+\frac{0.35\times(5-0)}{r_2{}^3}\right]$$
$$=-64.8\,\mathrm{V/m}$$

1.6 帯電した細い棒を z 軸に合わせ，その中心を原点にする。原点から x 軸方向に l の点を P とし，この点の電界を考える。z 軸上の任意の点 Q(原点から距離 z)に微小長さ dz をとる。電界の方向は x 軸方向になる。dz の部分が作る電界 dE' の x 軸方向成分 dE を z 軸に沿って $-l$ から l まで積分すれば結果が得られる。

$$dE' = \lambda dz / 4\pi\varepsilon_0 r^2$$
$$dE = dE' \cos\theta$$

ここで QP$=r$ として,

$$\cos\theta = l/r, \quad \tan\theta = z/l, \quad dz = l\sec^2\theta \cdot d\theta$$

であるから,

$$E = 2\int_0^l dE = \frac{2\lambda}{4\pi\varepsilon_0 l}\int_0^{\pi/4}\cos\theta\, d\theta$$
$$= \lambda / 2\sqrt{2}\,\pi\varepsilon_0 l \quad [\mathrm{V/m}]$$

1.7　球内では $E=0$。球外でガウスの法則を用いると,

$$\int_s E_n ds = E_n \cdot 4\pi r^2 = 4\pi a^2\sigma/\varepsilon_0$$

電界はガウス面に垂直で, $E_n=E$ としてよいから,

$$E = a^2\sigma/\varepsilon_0 r^2 = 8.47\times 10^2/r^2 \quad [\mathrm{V/m}]$$

$E=1\,\mathrm{V/m}$ になる位置は,

$$r = 29.1\,\mathrm{m}$$

1.8　半径 r で単位長さの円筒面をガウス面とすると,

・$0<r<a$

$$2\pi r \cdot E = \pi r^2 \rho/\varepsilon_0$$
$$E = r\rho/2\varepsilon_0 \quad [\mathrm{V/m}]$$

・$r>a$

$$2\pi r \cdot E = \pi a^2 \rho/\varepsilon_0$$
$$E = a^2\rho/2\varepsilon_0 r \quad [\mathrm{V/m}]$$

1.9　ガウスの法則を適用して解く。下図参照。

①$c<x$

$$4\pi r^2 \cdot E = (q-2q+3q)/\varepsilon_0 = 2q/\varepsilon_0$$
$$E = q/2\pi\varepsilon_0 r^2 \quad [\mathrm{V/m}]$$

②$b<x<c$

$$4\pi r^2 \cdot E = (q-2q)/\varepsilon_0 = -q/\varepsilon_0$$
$$E = -q/4\pi\varepsilon_0 r^2 \quad [\mathrm{V/m}]$$

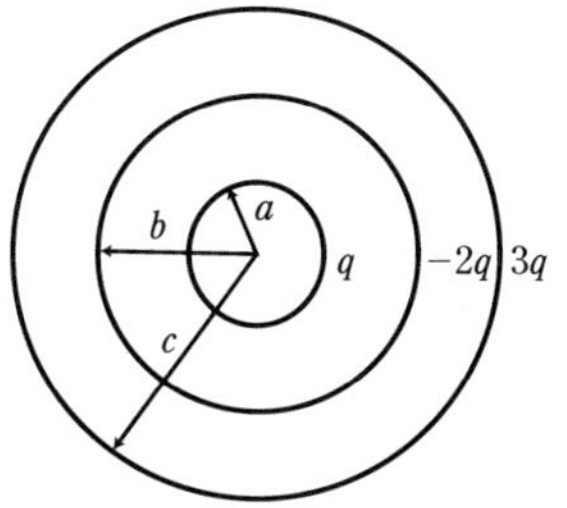

③$a<x<b$

$$4\pi r^2\cdot E=q/\varepsilon_0$$
$$E=q/4\pi\varepsilon_0 r^2 \quad [\mathrm{V/m}]$$

④$x<a$

$$E=0 \quad [\mathrm{V/m}]$$

1.10
$$E=\sigma/\varepsilon_0=q/4\pi\varepsilon_0 a^2=-1.0\times10^2$$
$$q=-4.56\times10^5\mathrm{C}$$

1.11 各点電荷から PM を半径とした円板を見込む立体角は,
$$\omega_1=2\pi(1-\cos\theta_1),\ \ \omega_2=2\pi(1-\cos\theta_2),\cdots$$
である。各点電荷から出て PM を半径とした円板 S を貫く電気力線の本数は,
$$(q_1/\varepsilon_0)\cdot\omega_1/4\pi=q_1(1-\cos\theta_1)/2\varepsilon_0$$
$$(q_2/\varepsilon_0)\cdot\omega_1/4\pi=q_2(1-\cos\theta_2)/2\varepsilon_0$$
$$\vdots$$
となる。したがって S を貫く電気力線の総本数は,
$$\sum_{i=1}^{n}q_i(1-\cos\theta_i)/2\varepsilon_0$$

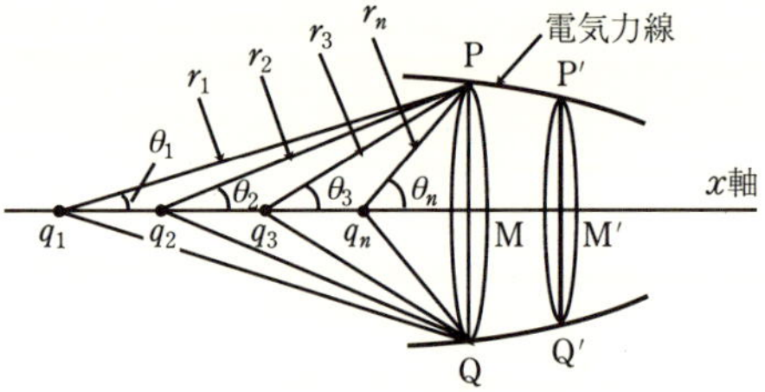

電気力線は相互に交わることがないから，電気力線 PP′ を x 軸の周りに回転させた曲面を貫く電気力線はない。したがって S を貫く電気力線はすべて P′M′ を半径とする円板 S' を貫くことになる。これは電気力線 PP′ 上の任意の点で上の式が同じ値をもつことを意味する。すなわち,
$$\sum_{i=1}^{n}q_i(1-\cos\theta_i)/2\varepsilon_0=\text{一定}$$
が電気力線の方程式となる。

1.12 q[C]の電荷から出る電気力線の本数は q/ε_0 本であるから,

A より発する電気力線：$4q/\varepsilon_0$

B より発する(B に入る)電気力線：q/ε_0

である。A から出て B に入るものが頂角 2θ の円錐に含まれるとすれば，A から出る電気力線数と B に入る電気力線数の比は立体角の比になる。頂角 2θ の円錐の立体角は $2\pi(1-\cos\theta)$ であるから,

$$2\pi(1-\cos\theta)/4\pi=(q/\varepsilon_0)/(4q/\varepsilon_0)=1/4$$
$$\cos\theta=1/2$$
$$\theta=60^\circ$$

電気力線の様子は図のようになる。

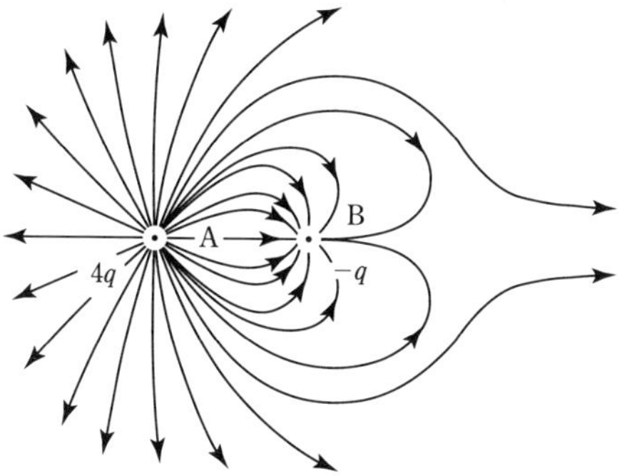

1.13 （1） 原点と点(1, 1, 0)の間の距離 $r_1=\sqrt{1^2+1^2}=\sqrt{2}$

$$V=q/4\pi\varepsilon_0 r_1=63.6\,\mathrm{V}$$

（2） 2つの点と原点との間の距離は,

$$r_2=\sqrt{2^2+3^2}=\sqrt{13}$$
$$r_3=\sqrt{2^2+4^2+3^2}=\sqrt{29}$$

電位差は,

$$\varDelta V=\frac{10^{-8}}{4\pi\varepsilon_0}\left(\frac{1}{r_2}-\frac{1}{r_3}\right)=8.25\,\mathrm{V}$$

1.14 導体球の半径 $a=5\times10^{-2}\,\mathrm{m}$, 電荷量 $q=5\times10^{-7}\,\mathrm{C}$ であるから,

（1） 電荷密度 σ は,

$$\sigma=\frac{q}{4\pi a^2}=\frac{5\times10^{-7}}{4\times3.14\times(5\times10^{-2})^2}$$
$$=1.59\times10^{-5}\,\mathrm{C/m^2}$$

（2） 表面の電界 E_s は

$$E_s=\sigma/\varepsilon_0=1.80\times10^6\,\mathrm{V/m}$$

（3） ガウスの法則により電界を求める。

$$E=\frac{q}{4\pi\varepsilon_0 r^2}=\frac{5\times10^{-7}}{4\times3.14\times8.85\times10^{-12}\times(10\times10^{-2})^2}$$
$$=4.50\times10^5\,\mathrm{V/m}$$

（4） 導体表面の電位は, 電界を無限遠から導体表面まで積分して求められる。

$$V=-\int_\infty^a\frac{q}{4\pi\varepsilon_0 r^2}dr=q/4\pi\varepsilon_0 a$$
$$=5\times10^{-7}/(4\times3.14\times8.854\times10^{-12}\times5\times10^{-2})=8.99\times10^4\,\mathrm{V}$$

1.15 球面の中心を座標の原点Oとし，z 軸上に点Pをとる。O点から z 軸に対して θ の角度の直線が球面を貫く点に，図のように微小面積 ds をとり，これを点電荷と考えてP点の電位を求める。$ds=a\sin\theta\, d\phi\cdot a d\theta$，$r=(z^2+a^2-2za\cos\theta)^{1/2}$ であるから，

$$V=\int_0^{2\pi}\int_0^{\pi}\frac{\sigma}{4\pi\varepsilon_0 r}ds$$
$$=\frac{2\pi\sigma a^2}{4\pi\varepsilon_0}\int_0^{\pi}\frac{\sin\theta}{(z^2+a^2-2za\cos\theta)^{1/2}}d\theta$$

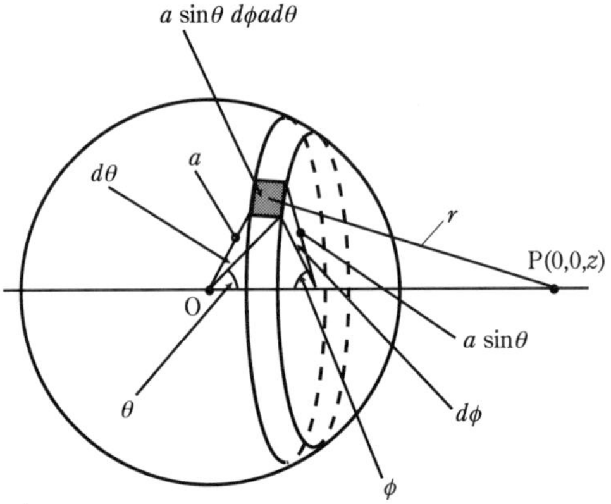

$-\cos\theta=R$ とおくと，$dR=\sin\theta\, d\theta$

$$V=\frac{a^2\sigma}{2\varepsilon_0}\int_{-1}^{1}\frac{dR}{(z^2+a^2+2zaR)^{1/2}}$$
$$=\frac{\sigma a}{2\varepsilon_0 z}\left[\sqrt{z^2+a^2+2zaR}\right]_{-1}^{1}$$

$z>a$ のとき，

$$V=a^2\sigma/\varepsilon_0 z\,(=q/4\pi\varepsilon_0 z,\ q=4\pi a^2\sigma：総電荷量)\quad [\mathrm{V}]$$

$0<z<a$ のとき，

$$V=\sigma a/\varepsilon_0\quad [\mathrm{V}]$$

電界は，$z>a$ のとき

$$E=-\partial V/\partial z=a^2\sigma/\varepsilon_0 z^2=q/4\pi\varepsilon_0 z^2\quad [\mathrm{V/m}]$$

$0<z<a$ のときは電位は一定であるから，

$$E=0\quad [\mathrm{V/m}]$$

1.16 (1) Iに q

$a<r$：$E=q/4\pi\varepsilon_0 r^2$，$V=q/4\pi\varepsilon_0 r$

$r<a$：$E=0$，$V=V_{\mathrm{I}}=q/4\pi\varepsilon_0 a$

(2) IIに q

$b<r$：$E=q/4\pi\varepsilon_0 r^2$，$V=q/4\pi\varepsilon_0 r$

$r<b$：$E=0$，$V=V_{\mathrm{II}}=q/4\pi\varepsilon_0 b$

（3） Ⅰに q，Ⅱに $-q$

$b<r$：$E=0$, $V=0$

$a<r<b$：$E=q/4\pi\varepsilon_0 r^2$, $V=-\int_b^r Edr=\frac{q}{4\pi\varepsilon_0}\left(\frac{1}{r}-\frac{1}{b}\right)$ [V]

$r<a$：$E=0$, $V=V_1=\frac{q}{4\pi\varepsilon_0}\left(\frac{1}{a}-\frac{1}{b}\right)$ [V]

1.17 電位が0になる点は，2点電荷の間と外側の2カ所ある。内側の点を $-q$ の点電荷から z とすると，

$$4q/4\pi\varepsilon_0(a-z)-q/4\pi\varepsilon_0 z=0$$
$$4/(a-z)-1/z=0$$
$$z=a/5$$

外側の点も同じく $-q$ から距離 z とすると，

$$4q/4\pi\varepsilon_0(a+z)-q/4\pi\varepsilon_0 z=0$$
$$4/(a+z)-1/z=0$$
$$z=a/3$$

$4q$ を z の + 側とすると，電位0となる点を原点とした電位はそれぞれ，

$$V=q/4\pi\varepsilon_0[-1/\sqrt{x^2+y^2+(z+a/5)^2}+4/\sqrt{x^2+y^2+(z-4a/5)^2}] \quad [\text{V}]$$
$$V=q/4\pi\varepsilon_0[-1/\sqrt{x^2+y^2+(z-a/3)^2}+4/\sqrt{x^2+y^2+(z-4a/3)^2}] \quad [\text{V}]$$

1.18 円板の中心から半径 r，幅 dr のリングをとり，この部分の電荷による電位 dV を円板全体にわたって積分することによって電位を求める(下図参照)。リングの中心から $d\theta$ の角度の部分の電荷は $\sigma rd\theta dr$ であるから，

$$dV=\int_0^{2\pi}\frac{\sigma rd\theta dr}{4\pi\varepsilon_0(r^2+z^2)^{1/2}}=\frac{\sigma rdr}{2\varepsilon_0(r^2+z^2)^{1/2}}$$
$$V=\int_0^a\frac{\sigma rdr}{2\varepsilon_0(r^2+z^2)^{1/2}}$$

$r^2+z^2=X$ とおくと，$rdr=dX/2$，これから，

$$\int\frac{rdr}{(r^2+z^2)^{1/2}}=\frac{1}{2}\int X^{-1/2}dX=[X^{1/2}]$$

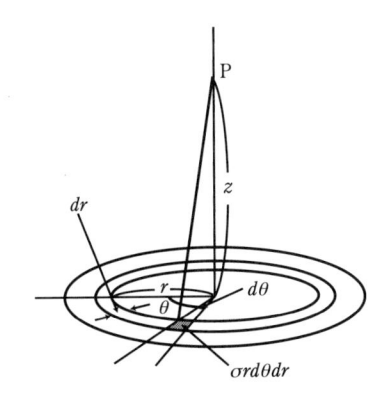

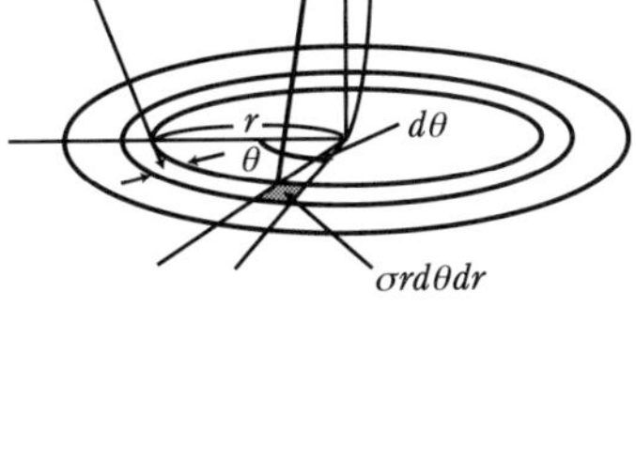

よって,

$$V=\frac{\sigma}{2\varepsilon_0}[\sqrt{r^2+z^2}]_0^a=\frac{\sigma}{2\varepsilon_0}(\sqrt{a^2+z^2}-z)\quad [\mathrm{V}]$$

$$E=-\frac{\partial V}{\partial z}=\frac{\sigma}{2\varepsilon_0}\left(1-\frac{z}{\sqrt{a^2+z^2}}\right)\quad [\mathrm{V/m}]$$

1.19 （1） $x=r\cos\theta$, $y=r\sin\theta$ を代入すると,

$$V=\frac{V_0\cos\theta}{r^2}$$

したがって,

$$E_r=-\frac{\partial V}{\partial r}=\frac{2V_0\cos\theta}{r^3}\quad [\mathrm{V/m}]$$

$$E_\theta=-\frac{1}{r}\frac{\partial V}{\partial\theta}=\frac{V_0\sin\theta}{r^3}\quad [\mathrm{V/m}]$$

（2）

$$E_r=-\frac{\partial V}{\partial r}=\frac{2a\cos\theta}{r^3}+\frac{b}{r^2}\quad [\mathrm{V/m}]$$

$$E_\theta=-\frac{1}{r}\frac{\partial V}{\partial\theta}=\frac{a\sin\theta}{r^3}\quad [\mathrm{V/m}]$$

1.20 半径 a の導体球の静電容量は,

$$C=4\pi\varepsilon_0 a$$

であるから，電位 V になっているときの導体球の持つ電荷量を q とすると,

$$q=CV=4\pi\varepsilon_0 aV$$

導体球の表面電荷密度を σ とすると，$q=4\pi a^2\sigma$ であるから,

$$\sigma=4\pi\varepsilon_0 aV/4\pi a^2=\varepsilon_0 V/a$$

球表面の電界は,

$$E=\sigma/\varepsilon_0=V/a=V/(5\times10^{-2})=3\times10^6$$

これより,

$$V=1.5\times10^5\,\mathrm{V}$$

1.21 （1） 両円筒が単位長さ当たり$\pm\lambda$[C/m]に帯電していたとすると，円筒間の電界は円筒の中心軸からの距離を r として,

$$E=\lambda/2\pi\varepsilon_0 r$$

円筒間の電位差が V[V]のとき,

$$V=-\int_b^a\frac{\lambda}{2\pi\varepsilon_0 r}dr=\frac{\lambda}{2\pi\varepsilon_0}\ln\frac{b}{a}$$

これから,

$$\lambda=2\pi\varepsilon_0 V/\ln(b/a)$$

$$\therefore\quad E=V/r\ln(b/a)\quad [\mathrm{V/m}]$$

（2）

$$E_a=V/a\ln(b/a)$$

$a\ln(b/a)$を最大にする条件が E_a を最小にする条件になるから,

$$\frac{\partial}{\partial a}\left(a\ln\frac{b}{a}\right)=\ln b-\ln a-1=0$$

$$\therefore \quad a = b/e = 0.368b\,[\mathrm{m}]$$

なおこのときの電界は,

$$E = V/a = eV/b$$
$$= 2.72\,V/b \quad [\mathrm{V}]$$

1.22 球の持つ電荷量は $q=(4/3)\pi a^3\cdot\rho$ であるから球外の電位は,

$$V = q/4\pi\varepsilon_0 r = (4/3)\pi a^3\rho/4\pi\varepsilon_0 r$$
$$= a^3\rho/3\varepsilon_0 r$$

球内では，ガウスの法則によって電界を求めると,

$$E\cdot 4\pi r^2 = 4\pi r^3\rho/3\varepsilon_0$$
$$E = r\rho/3\varepsilon_0$$

ゆえに,

$$V = V_{r=a} - \int_a^r \frac{r\rho}{3\varepsilon_0}dr = \frac{a^2\rho}{3\varepsilon_0} - \frac{\rho}{6\varepsilon_0}[r^2]_a^r$$
$$= \rho(3a^2 - r^2)/6\varepsilon_0 \quad [\mathrm{V}]$$

1.23 円筒内の体積電荷密度を ρ とすると，単位長さ当たりで考えて,

$$\pi a^2\rho = \lambda$$
$$\rho = \lambda/\pi a^2$$

ガウスの定理により円筒内部の電界 E を求める。

$$E = \rho\pi r^2/2\pi\varepsilon_0 r = \rho r/2\varepsilon_0$$

求める電位差は,

$$V = -\int_a^0 \frac{\rho r}{2\varepsilon_0}dr = -\frac{\rho}{2\varepsilon_0}\left[\frac{r^2}{2}\right]_a^0$$
$$= \rho a^2/4\varepsilon_0 = \lambda/4\pi\varepsilon_0$$
$$= 2.70\times 10^3\,\mathrm{V}$$

1.24 内円筒に円筒の単位長さ当たり電荷 Q[C]を与えると，ガウスの法則により,

$$2\pi rE = Q/\varepsilon_0$$
$$E = Q/2\pi\varepsilon_0 r$$

したがって円筒間の電位差は,

$$V = -\int_b^a E dr = -\frac{Q}{2\pi\varepsilon_0}\int_b^a \frac{1}{r}dr = \frac{Q}{2\pi\varepsilon_0}\ln(b/a)$$

$$\therefore \quad Q = \frac{2\pi\varepsilon_0 V}{\ln(b/a)}$$

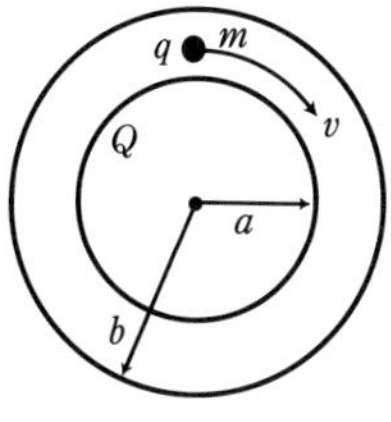

これを用いて電界を求めると，

$$E=V/r\ln(b/a)$$

安定して回転している状態では，粒子に作用する遠心力と電気力が釣り合う。

$$mv^2/r=qE=qV/r\ln(b/a)$$

$$V=mv^2\ln(b/a)/q \quad [\mathrm{V}]$$

1.25 空間電荷密度を ρ とすれば，ポアソンの式は

$$\frac{d^2V}{dx^2}=-\rho/\varepsilon_0$$

この式に問題の式を入れて計算する。

$$\frac{dV}{dx}=\frac{4}{3}V_0\left(\frac{x}{L}\right)^{1/3}\cdot\frac{1}{L}$$

$$\frac{d^2V}{dx^2}=\frac{4}{9}\frac{V_0}{L^2}\left(\frac{x}{L}\right)^{-2/3}$$

これを最初のポアソンの式に代入し ρ を求める。

$$\frac{4}{9}\frac{V_0}{L^2}\left(\frac{x}{L}\right)^{-2/3}=-\rho/\varepsilon_0$$

$$\rho=-\frac{4}{9}\frac{\varepsilon_0V_0}{L^2}\left(\frac{x}{L}\right)^{-2/3} \quad [\mathrm{C/m^3}]$$

1.26 $r=\{(x-x_0)^2+(y-y_0)^2+(z-z_0)^2\}^{1/2}$ とおくと，

$$\frac{\partial V}{\partial x}=-\frac{q}{4\pi\varepsilon_0}\frac{x-x_0}{r^3}$$

$$\frac{\partial^2V}{\partial x^2}=-\frac{q}{4\pi\varepsilon_0r^3}+\frac{q}{4\pi\varepsilon_0}\frac{3(x-x_0)^2}{r^5}$$

y と z についても同様に求めることができる。したがって，

$$\frac{\partial^2V}{\partial x^2}+\frac{\partial^2V}{\partial y^2}+\frac{\partial^2V}{\partial z^2}=-\frac{3q}{4\pi\varepsilon_0r^3}+\frac{3q}{4\pi\varepsilon_0r^3}=0$$

第2章

2.1

$$C=\frac{\varepsilon_0S}{d}\times100=\frac{8.85\times10^{-12}\times(0.1)^2}{10^{-3}}\times100$$

$$=8.85\times10^{-9}\,\mathrm{F}=8850\,\mathrm{pF}$$

2.2 導体Aの半径を x，静電容量を C_1 とすると，電荷量は，

$$q=C_1V_1=4\pi\varepsilon_0xV_1$$

Bの静電容量を C_2 とすると接続後の静電容量 C は，

$$C=C_1+C_2=4\pi\varepsilon_0(x+R)$$

接続によって q は変わらないから，

$$q=4\pi\varepsilon_0(x+R)V_2=4\pi\varepsilon_0xV_1$$

これから，

$$x=V_2R/(V_1-V_2) \quad [\mathrm{m}]$$

2.3 内球に電荷 q[C]を与えたときの球と球殻間の電界を積分して電位を求める。

$$V_0=-\int_b^a \frac{q}{4\pi\varepsilon_0 r^2}dr=\frac{q}{4\pi\varepsilon_0}\left(\frac{1}{a}-\frac{1}{b}\right)\quad [\mathrm{V}]$$

これから，

$$q=4\pi\varepsilon_0\frac{V_0}{1/a-1/b}=4\pi\varepsilon_0\frac{abV_0}{b-a}\quad [\mathrm{C}]$$

よって，

$$C=q/V_0=4\pi\varepsilon_0\frac{ab}{b-a}\quad [\mathrm{F}]$$

2.4 球殻に電荷 q[C]を与えると，この電荷は球殻の内外面に分布する。外側の電荷を q_1 とすると，内側には $(q-q_1)$，接地した球には $-(q-q_1)$ の電荷が分布する。球殻外の電界を E_1，球と球殻の間の電界を E_2 とすると，

$$E_1=\frac{q_1}{4\pi\varepsilon_0 r^2}$$

$$E_2=-\frac{q-q_1}{4\pi\varepsilon_0 r^2}$$

球の電位は，

$$\begin{aligned}V&=\int_\infty^c E_1 dr-\int_b^a E_2 dr\\&=-\int_\infty^c \frac{q_1}{4\pi\varepsilon_0 r^2}dr-\int_b^a \frac{-(q-q_1)}{4\pi\varepsilon_0 r^2}dr\\&=0\end{aligned}$$

これより，

$$\frac{q_1}{4\pi\varepsilon_0 c}-\frac{q-q_1}{4\pi\varepsilon_0}\left(\frac{1}{a}-\frac{1}{b}\right)=0$$

$$q_1=\frac{c(b-a)}{bc-ac+ab}q\quad [\mathrm{C}]$$

$$q-q_1=\frac{ab}{bc-ac+ab}q\quad [\mathrm{C}]$$

球と球殻間の電位差は，

$$\begin{aligned}V_{\mathrm{AB}}&=-\int_b^a \frac{q}{4\pi\varepsilon_0 r^2}\frac{ab}{bc-ac+ab}dr\\&=\frac{q}{4\pi\varepsilon_0}\frac{b-a}{bc-ac+ab}\quad [\mathrm{V}]\end{aligned}$$

よって静電容量は，

$$C=q/V=4\pi\varepsilon_0\frac{bc-ac+ab}{b-a}\quad [\mathrm{F}]$$

2.5 (a) 導体板が挿入されていない部分の静電容量を C_1，挿入されている部分を C_2 とすると，

$$\begin{aligned}C&=C_1+C_2=\frac{\varepsilon_0 a(a-x)}{d}+\frac{\varepsilon_0 ax}{d-b}\\&=\frac{\varepsilon_0 a(ad-ab+bx)}{d(d-b)}\quad [\mathrm{F}]\end{aligned}$$

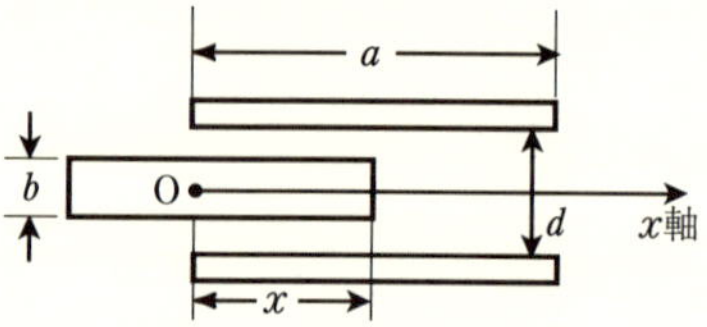

よって，

$$V = q/C = \frac{d(d-b)q}{\varepsilon_0 a(ad-ab+bx)} \quad [\mathrm{V}]$$

（b）
$$U = \frac{qV}{2} = \frac{d(d-b)q^2}{2\varepsilon_0 a(ad-ab+bx)} \quad [\mathrm{J}]$$

（c）
$$F = -\frac{\partial U}{\partial x} = \frac{bd(d-b)q^2}{2\varepsilon_0 a(ad-ab+bx)^2} \quad [\mathrm{N}]$$

2.6 （a） 結合前の雨滴の静電容量は，

$$C_1 = 4\pi\varepsilon_0 a \quad [\mathrm{F}]$$

電位は，

$$V_1 = q/C_1 = q/4\pi\varepsilon_0 a \quad [\mathrm{V}]$$

結合後は半径が $\sqrt[3]{2}\,a$ になるから，

$$C_2 = 4\sqrt[3]{2}\,\pi\varepsilon_0 a \quad [\mathrm{F}]$$

また電荷量は $2q$ になるので，

$$V_2 = \frac{2q}{4\sqrt[3]{2}\,\pi\varepsilon_0 a} = \frac{q}{2\sqrt[3]{2}\,\pi\varepsilon_0 a} \quad [\mathrm{V}]$$

（b） 結合前の静電エネルギーは，

$$U_1 = \frac{1}{2}qV_1 \times 2 = \frac{q^2}{4\pi\varepsilon_0 a} \quad [\mathrm{J}]$$

結合後は，

$$U_2 = \frac{1}{2}qV_2 \times 2 = \frac{q^2}{2\sqrt[3]{2}\,\pi\varepsilon_0 a} \quad [\mathrm{J}]$$

（c） 結合させるには2つの雨滴に作用する反発力に打ち勝つ外力を加えなければならない。この外力の仕事分だけ結合後のエネルギーが増加している。

2.7 球と球殻の電位差は

$$V = \frac{q}{4\pi\varepsilon_0}\left(\frac{1}{a} - \frac{1}{b}\right) \quad [\mathrm{V}]$$

であるから，蓄えられる静電エネルギーは，

$$U = qV/2 = \frac{q^2}{8\pi\varepsilon_0}\left(\frac{1}{a} - \frac{1}{b}\right) \quad [\mathrm{J}]$$

一方，球と球殻の間の空間で半径 r の球面と半径 $r+dr$ の球面に挟まれた厚さ dr の薄い球殻状の空間を考え，この中のエネルギー dU を計算し，これを a から b まで積分すると空間に蓄えられたエネルギー U が求まる。半径 r と半径 $r+dr$ の球面に挟まれた部分の体積は $dv = 4\pi r^2 dr$，電界は $E = q/4\pi\varepsilon_0 r^2$ であるから，エネル

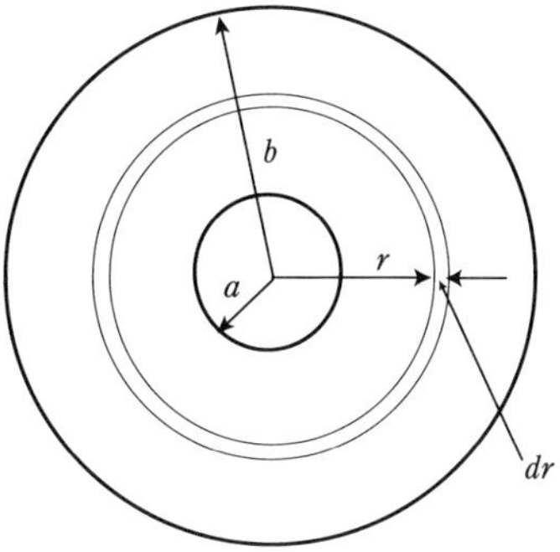

ギーの空間密度 u は，

$$u=\frac{1}{2}\varepsilon_0E^2=\frac{q^2}{32\pi^2\varepsilon_0r^4}$$

よって，

$$du=udv=\frac{q^2}{32\pi^2\varepsilon_0r^4}\cdot4\pi r^2dr=\frac{q^2}{8\pi\varepsilon_0r^2}dr$$

これを積分して，

$$U=\int_a^b\frac{q^2}{8\pi\varepsilon_0r^2}dr=\frac{q^2}{8\pi\varepsilon_0}\left(\frac{1}{a}-\frac{1}{b}\right)\quad[\mathrm{J}]$$

2.8　n 個の点電荷 $q_1, q_2, \cdots, q_n$ がある場合を考える。i 番目の電荷以外の点電荷による i の電位を V_i とすれば，

$$V_1=\frac{1}{4\pi\varepsilon_0}\left(0+\frac{q_2}{r_{21}}+\frac{q_3}{r_{31}}+\cdots+\frac{q_n}{r_{n1}}\right)$$

ここで r_{21} は 1 と 2 の間の距離である。以下同様である。この両辺に q_1' を乗ずれば，

$$q_1'V_1=\frac{1}{4\pi\varepsilon_0}\left(0+\frac{q_1'q_2}{r_{21}}+\frac{q_1'q_3}{r_{31}}+\cdots+\frac{q_1'q_n}{r_{n1}}\right)$$

同様に，

$$q_2'V_2=\frac{1}{4\pi\varepsilon_0}\left(\frac{q_1q_2'}{r_{12}}+0+\frac{q_3q_2'}{r_{32}}+\cdots+\frac{q_nq_2'}{r_{n2}}\right)$$

$$\vdots$$

$$q_n'V_n=\frac{1}{4\pi\varepsilon_0}\left(\frac{q_1q_n'}{r_{1n}}+\frac{q_2q_n'}{r_{2n}}+\frac{q_3q_n'}{r_{3n}}+\cdots+0\right)$$

辺々加え合わせると，

$$\sum q_i'V_i=q_1V_1'+q_2V_2'+\cdots+q_nV_n'=\sum q_iV_i'$$

次に導体の場合は，導体 k 上の電荷 Q_k' は $\sigma_k'ds_k$ を無数の点電荷の集合と見なし，さらに導体上では電位が一定であることから，

$$\int(\sigma_k'ds_k)V_k=V_k\int\sigma_k'ds_k=V_kQ_k'$$

したがって多くの帯電導体に対しても次の関係が成り立つ。

$$\sum q_k'V_k=\sum q_kV_k'$$

2.9 相反定理から，

$$V_1q_1'+0\cdot q_2'+\frac{l-a}{l}V_1q=0\cdot q_1+0\cdot q_2+V'\cdot 0$$

電荷の関係から

$$q_1'+q_2'+q=0$$

これより，

$$q_1'=-\frac{l-a}{l}q$$

$$q_2'=\frac{-a}{l}q$$

第3章

3.1 平行平板コンデンサと考えればよい。静電容量 C は $C=\varepsilon_s\varepsilon_0S/d$ と求められる。ここで $d=0.2\times10^{-3}\,\mathrm{m}$，$S=4\times(10^{-2})^2\times29\,\mathrm{m}^2$ であるから，

$$C=\frac{6\times4\times(10^{-2})^2\times29}{4\pi\times9\times10^9\times0.2\times10^{-3}}=3.1\times10^{-9}\,\mathrm{F}$$

となる。

3.2 雲母の絶縁耐圧を E_C，耐電圧を V とすると，必要な雲母の厚さ d は $d=V/E$ となる。平行平板コンデンサと考えられるから，雲母板の全所要面積 S は，$S=Cd/\varepsilon$ で与えられる。雲母板1枚の面積を S_0 とすると，雲母の所要枚数 n は $n=S/S_0=Cd/\varepsilon S_0$ で与えられる。これに $C=0.1\times10^{-6}$，$V=1000$，$\varepsilon=6.5/(36\pi\times10^9)$，$E=40\times10^3\times10^3$，$S_0=25\times10^{-3}\times20\times10^{-3}$ を代入して計算すると，$n=86.9$ となる。すなわち87枚必要となる。

3.3 （a） 加えることのできる電界 E_C が与えられているので，そのときの電圧 V は，

$$V=E_Cd=2\times10^7\times2\times10^{-3}=4\times10^4\,\mathrm{V}$$

となる。

（b） このコンデンサの静電容量 C は，

$$C=\varepsilon_s\varepsilon_0S/d=3\times8.85\times10^{-12}\times3\times10^{-2}/(2\times10^{-3})=4\times10^{-10}\,\mathrm{F}$$

また電圧 V は，

$$V=E_Cd=2\times10^7\times2\times10^{-3}=4\times10^4\,\mathrm{V}$$

であるから，蓄積される電荷 Q は，

$$Q=CV=4\times10^{-10}\times4\times10^4=1.6\times10^{-5}\,\mathrm{C}$$

である。

3.4 $\boldsymbol{D}=\varepsilon_0\boldsymbol{E}+\boldsymbol{P}$ と $\boldsymbol{D}=\varepsilon_s\varepsilon_0\boldsymbol{E}$ の関係から，$\boldsymbol{P}$ を求め，あとの関係を代入すると，

$$\boldsymbol{P}=\varepsilon_0(\varepsilon_s-1)\boldsymbol{E}=\frac{\boldsymbol{D}}{\varepsilon_s}(\varepsilon_s-1)=\boldsymbol{D}\left(1-\frac{1}{\varepsilon_s}\right)$$

が求められる。

3.5 （a） まず電束密度 $D(r)$ を求める。球対称性から，$D(r)=D_r=D_n$ であるか

ら，電束密度に関するガウスの法則より，

$$4\pi r^2 D(r) = q \qquad (r < a)$$
$$4\pi r^2 D(r) = Q + q \quad (a < r < b \text{ および } r > b)$$

が成り立つ。これより $D(r)$ は次のようになる。

$$D(r) = q/4\pi r^2 \qquad (r < a)$$
$$D(r) = (Q+q)/4\pi r^2 \quad (a < r < b,\quad b < r)$$

また $D(r) = \varepsilon E(r)$ であるから，電界 $E(r)$ はそれぞれ以下のように求められる。

$$E(r) = q/4\pi\varepsilon r^2 \qquad (a < r)$$
$$E(r) = (Q+q)/4\pi\varepsilon r^2 \quad (a < r < b)$$
$$E(r) = (Q+q)/4\pi\varepsilon r^2 \quad (b < r)$$

（b） まず B の電位 V_B を求める。

$$V_B = \int_b^\infty \frac{Q+q}{4\pi\varepsilon_0 r^2} dr = \frac{Q+q}{4\pi\varepsilon_0 b}$$

また A の電位 V_A は次のようになる。

$$V_A = V_B + \int_a^b \frac{Q+q}{4\pi\varepsilon r^2} dr$$
$$= \frac{Q+q}{4\pi\varepsilon_0 b} + \frac{Q+q}{4\pi\varepsilon}\left(\frac{1}{a} - \frac{1}{b}\right)$$

（c） A，B をつないだ後の A，B の電荷をそれぞれ Q_A，Q_B とすると，まず $Q_A + Q_B = Q$ が成り立つ。また A と B とは等電位となるから，$V_A = V_B$ より，$Q_A = -q$ が得られる。これより $Q_B = q + Q$ となる。

3.6 A，B 間に電圧を加えたとき，内部導体外面および外部導体内面に単位長さ当たり，$+\lambda$, $-\lambda$ の電荷が現れたとする。軸対称性から電束密度 D，電界 E はいずれも円筒表面に垂直である。半径 $r\,(a < r < b)$ の円筒表面について電束密度に関するガウスの法則を適用すると，次のように $D(r)$ が得られる。

$$2\pi r D = \lambda, \quad \text{これより} \quad D(r) = \lambda/2\pi r$$

電界 $E(r)$ は，空気中では，

$$E_1(r) = \lambda/2\pi\varepsilon_0 r$$
$$E_2(r) = \lambda/2\pi\varepsilon r$$

（a） 誘電体を内部導体の外側に接しておいたとき，A，B 間の電位差 V は（下図

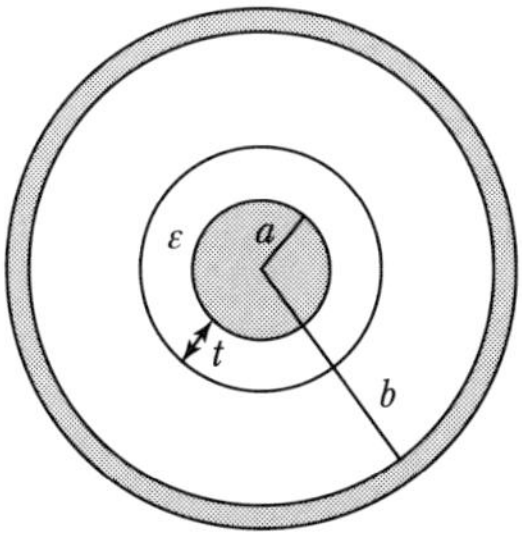

(a)

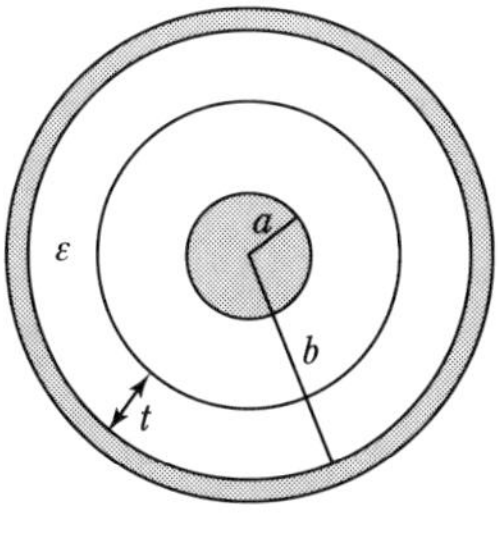

(b)

(a)),

$$\int_a^{a+t} E_2 dr + \int_{a+t}^{b} E_1 dr = \frac{\lambda}{2\pi\varepsilon}[\log r]_a^{a+t} + \frac{\lambda}{2\pi\varepsilon_0}[\log r]_{a+t}^{b}$$
$$= \frac{\lambda}{2\pi}\left(\frac{1}{\varepsilon}\log\frac{a+t}{a} + \frac{1}{\varepsilon_0}\log\frac{b}{a+t}\right)$$

となるから，単位長さ当たりの静電容量 C は $C=\lambda/V$ から次のように求められる。

$$C = \frac{2\pi}{\frac{1}{\varepsilon}\log\frac{a+t}{a} + \frac{1}{\varepsilon_0}\log\frac{b}{a+t}}$$

（b） 誘電体を外部導体の内側に接しておいたときのA，B間の電位差 V は(図(b))，

$$V = \int_a^{b-t} E_1 dr + \int_{b-t}^{b} E_2 dr$$
$$= \frac{\lambda}{2\pi}\left(\frac{1}{\varepsilon_0}\log\frac{b-t}{a} + \frac{1}{\varepsilon}\log\frac{b}{b-t}\right)$$

これより単位長さ当たりの静電容量 C は次のようになる。

$$C = \frac{2\pi}{\frac{1}{\varepsilon_0}\log\frac{b-t}{a} + \frac{1}{\varepsilon}\log\frac{b}{b-t}}$$

3.7 平行平板コンデンサに電圧を加えたとき，両方の電極板にそれぞれ $\pm\sigma$ の電荷面密度で電荷が現れたとする。また下図のように上の電極板から距離 x の位置に誘電体を入れたとする。誘電体を挿入しても真電荷の分布は変化しないから，電束密度 D は $D=\sigma$ となる。そうすると空気中および誘電体中での電界 E_1，E_2 はそれぞれ，

$$E_1 = D/\varepsilon_0 = \sigma/\varepsilon_0$$
$$E_2 = D/\varepsilon = \sigma/\varepsilon$$

となるから，A，B間の電圧 V は，

$$V = \int_0^x E_1 dx + \int_x^{x+t} E_2 dx + \int_{x+t}^{d} E_1 dx$$
$$= \frac{\sigma x}{\varepsilon_0} + \frac{\sigma}{\varepsilon}[(x+t)-x] + \frac{\sigma}{\varepsilon_0}[d-(x+t)]$$
$$= \frac{\sigma}{\varepsilon_0}(d-t) + \frac{\sigma t}{\varepsilon}$$

これより静電容量 C は，次のように与えられる。

$$C = \sigma/V = \varepsilon\varepsilon_0/[\varepsilon d - t(\varepsilon - \varepsilon_0)]$$

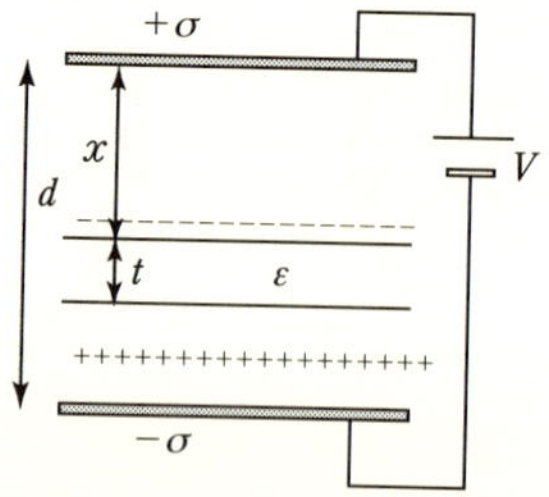

C は x を含まず，x に無関係であることがわかる。

3.8 同心導体球コンデンサは中心を通る平面に関して完全に対称であり，かつ一様であるから，各々の誘電体が満たされている部分の静電容量は A，B 間の全空間が同一の誘電体で満たされているときの静電容量の 1/2 となる。またこの 2 つのコンデンサは 2 つの電極板間の電圧が等しいから，並列接続とわかる。したがって静電容量 C は次のようになる。

$$C=\frac{1}{2}\frac{4\pi\varepsilon_1}{\dfrac{1}{a}-\dfrac{1}{b}}+\frac{1}{2}\frac{4\pi\varepsilon_2}{\dfrac{1}{a}-\dfrac{1}{b}}=\frac{2\pi(\varepsilon_1+\varepsilon_2)}{\dfrac{1}{a}-\dfrac{1}{b}}$$

3.9 下図のように境界面を挟んで境界面に平行な底面をもつ微小な円筒(底面積を ΔS とする)についてガウスの法則を適用する。それぞれの誘電体中の電束密度を D_1，D_2 とすると，ガウスの法則の左辺は，

$$\int_S D_n dS=\int_{S1} D_{1n} dS+\int_{S2} D_{2n} dS=-D_{1n}\Delta S+D_{2n}\Delta S$$

となる。ここで S_1，S_2 はそれぞれ図で示すように微小円筒の底面を示し，側面での積分はこの円筒の高さを 0 に近いとして省略した。一方，ガウスの法則の右辺はこの円筒内部に含まれる真電荷であるから，$\sigma\Delta S$ となる。

$$D_{2n}-D_{1n}=\sigma$$

ここで $D_{1n}=D_1\cos\theta_1$，$D_{2n}=D_2\cos\theta_2$ であり，また $D_1=\varepsilon_1 E_1$，$D_2=\varepsilon_2 E_2$ を用いると，角度 θ_1，θ_2 の間の関係は次のようになる。

$$\varepsilon_2 E_2\cos\theta_2-\varepsilon_1 E_1\cos\theta_1=\sigma$$

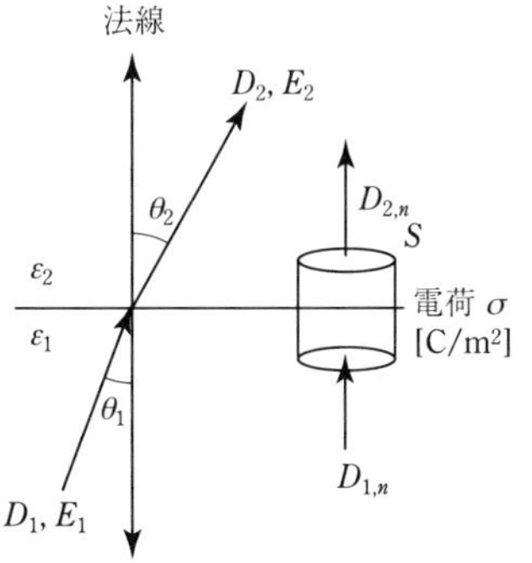

3.10 内側の導体円筒の単位長さ当たりの電荷を λ とし，円筒の軸からの距離 r の点における誘電率を $\varepsilon(r)$ とすると，

$$E(r)=\lambda/2\pi\varepsilon(r)r$$

で与えられるから，これが r によらず一定となるには $\varepsilon(r)r=$一定でなくてはならない。すなわち

$$\varepsilon(r)=K/r \quad (K：定数)$$

となり，誘電率が中心からの距離に反比例するようにすればよいことになる。

3.11 内外導体間に電圧を加えたとき，内部導体および外部導体の表面に単位長さ当たりそれぞれ$\pm\lambda$の電荷が現れたとすると，導体間の電束密度 D は

$$D=\lambda/2\pi r$$

となるから，電界 E は，

$$E=\lambda/2\pi\varepsilon r$$

したがって各誘電体層の受け持つ電圧を V_1, V_2, V_3 とすると，

$$V_1=\int_{r_1}^{r_2}\frac{\lambda}{2\pi\varepsilon_1 r}dr=\frac{\lambda}{2\pi\varepsilon_1}\log\frac{r_2}{r_1}$$

$$V_2=\int_{r_2}^{r_3}\frac{\lambda}{2\pi\varepsilon_2 r}dr=\frac{\lambda}{2\pi\varepsilon_2}\log\frac{r_3}{r_2}$$

$$V_3=\int_{r_3}^{r_4}\frac{\lambda}{2\pi\varepsilon_3 r}dr=\frac{\lambda}{2\pi\varepsilon_3}\log\frac{r_4}{r_3}$$

となる。これより $V_1=V_2=V_3$ とおくと，

$$\left(\frac{r_2}{r_1}\right)^{1/\varepsilon_1}=\left(\frac{r_3}{r_2}\right)^{1/\varepsilon_2}=\left(\frac{r_4}{r_3}\right)^{1/\varepsilon_3}$$

が求められる関係である。

3.12 図 3.22 より，この場合の静電容量 C は，誘電体が入っている部分の静電容量と入っていない部分の静電容量が並列接続していることになるので，

$$C=\frac{\varepsilon bx}{d}+\frac{\varepsilon_0 b(a-x)}{d}$$

と与えられる。式(3.53)より ξ を x とし，力を F_x とすると，

$$F_x=\frac{1}{2}V^2\frac{(\varepsilon-\varepsilon_0)b}{d}$$

となる。ここで V は電極板間の電圧とする。電極板間の電界を E とすると，$E=V/d$ であるから，

$$F_x=\frac{1}{2}E^2d(\varepsilon-\varepsilon_0)b>0$$

となり，誘電体をコンデンサの内部に引き込むような力が働くことがわかる。

第 4 章

4.1 影像電荷は導体表面に関して電子と対称の位置にあり，その大きさは電子の電荷と同じでかつ正となるから，電子はこの影像電荷から次のような引力 F を受ける。電子の電荷は 1.6×10^{-19}C であるから，

$$F=9\times10^9\times(1.6\times10^{-19})^2/[4\times(10^{-1})^2]=5.77\times10^{-9}\,\mathrm{N}$$

4.2 本文の式(4.31)において，$\varepsilon_1=\varepsilon_0$, $\varepsilon_2=3\varepsilon_0$ であるから，電子の電荷を q とすると，誘電体内部の影像電荷 q' は，次のように与えられる。

$$q'=\frac{\varepsilon_0-3\varepsilon_0}{\varepsilon_0+3\varepsilon_0}\times q=-\frac{1}{2}q$$

したがって影像力 F は，

$$F=\frac{(1/2)q^2}{4\pi\varepsilon_0(2a)^2}=\frac{(1/2)\times(1.6\times10^{-19})^2}{16\pi\times8.85\times10^{-12}\times(10^{-10})^2}=2.88\times10^{-9}\quad\mathrm{N}$$

となる。

4.3 下図のように3個の影像電荷を考えると，導体表面の電位が0となる。したがって点電荷 q の受ける影像力(クーロン力)は q から2つの半無限導体平面の交点の方向へ向かい，その大きさは以下のように与えられる。

$$F=\left(\frac{q^2}{4\pi\varepsilon_0(2a)^2}\times\frac{1}{\sqrt{2}}\times 2\right)-\frac{q^2}{4\pi\varepsilon_0(2\sqrt{2}\,a)^2}=\frac{q^2(2\sqrt{2}-1)}{32\pi\varepsilon_0 a^2}$$

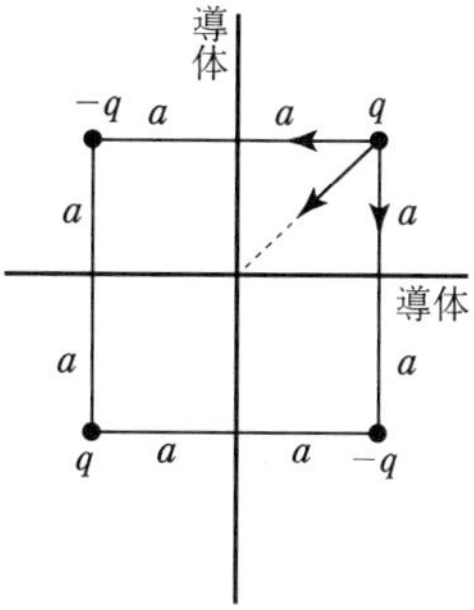

4.4 接地導体球の場合，誘導電荷面密度 σ の絶対値が最大値をとるのは導体球平面で最も点電荷 q に近い点(図4.4のA点)であり，これは $\theta=0$ の点である。このとき $\cos\theta=1$ となり，式(4.15)からもこのときに σ の絶対値が最大になることがわかる。したがって式(4.15)より，絶対値の最大値 $|\sigma|_{\max}$ は，

$$|\sigma|_{\max}=|\sigma(a,0)|=\frac{q(d+a)}{4\pi a(d-a)^2}$$

と求められる。同様に，σ の絶対値の最小値 $|\sigma|_{\min}$ は $\theta=\pi$，すなわち $\cos\theta=-1$ のとき(図4.4のB点)であるから，

$$|\sigma|_{\min}=|\sigma(a,\pi)|=\frac{q(d-a)}{4\pi a(d+a)^2}$$

となる。

4.5 図4.8より，影像力 F は，

$$F=\frac{1}{4\pi\varepsilon_0}\cdot\frac{aq^2}{d}\cdot\frac{1}{(d-a^2/d)^2}-\frac{1}{4\pi\varepsilon_0}\cdot\frac{aq^2}{d}\cdot\frac{1}{d^2}$$
$$=\frac{q^2}{4\pi\varepsilon_0}\left(\frac{ad}{(d^2-a^2)^2}-\frac{a}{d^3}\right)$$

4.6 図4.4のように任意の点P(r,θ)の電位 $V(r,\theta)$ は次のように書ける。

$$V(r,\theta)=\frac{q}{4\pi\varepsilon_0}\left[\frac{1}{(r^2+d^2-2rd\cos\theta)^{1/2}}\right.$$
$$\left.-\frac{a}{d}\,\frac{1}{\{r^2+(a^4/d^2)-2r(a^2/d)\cos\theta\}^{1/2}}\right]$$

導体球上の誘導電荷面密度 σ は，球面上の電界を $E(a,\theta)$ とすると，

$$\sigma(a,\theta)=\varepsilon_0E(a,\theta)=\varepsilon_0\left(\frac{\partial V}{\partial r}\right)_{r=a}$$
$$=\frac{q}{4\pi\varepsilon_0}\,\frac{d^2-a^2}{(a^2+d^2-2ad\cos\theta)^{3/2}}$$

となる。球面上の電荷と点電荷 q との距離 R は,

$$R=(a^2+d^2-2ad\cos\theta)^{1/2}$$

であるから, 上より, 誘導電荷面密度 σ は,

$$\sigma=-\frac{q}{4\pi a}\frac{d^2-a^2}{R^3}$$

となって R^3 に反比例することが導かれた。

4.7 まず導体球の電荷が 0 である場合を考えると, 上の問題 4.5 より, 点電荷 q に働く力は,

$$F_1=\frac{Q^2}{4\pi\varepsilon_0}\frac{a^3(2d^2-a^2)}{d^3(d^2-a^2)^2}$$

で引力となる。もし導体球に電荷 q を与えると, これは球の中心に存在すると考えられるので, この電荷 q と点電荷 Q との間のクーロン力 F_2 は,

$$F_2=qQ/4\pi\varepsilon_0 d^2$$

となる。q と Q が同符号なら, F_2 は反発力であるから, 点電荷 Q に働く引力 F は,

$$F=F_1-F_2=\frac{Q}{4\pi\varepsilon_0 d^2}\left\{\frac{a^3(2d^2-a^2)Q}{d(d^2-a^2)^2}-q\right\}$$

となる。この{ }内が正になるように電荷 q を導体に与えれば, F が引力になることがわかる。

4.8 $Q>0$ とすると, 図 4.4 で誘導電荷面密度 σ が負で最大値 $\sigma_{\max}$ をとるのは, $\theta=0$ の点(Q に最も近い球面上の点)であるから, 式(4.19)より,

$$\sigma_{\max}=\frac{q(a-3d)}{4\pi d(d-a)^2}$$

となる。一方, 球に電荷 Q を与えるとすると, それによる電荷面密度 σ' は

$$\sigma'=Q/4\pi a^2$$

で与えられる。したがって全球面上で電荷面密度が正になるためには, $\sigma'>|\sigma_{max}|$ となればよい。これより導体球に与えるべき最小の電荷 $Q_{\min}$ は,

$$Q_{\min}=\frac{qa^2(3d-a)}{d(d-a)^2}$$

となる。

4.9 式(4.43)において, $\varepsilon_1=\varepsilon_0$, $\varepsilon_2=2.2\varepsilon_0$ とおくと, 気泡内の電界 E は, 気泡の外の絶縁油中に電界を E_0 として,

$$E=\frac{3\times 2.2\varepsilon_0}{2\times 2.2\varepsilon_0+\varepsilon_0}E_0=\frac{6.6}{5.4}E_0$$

となるから, E が空気の絶縁耐力 3kV/mm に等しいとすると, このときの絶縁油中の電界 E_0 は, 次のようにして求められる。

$$E=3\times 6.6/5.4=2.45\,\text{kV/mm}=6.13\,\text{kV}/2.5\,\text{mm}$$

絶縁油の絶縁耐力は 30kV/2.5mm であるから, 気泡があると, その約 1/5 の電界で絶縁破壊が起こることがわかる。

4.10 4.3.2 節で誘電体球の代わりに接地導体球があると考えると, 導体球中には外部電界により静電誘導が起こり, 正負の電荷が分離する。したがって誘電体球の

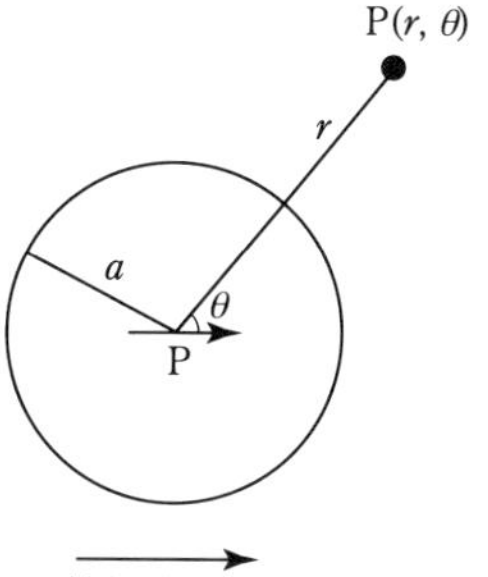

場合と全く同様に球の中心に等価的な電気双極子(双極子モーメントを M とする)が生ずると考えてよい。図のように球外部の任意の点 P(r, θ)における電位 V はこの電気双極子 M によるものと外部電界 E_0 よるものとの和になるから,

$$V=-E_0 r\cos\theta+\frac{M\cos\theta}{4\pi\varepsilon r^2}$$

球は接地されているから，上で $r=a$ における電位は 0 になる。ゆえに,

$$-E_0 a\cos\theta+\frac{M\cos\theta}{4\pi\varepsilon a^2}=0$$

が成り立ち，これより,

$$M=4\pi\varepsilon a^3 E_0$$

と M がきまる。上に代入して,

$$V=-E_0(1-a^3/r^3)\,r\cos\theta$$

球の表面での電界 E は表面に垂直であるから,

$$E=-\left(\frac{\partial V}{\partial r}\right)_{r=a}=\left[E_0\left(1+\frac{2a^3}{r^3}\right)\cos\theta\right]_{r=a}=3E_0\cos\theta$$

したがって表面の電荷面密度 σ は,

$$\sigma=\varepsilon E=3\varepsilon E_0\cos\theta$$

と求められる。

第5章

5.1 （1） 電流密度 J は，導線の半径を a とすると,

$$J=I/\pi a^2=8/[(0.8\times10^{-3})^2\pi]=2.5\times10^5\,\mathrm{A/m^2}=0.25\,\mathrm{A/mm^2}$$

（2） I[A]の電流とは 1 秒間に I クーロンの電荷が流れることに相当するから，1 時間に流れた電子の総数 n は次のようになる。

$$n=8\times60\times60\div(1.6\times10^{-19})=1.8\times10^{23}\text{ 個}$$

5.2 （1） 最大電流密度 $J_{\max}$ は,

$$J_{\max}=20\div[(0.6\times10^{-3})^2\pi]=1.77\times10^7\,\mathrm{A/m^2}=17.7\,\mathrm{A/mm^2}$$

となる。

（2） 20A の電流とは 1 秒間に 20C の電荷が流れることに相当するので，流れた電子の個数 n は，

$$n=20\div(1.6\times10^{-19})=1.25\times10^{20}\ \text{個}$$

となる。

（3） 長さ d，断面積 S の導線の抵抗 R は抵抗率を ρ とすると，$R=\rho S/d[\Omega]$ である。この導線の往復路の長さは $100\,\text{m}\times2=200\,\text{m}$ であるから，全抵抗 R は，

$$R=1.69\times10^{-8}\times20/[\pi\times(0.6\times10^{-3})^2]$$
$$=0.3\quad\Omega$$

となるから，両端の電圧降下 V は，$V=RI$（I：電流）より，

$$V=20\times0.3=6\quad\text{V}$$

となる。

5.3 下図のように放電開始後のある時間 t における電荷を Q，流れる電流を I，電極板間の電圧を V とすると，

$$\frac{dQ}{dt}=-I=-\frac{Q}{RC}$$

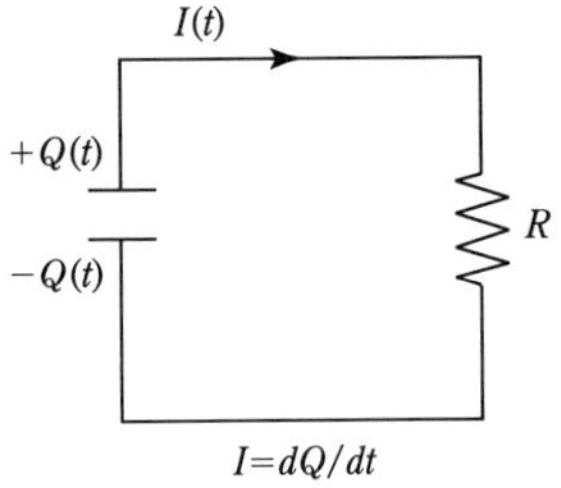

が成り立つ。ここで C はこのコンデンサの静電容量であり，かつ $Q=CV$ および $I=V/R$ の関係を用いた。上は電荷 Q に関する微分方程式であり，これを解けばよい。$Q=A\exp(-\alpha t)$ とおくと，

$$-\alpha A\exp(-\alpha t)=\frac{1}{RC}A\exp(-\alpha t)$$

となり，これより

$$\alpha=1/RC$$

と α が求まる。また A は $t=0$ のときの電荷が Q_0 であるから，$A=Q_0$ となる。ゆえに，電荷 $Q(t)$ は，

$$Q(t)=Q_0\exp[-(1/RC)t]$$

と求められる。これが最初の値 Q_0 の $1/e$ になる時間 τ は，

$$\tau=RC$$

である。ここで平行平板コンデンサの静電容量 C は $C=\varepsilon S/d$ であるから，

$$\tau=\varepsilon SR/d$$

となる。

5.4 放電開始してからの時間 t のときの電荷，流れる電流，電極板間の電圧を Q，I，V とすると，上の問題 5.3 と全く同じ式が得られる。ただしこの場合の電気抵抗 R は両電極板間の抵抗である。電荷 Q の時間変化も上と同様な式であたえられる。すなわち，電荷 Q が最初の電荷 Q_0 の $1/e$ になる時間 τ は，

$$\tau = RC$$

で与えられる。抵抗 R は $R = \rho d/S$，静電容量 C は $C = \varepsilon S/d$ であるから，

$$\tau = (\rho d/S) \times (\varepsilon S/d) = \rho\varepsilon$$

となる。この τ を**緩和時間**という。上の式は，緩和時間は平行平板コンデンサの寸法には全くよらず，電極板間に入れた物質の定数だけできまることを示している。

5.5 往復線路の一端から距離 x の点での往復線路間の電圧を V，流れている電流を I とし，その点より微小な距離 dx だけ離れた点でのそれらを $V+dV$，$I+dI$ とする(下図)。電圧，電流の変化分 dV，dI は長さ dx の部分の抵抗 rdx および線路間のコンダクタンス gdx によるのみであるから，オームの法則を用いて次の関係が得られる。

$$-dV = (rdx)I$$
$$-dI = (gdx)V$$

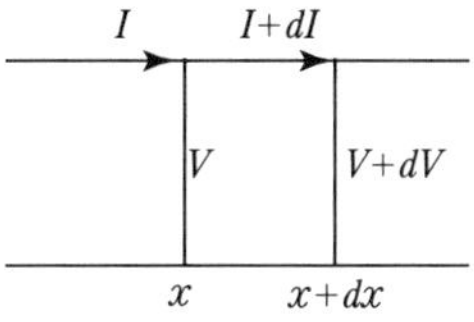

ただし，左辺の負号は電流，電圧とも減少することを示す。これから，

$$\frac{dV}{dx} = -rI$$

$$\frac{dI}{dx} = -gV$$

上の式の両辺を x で微分して，下の式に代入すると，

$$\frac{d^2V}{dx^2} = -r\frac{dI}{dx} = rgV$$

これより

$$\frac{d^2V}{dx^2} - rgV = 0$$

が得られる。

5.6 (1) 抵抗 R は $R = \rho d/S$ であるから，

$$R = 1.7 \times 10^{-8} \times 1000 \div [\pi \times (1.25 \times 10^{-3})^2]$$
$$= 3.46\,\Omega$$

(2) $R = 1.7 \times 10^{-8} \times 10 \div [\pi \times (3.0 \times 10^{-3})^2] = 6 \times 10^{-3}\,\Omega$

(3) $R = 1.7 \times 10^{-8} \times 1000 \div [\pi \times (1.25 \times 10^{-3})^2 \times 20] = 0.17\,\Omega$

5.7 温度が θ_1, θ_2 のときの抵抗を R_1, R_2 とすると(抵抗の温度係数を α として),

$$R_2=R_1[1+\alpha(\theta_2-\theta_1)]$$

が成り立つから,

$$2.18=2.0[1+0.040\times(\theta_2-20)]$$

より θ_2 は次のように求められる。

$$\theta_2=(2.18/2.0-1)\div 0.004+20=42.5^\circ\mathrm{C}$$

5.8 下図に示したような厚さ dx, 幅(紙面に対する奥行き) a の部分を考える。この部分の断面積 S は, $S=adx$, 長さ l は $l=2(a+x)$ であるので, この部分の抵抗 dR_{AB} は,

$$dR_{AB}=\rho l/S=2\rho(a+x)/(adx)$$

となる。面 A, B 間の抵抗 R_{AB} は, これらの抵抗が並列になったものと考えられるから,

$$\frac{1}{R_{AB}}=\int_0^a\frac{adx}{2\rho(a+x)}=\frac{a}{2\rho}[\log(a+x)]_0^a=\frac{a}{2\rho}\log 2$$

$$R_{AB}=2\rho/(a\log 2)=2.88\rho/a$$

となる。

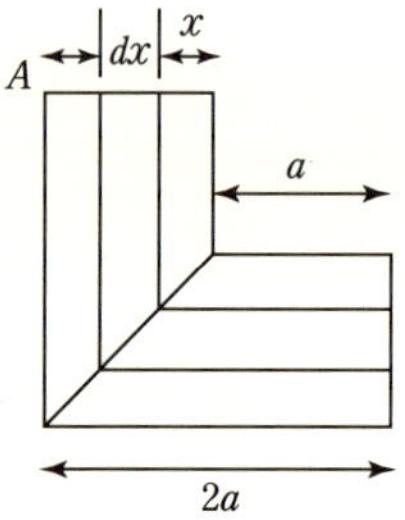

5.9 図 5.32 のように, 軸に沿って z 軸をとると, 高さ z のところの断面の半径 $r(z)$ は,

$$r(z)=b+(a-b)z/h$$

となる。この断面を通って流れる電流密度を $J_z(z)$ とすると, 全電流を I として,

$$I=J_z(z)\pi[r(z)]^2$$

が成り立つから,

$$J_z(z)=I/\pi[r(z)]^2$$

となる。オームの法則(電流密度に関する)から, この断面上の電界 $E_z(z)$ は, $E_z(z)=\rho J_z(z)$ となる。したがって上下底面間の電圧 V は,

$$V=\int_0^h E_z(z)\,dz=\int_0^h\frac{\rho I}{\pi[b+(a-b)z/h]^2}dz$$

$$=\frac{\rho Ih}{\pi(a-b)}\left[\frac{-1}{b+(a-b)z/h}\right]_0^h$$

$$=\frac{\rho Ih}{\pi(a-b)}\left(\frac{1}{b}-\frac{1}{a}\right)=\frac{\rho Ih}{\pi ab}$$

で与えられる。$R=V/I$ であるから，求める上下底面間の抵抗 R は,

$$R=\rho h/\pi ab$$

となる。

5.10 この問題はまず2つの導体球間の静電容量 C を求め，次に抵抗 R と C の関係を用いて R を求めるほうが容易である。

図 5.33 のように両方の導体球の中心を結ぶ線上に任意の点 $\mathrm{P}(x)$ をとり，この点での電界 E を求める。A，Bにそれぞれ $+Q, -Q$ を与えたとすると電界 E は線上でAからBへ向かう方向で，その大きさは次のようになる。

$$E=\frac{Q}{4\pi\varepsilon}\left\{\frac{1}{x^2}+\frac{1}{(d-x)^2}\right\}$$

ただし ε は両球間の媒質の誘電率である。そうするとA，B間の電圧 V は,

$$\begin{aligned}V&=\int_a^{d-b}Edx=\frac{Q}{4\pi\varepsilon}\int_a^{d-b}\left[\frac{1}{x^2}+\frac{1}{(d-x)^2}\right]dx\\&=\frac{Q}{4\pi\varepsilon}\left[\frac{-1}{\cdot x}+\frac{1}{d-x}\right]_a^{d-b}=\frac{Q}{4\pi\varepsilon}\left(\frac{1}{a}-\frac{1}{d-a}-\frac{1}{d-b}+\frac{1}{b}\right)\\&=\frac{Q}{4\pi\varepsilon}\left(\frac{1}{a}+\frac{1}{b}-\frac{2}{d}\right)\end{aligned}$$

ただし，ここで $1/(d-a)$，$1/(d-b)$ は $d\gg a$，b であるから，ほとんど $1/d$ に等しいとした。

$Q=CV$ の関係より，C は次のように求められる。

$$C=\frac{4\pi\varepsilon}{\dfrac{1}{a}+\dfrac{1}{b}-\dfrac{2}{d}}$$

R と C の間には $RC=\varepsilon/\sigma$ の関係があるから，抵抗 R は,

$$R=\varepsilon/\sigma C=\frac{1}{4\pi\sigma}\left(\frac{1}{a}+\frac{1}{b}-\frac{2}{d}\right)$$

と求められる。もし $1/a$，$1/b$ に対して $2/d$ を無視すれば,

$$R=\frac{1}{4\pi\sigma}\left(\frac{1}{a}+\frac{1}{b}\right)$$

となる。

5.11 電流密度を J とすると，定常電流の場合には電流連続の式 $\mathrm{div}\,\boldsymbol{J}=0$ が成り立つ。$\boldsymbol{J}=\sigma(x,y,z)E$ をこれに代入すると,

$$\left(\frac{\partial\sigma}{\partial x}E_x+\sigma\frac{\partial E_x}{\partial x}\right)+\left(\frac{\partial\sigma}{\partial y}E_y+\sigma\frac{\partial E_y}{\partial y}\right)+\left(\frac{\partial\sigma}{\partial z}E_z+\sigma\frac{\partial E_z}{\partial z}\right)=0$$

これをまとめると,

$$\sigma\left(\frac{\partial E_x}{\partial x}+\frac{\partial E_y}{\partial y}+\frac{\partial E_z}{\partial z}\right)+\left(\frac{\partial\sigma}{\partial x}E_x+\frac{\partial\sigma}{\partial y}E_y+\frac{\partial\sigma}{\partial z}E_z\right)=0$$

となる。これより

$$\sigma\,\mathrm{div}\,\boldsymbol{E}+\boldsymbol{E}\,\mathrm{grad}\,\sigma=0$$

が導かれる。また第1項を電位 V を用いて表すと,

$$\sigma\nabla^2V=\boldsymbol{E}\,\mathrm{grad}\,\sigma$$

となる。

5.12 2つの物質中の電束密度，電界，電流密度をそれぞれ，D_1，D_2，E_1，E_2，J_1，J_2とする。下図のように境界面を含む小さい円筒(底面積$\varDelta S$)に電束密度に関するガウスの法則を適用すると，

$$(D_2-D_1)\varDelta S=\sigma\varDelta S$$

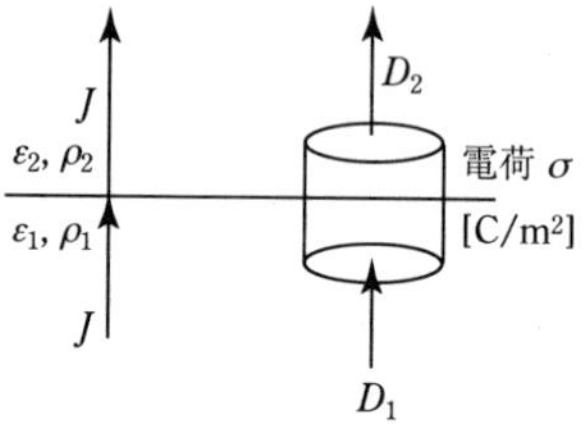

ここで電流が境界面に垂直に流れ込んでいるので，境界面での電界，電束密度はいずれも境界面に垂直な成分のみを持っていると考えてよい。また上のガウスの法則で円筒の高さは十分に小さくとり，側面での積分は無視できるとする。上より，電荷面密度σは，

$$\sigma=D_2-D_1=\varepsilon_2E_2-\varepsilon_1E_1$$

境界面における電流密度の垂直成分は連続であるから，$J_1=J_2=J$となるので，オームの法則より$J_1=\sigma_1E_1$，$J_2=\sigma_2E_2$を上の式に代入すると，

$$\sigma=\left(\frac{\varepsilon_2}{\sigma_2}-\frac{\varepsilon_1}{\sigma_1}\right)J$$

と電荷面密度が求められる。

5.13 図5.34のようにこの回路の点Pにキルヒホッフの第1法則を適用すると，

$$I_1-I_2-I=0$$

図のように回路I，IIにキルヒホッフの第2法則を適用すると，

$$R_1I_1+R_2I_2=V_e$$

$$R_2I_2-RI=0$$

上の3つの式を連立して解き，抵抗Rを流れる電流Iを求めると，

$$I=\{R_2/[R(R_1+R_2)+R_1R_2]\}V_e$$

となる。この式はまた次のように書き直すことができる。

$$I=\frac{R_2V_e/(R_1+R_2)}{R+R_1R_2/(R_1+R_2)}$$

これを等価回路で描いてみると，下図のようになる。すなわち，「回路網中の任意の

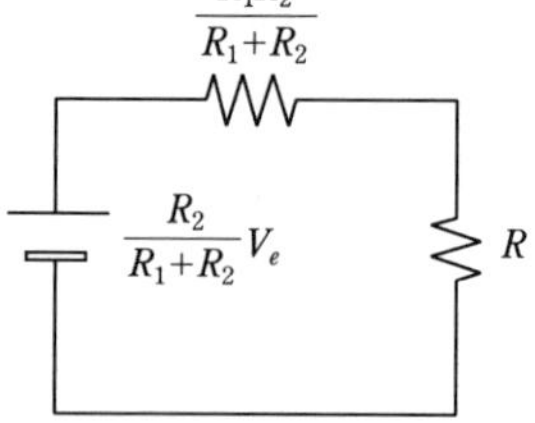

2 点に抵抗 R を接続したときにこの R に流れる電流は，R を接続する前にその 2 点間に現れていた電圧$(R_2V_e/(R_1+R_2))$をその点から，回路網中のすべての起電力を短絡した場合に回路網を見た抵抗(すなわち $R_1R_2/(R_1+R_2)$)と R の和で割ったものに等しい」。これを**テブナンの定理**という。

またジュール熱 W は，

$$W=RI^2=RR_2V_e^2/[R(R_1+R_2)+R_1R_2]^2$$

となる。

5.14 図 5.35 の点 P に関してキルヒホッフの第 1 法則を適用して，

$$I_0-I_1-I_2=0$$

また回路 I，II についてキルヒホッフの第 2 法則を適用して，

$$R_0I_0+(R_1+R_2)I_1=V_e$$

$$(R_1+R_2)I_1-(R_3+R_4)I_2=0$$

上の 3 つの式より，

$$I_1=\frac{(R_3+R_4)V_e}{R_0(R_1+R_2+R_3+R_4)+(R_1+R_2)(R_3+R_4)}$$

$$I_2=\frac{(R_1+R_2)V_e}{R_0(R_1+R_2+R_3+R_4)+(R_1+R_2)(R_3+R_4)}$$

と I_1，I_2 が求められる。端子 A，B 間の電圧 V_{AB} は，$V_{AB}=R_3I_2-R_1I_1$ となる。これに上の式を代入すると以下のようになる。

$$V_{AB}=\frac{(R_3R_4-R_1R_2)V_e}{R_0(R_1+R_2+R_3+R_4)+(R_1+R_2)(R_3+R_4)}$$

A，B の電位を等しくして，A，B を接続しても電流が流れないようにするためには，$V_{AB}=0$ であるように各抵抗値を選べばよい。上の式よりその条件は，

$$R_1R_2=R_3R_4$$

となる。これはブリッジの平衡条件と呼ばれる。この回路は既知の 3 つの抵抗(例えば，R_1，R_2，R_3)を用いて未知の抵抗(例えば R_4)を測定するために用いられる回路で**ブリッジ回路**という。

5.15 (1) 図 5.36 の点 P についてのキルヒホッフの第 1 法則は，

$$I=I_1+I_2$$

また抵抗 R と 2 つの電池を通る 2 つの回路についてキルヒホッフの第 2 法則を書くと，

$$IR+I_1r_1=V_{e1}$$

$$IR+I_2r_2=V_{e2}$$

上の 2 つの式より I_1，I_2 を求めて一番上の式に代入すると，

$$I=\frac{V_{e1}+IR}{r_1}+\frac{V_{e2}+IR}{r_2}$$

が得られる。これより I を求めると，

$$I=\frac{r_2V_{e1}+r_1V_{e2}}{r_1r_2+(r_1+r_2)R}$$

(2) ジュール熱 W は，$W=RI^2$ であるから，

$$W = R\left(\frac{r_2 V_{e1} + r_1 V_{e2}}{r_1 r_2 + (r_1 + r_2) R}\right)^2$$

となる。

（3） W を最大にする R の値は $\partial W/\partial R = 0$ より求められる。

$$\frac{\partial W}{\partial R} = (r_2 V_{e1} + r_1 V_{e2})^2 \frac{[r_1 r_2 + (r_1 + r_2) R] - 2(r_1 + r_2) R}{[r_1 r_2 + (r_1 + r_2) R]^3}$$
$$= 0$$

上式を整頓して，

$$[r_1 r_2 - (r_1 + r_2) R] / [r_1 r_2 + (r_1 + r_2) R]^3 = 0$$

となるから，電力 W を最大にする抵抗 R は，

$$R = r_1 r_2 / (r_1 + r_2)$$

と得られる。この式は次のように書き直せる。

$$R = \frac{1}{1/r_1 + 1/r_2}$$

すなわち W を最大ならしめる抵抗 R は 2 つの電池の内部抵抗を並列合成したものと等しい。

第 6 章

6.1 遠心力とローレンツ力が釣り合っているので，

$$m_p \frac{v^2}{r} = qvB$$

となる。したがって，

$$v \fallingdotseq 4.8 \times 10^7 \, \mathrm{m/s}$$
$$\omega_c = 2\pi \cdot v / 2\pi r \, (= qB/m_p)$$
$$\fallingdotseq 9.6 \times 10^7 \, \mathrm{s}^{-1}$$
$$U = m_p v^2 / 2 \fallingdotseq 1.9 \times 10^{-12} \, \mathrm{J}$$

6.2 定常状態では，y 方向の端面に電荷がたまり，それによる電界(E_y 成分)による力と磁束密度によるローレンツ力が釣り合う。y 方向のローレンツ力 F_y は $F_y = -e(E_y + v_x B_z)$ なので，

$$E_y = -v_x B_z$$

となる。この E_y の絶対値が求める E_H である。また，$I_x = nev_x$ より，

$$E_H = |E_y| = -\frac{I_x B_z}{ne}$$

となる。

6.3 導体が z 軸上にあり，電流は z 軸の正の方向へ流れているものとする。いま，点 $\mathrm{P}(0, 0, -z)$ と点 $\mathrm{Q}(0, 0, z)$ を結ぶ導体に電流が P から Q の方向へ流れているとする。このとき，導体から r 離れた点 $\mathrm{A}(x, y, z)$ における磁束密度の大きさ B は，例題 6.2 より，

$$B(r) = \frac{\mu_0 I}{4\pi r} (\cos\theta_\mathrm{A} - \cos\theta_\mathrm{B})$$

である。

無限の直線電流は上の例において,

$$\theta_A \to 0, \qquad \theta_B \to \pi$$

とした場合に相当する。したがって，求める磁束密度の大きさは

$$B(r) = \frac{\mu_0 I}{2\pi r}$$

である。向きは，電流を右ネジの進む向きとしたとき，右ネジの回る向きである。

6.4 正方形の回路が下図のように xy 平面上にあったとする。線分 DA が中心に作る磁束密度の大きさは，例題 6.2 より

$$B(r) = \frac{\mu_0 I}{4\pi r}\left(\cos\frac{\pi}{4} - \cos\frac{3\pi}{4}\right) = \frac{\mu_0 I}{\sqrt{2}\,\pi L}$$

方向は z 軸正の方向。他の 3 辺も同様なので,

$$\boldsymbol{B} = \left(0, 0, \frac{2\sqrt{2}\,\mu_0 I}{\pi L}\right)$$

となる。

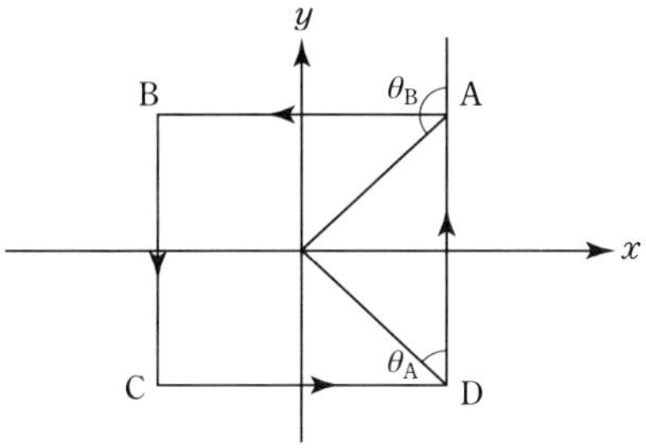

6.5 円電流の一部 $\Delta \boldsymbol{s}$ が点 P に作る磁束密度をビオ・サバールの法則より求めると,

$$\Delta \boldsymbol{B} = \frac{\mu_0}{4\pi}\left(I\Delta\boldsymbol{s} \times \frac{\boldsymbol{r}}{r^3}\right)$$

となる。円電流が点 P に作る磁束密度は，対称性より z 成分のみとなる。

$$(\Delta\boldsymbol{s} \times \boldsymbol{r})_z = \Delta s r \cos\theta = a\Delta s$$

ゆえに,

$$\Delta B_z = \frac{\mu_0 I}{4\pi}\frac{a\Delta s}{r^3}$$

$$B_z = \oint \Delta B_z = \mu_0 a^2 I / 2r^3$$

［参考］ この B_z の値は

$$B_z = \mu_0 m / 2\pi r^3, \qquad m = \pi a^2 I$$

に等しい。

6.6 幅 dx の円形コイルに，電流 $i(=NIdx/L)$ を流したときの中心軸上の磁束密度はこの場合 x 成分のみで，前問より，

$$\Delta B_x=\mu_0 a^2 i/2r^3, \qquad r^2=a^2+x^2$$

となる。したがって，

$$B_x=\int_{-L/2}^{L/2} dB_x=\int_{-L/2}^{L/2}\frac{\mu_0 NIa^2}{2L}\frac{dx}{(a^2+x^2)^{3/2}}=\frac{\mu_0 NI}{\sqrt{4a^2+L^2}}$$

$$B_y=B_z=0$$

となる。

6.7 正 n 角形と中心を結んでできる三角形 PAB を考える。このとき，辺 AB が点 P に作る磁束密度の大きさは，

$$B_1=\frac{\mu_0 I}{4\pi r}(\cos\theta_A-\cos\theta_B)$$

$$\cos\theta_A-\cos\theta_B=-2\sin\frac{\theta_A+\theta_B}{2}\sin\frac{\theta_A-\theta_B}{2}$$

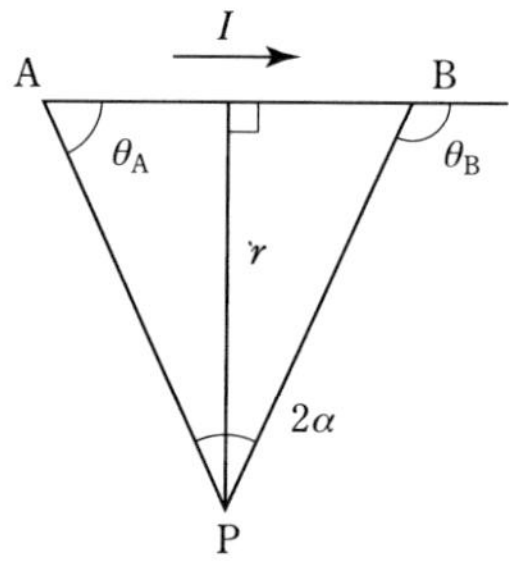

また，

$$\theta_A+\theta_B=\pi,\quad \theta_A-\theta_B=-2\alpha \quad (2\theta_A+2\alpha=\pi\ より)$$

なので

$$B_1=\frac{\mu_0 I}{2\pi r}\sin\alpha=\frac{\mu_0 I}{2\pi a}\frac{\sin\alpha}{\cos\alpha}=\frac{\mu_0 I}{2\pi a}\tan\alpha$$

したがって，n 角形の全部の辺が作る磁束密度の大きさは，

$$B=\frac{n\mu_0 I}{2\pi a}\tan\frac{\pi}{n}=\frac{\mu_0 I}{2a}\frac{\tan(\pi/n)}{\pi/n}$$

である。

$$\lim_{\theta\to 0}\frac{\tan\theta}{\theta}=1$$

より，n を大きくしたときの極限での B の値は，

$$B=\frac{\mu_0 I}{2a}$$

となり，円形コイルでの値と一致する。

6.8 図のように座標および各パラメータを定めたとする。

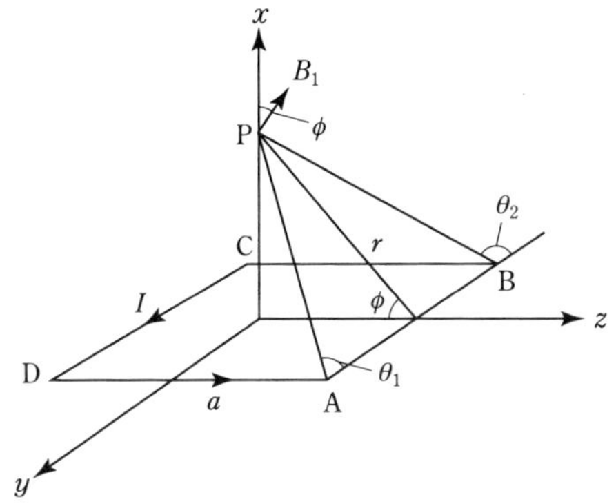

辺ABを流れる電流が点P$(x, 0, 0)$に作る磁束密度B_1は次式で表される。

$$B_1 = \frac{\mu_0 I}{4\pi r}(\cos\theta_1 - \cos\theta_2)$$

このうち，x成分以外は，辺CDを流れる電流Iが作る磁束密度と打ち消し合うので，残る成分は次式となる。

$$B_{1x} = \frac{\mu_0 I}{4\pi r}(\cos\theta_1 - \cos\theta_2)\cos\phi$$

4辺を流れる電流が作る磁束密度はこの4倍なので，次式で表される。

$$B_x = \frac{\mu_0 I}{\pi r}(\cos\theta_1 - \cos\theta_2)\cos\phi$$

ここで，

$$\cos\theta_1 = -\cos\theta_2 = \frac{a}{2}\frac{1}{\sqrt{a^2/2 + x^2}}$$

$$\frac{\cos\phi}{r} = \frac{a}{2r^2}$$

となるので，

$$B_x = \frac{\mu_0 I a^2}{2\pi\{x^2 + (a/2)^2\}\sqrt{a^2/2 + x^2}}$$

$$B_y = B_z = 0$$

6.9 前問と同様に解くことができ，

$$B_x = \frac{9\mu_0 I a^2}{2\pi(12x^2 + a^2)\sqrt{3x^2 + a^2}}$$

$$B_y = B_z = 0$$

となる。

6.10 直線部分の電流は中心に磁束密度を発生しない。また，半円が作る磁束密度の大きさは円が作る磁束密度の大きさ$B = \mu_0 I/2a$の半分なので，$\mu_0 I/4a$である。方向は，紙面の表側から裏側へ向う方向である。

6.11 アンペールの周回路の法則より，

$$r>c \qquad B_\phi=0$$

$$c>r>b \qquad B_\phi=\frac{\mu_0 I}{2\pi r}\frac{c^2-r^2}{c^2-b^2}$$

$$b>r>a \qquad B_\phi=\frac{\mu_0 I}{2\pi r}$$

$$a>r \qquad B_\phi=\frac{\mu_0 I}{2\pi a^2}r$$

となる。他の成分は 0 である。

6.12 アンペールの周回路の法則より，

$$r>b \qquad B_\phi=0$$

$$b>r>a \qquad B_\phi=\frac{\mu_0 I}{2\pi r}$$

$$a>r \qquad B_\phi=0$$

となる。他の成分は 0 である。

6.13 $a<r<b$ のとき，

$$\oint \boldsymbol{B}\cdot d\boldsymbol{s}=\mu_0 NI$$

より，

$$B(r)=\frac{\mu_0 NI}{2\pi r}$$

となる。

6.14 半径 a の導体全体に電流密度 J の電流が流れ，半径 b の空洞部分に $-J$ の電流密度の電流が流れていると考える。空洞内の任意の点 $\mathrm{P}(x, y, 0)$ の磁束密度 $\boldsymbol{B}$ は，J による値を $\boldsymbol{B}_1$, $-J$ による値を $\boldsymbol{B}_2$ とすると，

$$\boldsymbol{B}=\boldsymbol{B}_1+\boldsymbol{B}_2$$

である。また，アンペールの周回路の法則より，

$$\boldsymbol{B}_1=(B_{1x}, B_{1y}, 0),$$
$$B_{1x}=-\mu_0 Jy/2, \qquad B_{1y}=\mu_0 Jx/2$$
$$\boldsymbol{B}_2=(B_{2x}, B_{2y}, 0),$$
$$B_{2x}=\mu_0 Jy'/2, \qquad B_{2y}=-\mu_0 Jx'/2$$
$$x'=x-d, \qquad y'=y$$

である。ゆえに

$$\boldsymbol{B}=(0, \mu_0 Jd/2, 0)$$

となる。

6.15 $\boldsymbol{J}=(1/\mu_0)\operatorname{rot}\boldsymbol{B}$ より，

$$r\geqq a \quad \text{のとき} \quad \boldsymbol{J}=\boldsymbol{0}$$
$$r<a \quad \text{のとき} \quad \boldsymbol{J}=(0, 0, I/\pi a^2)$$

6.16　$\mathrm{div}\,\boldsymbol{B}=0$ より，

$$\frac{\partial B_x}{\partial x}+\frac{\partial B_y}{\partial y}+\frac{\partial B_z}{\partial z}=0$$

よって，

$$C=\mu_0 I/2\pi$$

となる。

6.17　ビオ・サバールの法則より

$$\begin{aligned}\varDelta\boldsymbol{A}&=(\mu_0 I/4\pi r)\varDelta\boldsymbol{s}\\ \varDelta\boldsymbol{B}&=\mathrm{rot}\,\varDelta\boldsymbol{A}\\ &=\frac{\mu_0 I}{4\pi}\left\{\mathrm{rot}\frac{\varDelta\boldsymbol{s}}{r}+\mathrm{grad}\left(\frac{1}{r}\right)\times\varDelta\boldsymbol{s}\right\}\end{aligned}$$

ここで，$\mathrm{rot}\,\varDelta\boldsymbol{s}=\boldsymbol{0}$，$\mathrm{grad}(1/r)=-\mathrm{grad}\,r/r^2$，$\mathrm{grad}\,r=\boldsymbol{r}/r$ となる。したがって，

$$\varDelta\boldsymbol{B}=\frac{\mu_0 I}{4\pi r^3}\varDelta\boldsymbol{s}\times\boldsymbol{r}$$

が成り立つ。

6.18　図 6.14 のように，点 P が xy 平面上にあり，導体が z 軸上にあるように，座標軸を決めたとする。また原点と点 P の距離を r とする。点 P におけるベクトルポテンシャルは電流が z 方向に流れているので，z 成分のみである。

$$A_z=\frac{\mu_0 I}{4\pi}\int_{-L_2}^{L_1}\frac{dz}{\sqrt{r^2+z^2}}=\frac{\mu_0 I}{4\pi}\log\frac{\sqrt{r^2+L_1{}^2}+L_1}{\sqrt{r^2+L_2{}^2}-L_2}$$

6.19

$$\begin{aligned}\oint\boldsymbol{A}\cdot d\boldsymbol{s}&=\iint\mathrm{rot}\,\boldsymbol{A}\cdot\boldsymbol{n}dS &&\text{（ストークスの定理より）}\\ &=\iint\boldsymbol{B}\cdot\boldsymbol{n}dS &&(\boldsymbol{B}=\mathrm{rot}\,\boldsymbol{A}\text{ より})\\ &=\phi\end{aligned}$$

6.20　辺 BC，AD に働く力は広がろうとする力で互いに打ち消し合っている。辺 AB，CD に働く力が回転力を生み出している。辺 AB に働く力 $\boldsymbol{F}$ の大きさは

$$|\boldsymbol{F}|=I|\boldsymbol{B}|a$$

となる。この力による回転力 $\boldsymbol{N}_1$ の大きさは

$$|\boldsymbol{N}_1|=(a|\boldsymbol{F}|\cos\theta)/2=(|\boldsymbol{m}||\boldsymbol{B}|\cos\theta)/2$$

となる。辺 CD にも同様の回転力が働くので全体の回転力は

$$|\boldsymbol{N}|=|\boldsymbol{m}||\boldsymbol{B}|\cos\theta=|\boldsymbol{m}\times\boldsymbol{B}|$$

となる。方向も含めて考えると

$$\boldsymbol{N}=\boldsymbol{m}\times\boldsymbol{B}$$

となる。

第7章

7.1 磁束密度が 1.0×10^{-2} T なので外部の磁界は

$$H_0=0.80\times10^4\,\mathrm{A/m}$$

である。あとは例題7.1と同じようにして求めることができる。

$$H=0.11\times10^4\,\mathrm{A/m}$$
$$M=\chi_m H=55\times10^4\,\mathrm{A/m}$$

である。

7.2

$$H_1(\pi R-\delta)+H_2(\pi R-\delta)+2H_0\delta=NI$$
$$\mu_1 H_1=\mu_0 H_0$$
$$\mu_2 H_2=\mu_0 H_0$$

より，

$$B_0=\mu_0 H_0=\frac{NI}{\dfrac{2\delta}{\mu_0}+\dfrac{\pi R-\delta}{\mu_1}+\dfrac{\pi R-\delta}{\mu_2}}$$

となる。

7.3

$$\oint \boldsymbol{H}\cdot d\boldsymbol{s}=|\boldsymbol{J}|\,b \quad (b\text{ は BC，DA の長さ})$$
$$(H_1\sin\theta_1-H_2\sin\theta_2)\,b=|\boldsymbol{J}|\,b$$

よって，$H_1\sin\theta_1-H_2\sin\theta_2=|\boldsymbol{J}|$ となる。

［参考］ 磁束密度 $\boldsymbol{B}$ の境界条件は境界面での電流の有無によらず

$$B_1\cos\theta_1=B_2\cos\theta_2$$

である。また，一般に境界面における電流密度ベクトルを $\boldsymbol{J}$[A/m]とすると，

$$(\boldsymbol{H}_2-\boldsymbol{H}_1)\times\boldsymbol{n}=\boldsymbol{J}$$

が成立する。$\boldsymbol{n}$ は媒質 $2(\mu_2)$ から媒質 $1(\mu_1)$ の方を向いた法線ベクトルである。

7.4 磁化ベクトル $\boldsymbol{M}$ はSからNの向きである。磁界ベクトル $\boldsymbol{H}$ はNからSの向きである。磁石の外部では，磁束密度ベクトル $\boldsymbol{B}$ と磁界ベクトル $\boldsymbol{H}$ は $\boldsymbol{M}=\boldsymbol{0}$ なので一致する。また磁束密度ベクトルは境界面で法線成分が一致するとの条件(式(7.5))より磁石の内外で方向が一致する。そのため，図のような指力線となる。

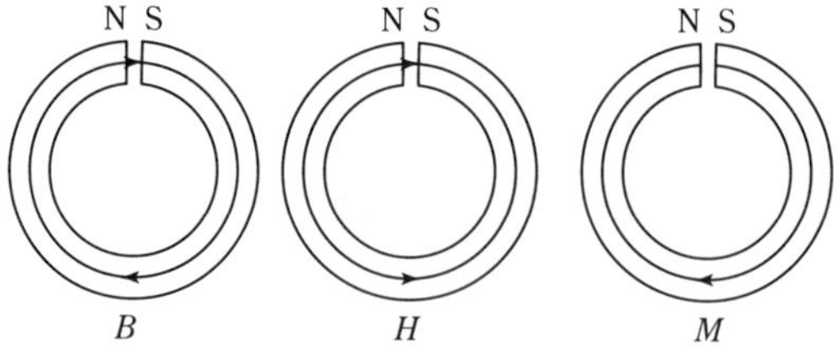

7.5 磁気モーメントの大きさは $m=q_m L/\mu_0$，方向は $-q_m$ から q_m の方向である。q_m, $-q_m$ に働く力 $\boldsymbol{F}$, $-\boldsymbol{F}$ は

$$\boldsymbol{F}=q_m\boldsymbol{H}_0,\qquad -\boldsymbol{F}=-q_m\boldsymbol{H}_0$$

である。したがって，回転力の大きさ N は，

$$N=2\times\frac{q_m H_0 L}{2}\sin\theta=\mu_0 m H_0\sin\theta=mB_0\sin\theta$$

である。ここで，θ は磁気モーメントと磁束密度のなす角度。

回転力の向きは $-z$ 軸方向である。ゆえに，

$$\boldsymbol{N}=\boldsymbol{m}\times\boldsymbol{B}_0$$

が成立する。

7.6 q_m, $-q_m$ の位置における磁位(電位に相当するもので，$\boldsymbol{H}=-\mathrm{grad}\,V_m$)を各々 V_{m1}, V_{m2} とすると，磁気モーメント全体のポテンシャルエネルギー U_m は次式で表される。

$$U_m=q_m V_{m1}+(-q_m)V_{m2}=q_m L\frac{\partial V_m}{\partial x}=q_m L(-H_x)=q_m L(-H_0)$$
$$=-\boldsymbol{m}\cdot\boldsymbol{B}_0$$

7.7 $-q_m$ の所の磁界の大きさを H_1, q_m の所の磁界の大きさを H_2 とすると x 方向の力は次式で表される。

$$F_x=q_m H_2-q_m H_1=q_m L(H_2-H_1)/L=\frac{q_m L}{\mu_0}\frac{\mu_0 H_2-\mu_0 H_1}{L}$$
$$=m_x\frac{\partial B_x}{\partial x}$$

7.8 磁極を q_m とすると $q_m=\mu_0 MS$ である。x 方向の力は，同符号同士の磁荷による斥力により生じるが，それはお互いに打ち消し合う。したがって y 方向の力のみを求めればよい。

同符号同士の斥力による y 方向の力 F_{y1} は

$$F_{y1}=2\frac{q_m^2}{4\pi\mu_0(L^2+d^2)}\frac{d}{\sqrt{L^2+d^2}}$$

となる。一方，異符号による引力 F_{y2} は

$$F_{y2}=-2\frac{q_m^2}{4\pi\mu_0 d^2}$$

である。したがって合力は $F_x=0$, $F_z=0$,

$$F_y=\frac{q_m^2}{2\pi\mu_0}\left(\frac{d}{(L^2+d^2)^{3/2}}-\frac{1}{d^2}\right)$$

となる。ただし，$q_m=\mu_0 MS$ である。

第8章

8.1 巻き数 N_1 のコイル C_1 に電流 I_1 を流すときに，C_1 内に生じる磁束を ϕ_1, ϕ_1 のうち巻き数 N_2 のコイル内を通る磁束を ϕ_{21} とすると，$\phi_1\geqq\phi_{21}$ となる。また，$N_1\phi_1=L_1 I_1$, $N_2\phi_{21}=MI_1$ となる。同様に，$\phi_2\geqq\phi_{12}$, $N_2\phi_2=L_2 I_2$, $N_1\phi_{12}=MI_2$ となる。よって，

$$L_1=N_1\phi_1/I_1,\qquad M=N_2\phi_{21}/I_1$$
$$L_2=N_2\phi_2/I_2,\qquad M=N_1\phi_{12}/I_2$$

が成立する。これらから，

$$L_1L_2 = N_1N_2\phi_1\phi_2/I_1I_2$$
$$M^2 = N_1N_2\phi_{21}\phi_{12}/I_1I_2$$

が成立する。

$\phi_1\phi_2 \geqq \phi_{21}\phi_{12}$　なので，$L_1L_2 \geqq M^2$ が成り立つ。

8.2 （1） 導体内半径 $r(\leqq a)$ での磁束密度の大きさ $B(r)$ は，

$$B(r) = \mu_0 I'/2\pi r$$
$$I' = r^2 I/a^2 \quad \text{（半径 } r \text{ 内の電流）}$$

である。したがって，導体内の単位長さ当たりの磁界のエネルギー W_i は，

$$W_i = \iiint \frac{BH}{2}dv = \int_0^a \frac{B^2}{2\mu_0} 2\pi r dr = \frac{\mu_0 I^2}{16\pi}$$

となる。内部インダクタンスを L_i とすると，

$$W_i = L_i I^2/2$$

なので，

$$L_i = \mu_0/8\pi$$

となる。

（2） 電流が導体表面にのみ流れているときは，導体内部の磁束は 0 なので，内部インダクタンスは 0 である。

8.3 内部インダクタンスは，各導体ごとの値の 2 倍なので，

$$L_i = 2\times\frac{\mu_0}{8\pi} = \frac{\mu_0}{4\pi}$$

となる。x の点における磁束密度の大きさ $B(x)$ は，

$$B(x) = \frac{\mu_0 I}{2\pi x} + \frac{\mu_0 I}{2\pi(d-x)}$$

なので，下図で灰色の部分（長さは単位長さ）の磁束 $d\phi$ は，

$$d\phi = B(x)\,dx$$

となる。したがって，2 本の導体間に鎖交する単位長当たりの磁束 Φ は，

$$\Phi = \int_a^{d-a} d\phi = \frac{\mu_0 I}{2\pi}\int_a^{d-a}\left(\frac{1}{x}+\frac{1}{d-x}\right)dx = \frac{\mu_0 I}{2\pi}\log\frac{(d-a)^2}{a^2}$$
$$\sim \frac{\mu_0 I}{\pi}\log\frac{d}{a}$$

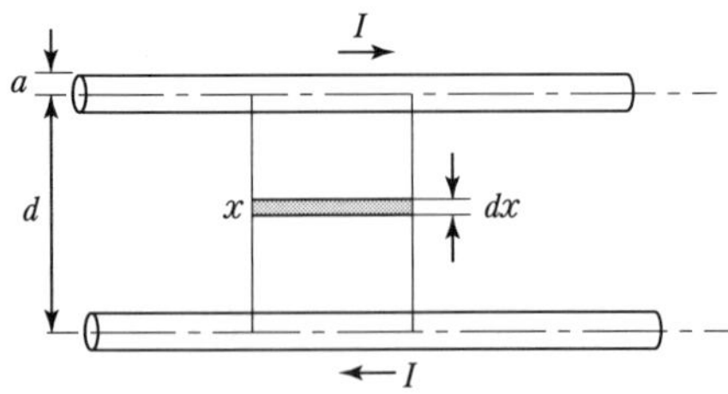

ゆえに，外部インダクタンス L_e は，

$$L_e=\frac{\mu_0}{\pi}\log\frac{d}{a}$$

となる。

したがって，全自己インダクタンス L は，

$$L=L_i+L_e=\frac{1}{\pi}\mu_0\left(\log\frac{d}{a}+\frac{1}{4}\right)$$

である。

8.4 直線導体に電流 I を流したとき，導体から r の地点での磁束密度の大きさ $B(r)$ は，

$$B(r)=\mu_0 I/2\pi r$$

である。したがって，長方形のコイルと鎖交する磁束 Φ は，

$$\Phi=\int_d^{d+a}\frac{\mu_0 I}{2\pi r}b\,dr=\frac{\mu_0 Ib}{2\pi}\log\frac{d+a}{d}$$

となる。ゆえに，

$$M=\Phi/I=\frac{\mu_0 b}{2\pi}\log\frac{d+a}{d}$$

である。

8.5 下図に示したような積分路に沿ってアンペールの周回積分を行うと，ソレノイドの外の磁束密度の大きさは $B_{\mathrm{ex}}=0$，かつ積分路の横幅は十分小さくできるので，ソレノイドの内部の大きさは，$B_{\mathrm{in}}=\mu_0 NI$（向きはソレノイドコイルに沿った向き）であることがわかる。

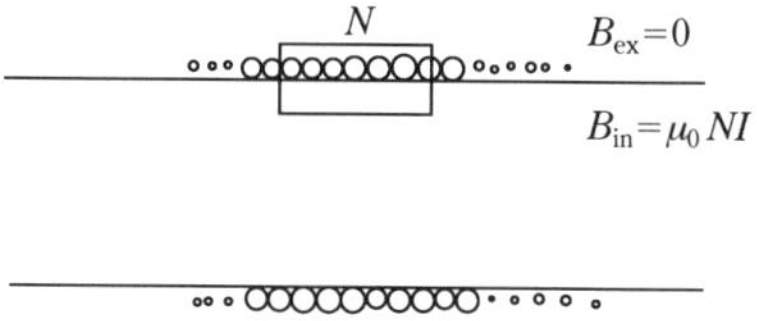

ソレノイドコイルの中間での磁束密度の大きさは

$$B=(B_{\mathrm{ex}}+B_{\mathrm{in}})/2=\mu_0 NI/2$$

となるので，ソレノイドコイルに働く単位面積当たりの力の大きさ F は，

$$F=BNI=\mu_0 N^2 I^2/2$$

である（向きは外向き）。

（別解 1） 仮想変位による解き方。

ソレノイドコイルの半径を a と仮定すると，単位長さ当たりのエネルギーは，

$$W=\pi a^2\frac{B_m{}^2}{2\mu_0}$$

となる。したがって，広がろうとする，単位面積当たりの力の大きさ F は，

$$F=\left(\frac{1}{2\pi a}\frac{\partial W}{\partial a}\right)_{I=\text{const.}}=B_{\text{in}}{}^2/2\mu_0$$
$$=\mu_0 N^2 I^2/2$$

$\partial W/\partial a$ はソレノイド軸方向の単位長さ当たりの広がろうとする力を表している。そこで，単位面積当たりに換算するため，$2\pi a$ で割っている。

(別解 2)　マクスウェルの応力の考え方から求める。

内側の磁界による単位面積当たりの広がろうとする力は，

$$B_{\text{in}}{}^2/2\mu_0$$

である。一方外側の磁界による単位面積当たりの押し戻す力は，0 である。したがって，外側へ広がろうとする力が，単位面積当たり

$$B_{\text{in}}{}^2/2\mu_0=\mu_0 N^2 I^2/2$$

だけ働く。

8.6　大地の表面に電流が流れ大地内の磁界を打ち消すことになる。この場合，大地に対して対称の位置に影像電流(電流の方向は反対方向)が流れていると考えれば，大地の外の空間での磁束密度を求めることができる。

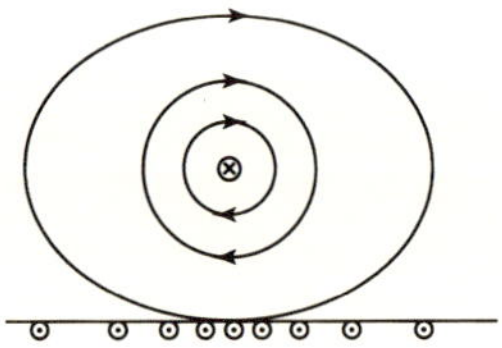

⊙: 影像電流

導体と鎖交する磁束は次式となる。

$$\Phi=\int_a^h (B_\phi{}^1+B_\phi{}^2)\,dr=\int_a^h\left(\frac{\mu_0 I}{2\pi r}+\frac{\mu_0 I}{2\pi(2h-r)}\right)dr$$
$$=\frac{\mu_0 I}{2\pi}\left(\log\frac{h}{a}-\log\frac{h}{2h-a}\right)=\frac{\mu_0 I}{2\pi}\log\frac{2h-a}{a}$$

ここで，$B_\phi{}^1$，$B_\phi{}^2$ はそれぞれ，導体に流れる電流および影像電流がつくる磁束密度である。また $2h-a\fallingdotseq 2h$ なので

$$L=\Phi/I=\frac{\mu_0}{2\pi}\log\frac{2h}{a}$$

となる。

8.7　AB 間の起電力(A から B の方向を正とする)は，

$$F_x=(q\boldsymbol{V}\times\boldsymbol{B})_x=-q(\omega b/2)|\boldsymbol{B}|\sin\omega t$$

を用いて次式で表される。

$$\int_{\text{A}}^{\text{B}}\frac{F_x}{q}(-dx)=\frac{\omega B_0 ab}{2}\sin\omega t$$

ここで $B_0=|\boldsymbol{B}|$ である。

CD 間の起電力も同様にして次式で表される。

$$\frac{\omega B_0 ab}{2}\sin\omega t$$

BC，DA 間のコイルに沿った起電力は 0 であるから，全起電力は

$$\omega B_0 ab\sin\omega t$$

である。

(**別解**)　コイルとの鎖交磁束は

$$\Phi = B_0 ab\cos\omega t$$

したがって，起電力は

$$V_{\mathrm{emf}} = -\frac{d\Phi}{dt} = B_0 ab\omega\sin\omega t$$

となる。

8.8

$$dV_i = vBdr = r\omega Bdr$$

$$v = |\boldsymbol{v}|, \qquad B = |\boldsymbol{B}|$$

$$V_i = \int dV_i = \int_0^a r\omega Bdr = \omega B\int_0^a rdr = \frac{\omega Ba^2}{2}$$

$$I = V_i/R = \omega Ba^2/2R$$

8.9　起電力は，

$$V_{\mathrm{emf}} = -NSB\frac{d\cos\omega t}{dt}$$

である。したがって，起電力の実効値は

$$V_a = NSB\omega/\sqrt{2}$$

となる。また，コイルの面積 S は，$S=0.045\,\mathrm{m}^2$，$V_a=1.2$，$N=4000$，$\omega=2\pi\times 30$ より

$$B = 5.0\times 10^{-5}\,T$$

となる。

8.10　鉄心内の磁束 ϕ は，

$$\phi = \frac{\mu_s\mu_0 SN_1}{L}I$$

巻き線 N_2 との鎖交磁束は $N_2\phi$ である。したがって，起電力は

$$V_{\mathrm{emf}} = -\frac{d(N_2\phi)}{dt} = -\frac{\mu_s\mu_0 SN_1N_2I_0\omega}{L}\cos\omega t$$

となる。

8.11　x の所での磁束密度の大きさは，

$$B(x) = \frac{\mu_0 I}{2\pi x}$$

である。したがって，灰色の部分の磁束は，

$$d\phi = \frac{\mu_0 Ibdx}{2\pi x}$$

となる。ゆえに，コイルとの鎖交磁束は，

$$\Phi=\frac{\mu_0 Ib}{2\pi}\int_{x_0}^{x_0+a}\frac{dx}{x}=\frac{\mu_0 Ib}{2\pi}\log\left(\frac{x_0+a}{x_0}\right)$$

となる。よって，求める起電力は，

$$V_{\mathrm{emf}}=-\frac{d\Phi}{dt}=-\frac{\mu_0 b}{2\pi}\log\left(\frac{x_0+a}{x_0}\right)I_0\omega\cos\omega t$$

である。

8.12 $\mathrm{rot}\,\boldsymbol{E}=-\partial\boldsymbol{B}/\partial t$，$\boldsymbol{B}=\mathrm{rot}\,\boldsymbol{A}$ より

$$\mathrm{rot}\,\boldsymbol{E}=-\frac{\partial\,\mathrm{rot}\,\boldsymbol{A}}{\partial t}=\mathrm{rot}\left(-\frac{\partial\boldsymbol{A}}{\partial t}\right)$$

ゆえに $\boldsymbol{E}=-\partial\boldsymbol{A}/\partial t$ が成立する。

8.13 下図のように電子が円運動をしているものとする。誘導電界は，円軌道に沿って生じ，その値は，ファラデーの法則より

$$2\pi aE=-\pi a^2\frac{dB}{dt}$$

となる。

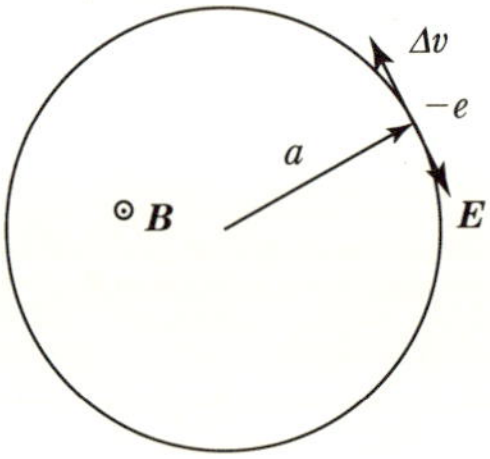

この電界による，時刻 $t=0\sim t$ の間の電子の運動量の変化は，運動量の変化＝力積より，

$$m\Delta v=-e\int_0^t Edt=\frac{ea}{2}\int_0^t\frac{dB}{dt}dt=\frac{eaB}{2}$$

となる。ゆえに，$\Delta v=eaB/2m$ である。

この変化に対応する電流の変化分は $\Delta i=-e\Delta v/2\pi a$ なので，磁気モーメントの変化量は

$$\Delta m=\Delta i\pi a^2=-e^2a^2B/4m$$

である。Δm の符号が負なので，外部の磁束密度を弱める方向の磁気モーメントの変化が生じることを示している。すなわち，反磁性の性質を表している。

8.14 この系のエネルギー W は，各々の自己インダクタンスを L_1，L_2，相互インダクタンスを M とすると

$$W=L_1I_1^2/2+MI_1I_2+L_2I_2^2/2$$

である。この場合，直線電流の流れている方向を z 方向とすると，長方形コイルには r 方向以外の力は働かない（$\partial W/\partial z=\partial W/(r\partial\theta)=0$ なので）。

r 方向の力は

$$F_r=\left(\frac{\partial W}{\partial d}\right)_{I=\mathrm{const.}}=I_1I_2\frac{\partial M}{\partial d}$$

(他の項は d の関数ではないので偏微分すると 0 となる。)一方，M は

$$M=\frac{\mu_0 b}{2\pi}\log\frac{d+a}{d}$$

なので，

$$F_r=\frac{\mu_0 dI_1I_2}{2\pi}\left(\frac{1}{d+a}-\frac{1}{d}\right)$$

となる(符号がマイナスなので引力が働いている)。

第 9 章

9.1

$$j_{dx}=\frac{3qvx(z-vt)}{4\pi\{x^2+y^2+(z-vt)^2\}^{5/2}}$$

$$j_{dy}=\frac{3qvy(z-vt)}{4\pi\{x^2+y^2+(z-vt)^2\}^{5/2}}$$

$$j_{dz}=\frac{qv\{2(z-vt)^2-x^2-y^2\}}{4\pi\{x^2+y^2+(z-vt)^2\}^{5/2}}$$

9.2 導体とみなせるのは次式を満たすときである。

$$j_{\rm d}\ll j_f$$

一方，

$$\frac{j_d}{j_f}=\frac{1}{\sigma E}\frac{\partial D}{\partial t}=\frac{\varepsilon}{\sigma E}\frac{\partial E}{\partial t}=\frac{\varepsilon\omega}{\sigma}$$

(ただし，$E=E_0\exp(i\omega t)$ とする)

したがって，導体とみなせるのは $\omega(=2\pi f)\ll\sigma/\varepsilon$ のときである。すなわち，$f\ll\sigma/2\pi\varepsilon=f_c$ のときである。

9.3 この場合の f_c は

$$f_c=4.4\times10^8\,\mathrm{Hz}$$

である。したがって，$4.4\times10^8\,\mathrm{Hz}$ より十分小さな周波数の振動電流に対して海水は導体とみなせる。

9.4 電界 $\boldsymbol{E}$ の波動方程式(式(9.6)導出の箇所を参照)は，

$$\nabla^2\boldsymbol{E}=\varepsilon_0\mu_0\frac{\partial^2\boldsymbol{E}}{\partial t^2}$$

となる。いま，$\boldsymbol{E}=(E_x, 0, 0)$ なので，

$$\nabla^2E_x=\varepsilon_0\mu_0\frac{\partial^2E_x}{\partial t^2}$$

である。z 軸方向へ伝搬する平面波を考えているので，$\partial E_x/\partial x=0$，$\partial E_x/\partial y=0$ である。したがって，求める E_x の方程式は次式となる。

$$\frac{\partial^2E_x}{\partial z^2}=\varepsilon_0\mu_0\frac{\partial^2E_x}{\partial t^2}$$

9.5 E_0，k，ω，B_0 の間に成立する関係式は $kE_0=\omega B_0$ である。

$$\mathrm{rot}\,\boldsymbol{E}=(0, kE_0\cos(kz-\omega t), 0)$$

$$\mathrm{rot}\,\boldsymbol{B}=(kB_0\cos(kz-\omega t), 0, 0)$$

$$\varepsilon_0\mu_0\frac{\partial \boldsymbol{E}}{\partial t}=(-\varepsilon_0\mu_0\omega E_0\cos(kz-\omega t),0,0)$$

$$\frac{\partial \boldsymbol{B}}{\partial t}=(0,-\omega B_0\cos(kz-\omega t),0)$$

およびマクスウェルの方程式から，

$$\sqrt{\varepsilon_0}E_0=\sqrt{\mu_0}H_0,\quad \omega/k=1/\sqrt{\varepsilon_0\mu_0}$$

がいえる。したがって， $\omega/k=3.0\times10^8\,\mathrm{m/s}$ となる。ポインティングベクトルは $\boldsymbol{S}=\boldsymbol{E}\times\boldsymbol{H}$ より，

$$\boldsymbol{S}=(0,0,E_xH_y)=\left(0,0,E_0H_0\frac{1-\cos2(kz-\omega t)}{2}\right)$$

となる。

ポインティングベクトルの向きは z 方向であり，電磁波の進む向きと一致する。

9.6 反射率 $r=\left(\frac{\sqrt{\varepsilon_1}-\sqrt{\varepsilon_2}}{\sqrt{\varepsilon_1}+\sqrt{\varepsilon_2}}\right)^2$， 透過率 $t=\frac{4\sqrt{\varepsilon_1\varepsilon_2}}{(\sqrt{\varepsilon_1}+\sqrt{\varepsilon_2})^2}$

9.7

$$E_a/H_a=\sqrt{\mu_0/\varepsilon_0}=120\pi=377$$

その単位は E_a が[V/m]，H_a が[A/m]なので，[V/A]=[Ω]となる。これは空間の特性インピーダンスと呼ばれている。

9.8 電界の方向を y 軸方向，磁界の方向を z 軸方向とし，進行方向を x 軸方向とする。そうすると，電界 E_y は，

$$E_y(t)=E_0\sin(kz-\omega t)$$

と書ける。電磁波のエネルギー密度 $u(t)$ は，

$$u(t)=\varepsilon_0E_y{}^2/2+\mu_0H_z{}^2/2=\varepsilon_0E_0{}^2\sin^2(kz-\omega t)$$

である。したがって，時間平均したエネルギー密度は，

$$\begin{aligned}\langle u\rangle&=\varepsilon_0E_0{}^2/2\\&\sim4.4\times10^{-8}\,\mathrm{J/m^3}\end{aligned}$$

となる。

9.9 $a<r<b$ で磁界の大きさ H は

$$H=I/2\pi r$$

$$V=\int_a^b Edr$$

$$\begin{aligned}P&=\int_a^b 2\pi rE(r)H(r)\,dr=\int_a^b 2\pi r\frac{I}{2\pi r}E(r)\,dr\\&=I\int_a^b E(r)\,dr=IV\end{aligned}$$

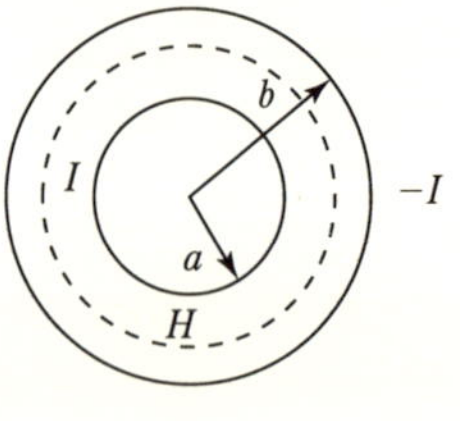

9.10 地球上での太陽光のパワー密度とは，単位時間，単位面積当たりに地表に到達する太陽光のエネルギーなので，地表におけるポインティングベクトルの時間平均値のことである。

$$\langle S\rangle = 1.0\times10^{3}\,\mathrm{W/m^2}$$

$\boldsymbol{S}=\boldsymbol{E}\times\boldsymbol{H}$ より

$$\langle S\rangle = \sqrt{\mu_0/\varepsilon_0}\,H_a{}^2$$

$$H_a = 1.6\,\mathrm{A/m}$$

$$B_a = 2.0\times10^{-6}\,\mathrm{T}$$

［参考］ 電界の実効値 E_a は $E_a=6.0\times10^{2}\,\mathrm{V/m}$ となる。

物 理 定 数 表

物 理 定 数	数 値
真空中の誘電率 ε_0	8.85×10^{-12} Fm^{-1}
$1/4\pi\varepsilon_0$	9.00×10^{9} mF^{-1}
真空中の透磁率 μ_0	1.26×10^{-6} Hm^{-1}
$\mu_0/4\pi$	1.00×10^{-7} mH^{-1}
電子の電荷量 q	1.60×10^{-19} C
電子の質量 m_0	9.11×10^{-31} kg
真空中の光速度 c	3.00×10^{8} ms^{-1}
1電子ボルト eV	1.60×10^{-19} J

索　引

あ　行

アンペア(ampere)　100
アンペールの周回路の法則(Ampere's circuital law)　130
影像電荷(image charge)　84
影像力(image force)　86
枝(branch)　119
オーム(ohm)　104
オームの法則(Ohm's law)　104
　一般化された——　107
　電流密度に関する——　107

か　行

ガウスの法則(Gauss law)　15
　電束密度に関する——　66
ガウス面(Gaussian surface)　15
拡散電流(diffusion current)　100
重ね合わせの理(principle of superposition)　7, 28, 50, 83
過渡電流(transient current)　102
完全導体(perfect conductor)　108
完全誘導(perfect induction)　86
起電力(electromotive force)　117, 119, 162
強磁性体(ferromagnetic substance)　145
キルヒホッフの法則(Kirchhoff's law)
　第1法則　120
　第2法則　121
クーロン(coulomb)　1
クーロンの法則(Coulomb's law)　2
クーロン力(Coulomb's force)　2
結合係数(coupling coefficient)　161
減磁率(demagnetizing factor)　147
コンダクタンス(conductance)　106

さ　行

鎖交(interlink)　160
ジーメンス(siemens)　106
磁荷(magnetic charge)　152
磁化(magnetization)　145, 153
　残留——　148
　——曲線　148
　——電流　152
　——ベクトル　146
　——率(susceptibility)　147
磁界(magnetic field)　146
　——のエネルギー　166
　——の強さ　146
磁気クーロンの法則(Coulomb's law of magnetic force)　155
磁気モーメント(magnetic moment)　128, 137
磁区(magnetic domain)　145
自己インダクタンス(self-inductance)　160
自己減磁力(self-demagnetizing force)　147
仕事率(power)　121
磁石(magnet)　146
磁性体(magnetic substance, magnetic material)　145
磁束線(lines of magnetic flux)　132
磁束の拡散方程式(diffusion equation of magnetic flux)　168
磁束の保存則(conservation law of magnetic flux)　132

磁束密度(magnetic flux density)　127
残留——　148
——の回転　133
ジュール熱(Joule heat)　121
常磁性体(paramagnetic substance)　145
磁力線(line of magnetic force)　147
真空の透磁率(permeability of vacuum)　128
真空の誘電率(permittivity of vacuum)　2
真電荷(true electric charge)　62, 68
整合(matching)　123
静電エネルギー(electrostatic energy)　55, 78
静電気(static charge, electrostatic charge)　1
——力　2
静電遮蔽(静電シールド)(electrostatic shielding)　53
静電単位(electrostatic unit)　2
静電容量(capacitance)　46
絶縁体(insulator)　61
絶縁耐力(dielectric strength)　80
絶縁破壊(dielectric breakdown)　80
節点(nodal point)　119
線電荷(linear charge)　8
——密度　8
相互インダクタンス(mutual inductance)　161
速度起電力(speed electromotive force)　162

た　行

体積電荷密度(volume charge density)　9
帯電(electrification, charge)　1
抵抗(resistance)　104
抵抗温度計数(temperature coefficient of resistance)　112
抵抗率(resistivity)　105
——の単位　106
定常電流(steady-state current)　100, 102
テスラ(tesla)　127
電圧降下(voltage drop)　104
電位(electric potential)　24
——係数　51
——差　24
電荷(charge, electric charge)　1, 62
——保存則　1, 113
電界(electric field)　4
電気影像法(method of images)　84
電気回路(electric circuit)　119
電気双極子(electric dipole)　34
——モーメント　35, 95
電気素量(charge quantum)　1
電気抵抗(electron resistance)　104
——の単位　104
電気力(electric force)　2
——線　12
電磁波(electromagnetic wave)　176
——の方程式　176
電子ボルト(electric volt)　26
電束線(line of electric flux)　68
電束密度(dielectric flux density)　66
電池(battery, cell)　117
——の内部抵抗　118
点電荷(point charge)　2
電流(electric current)　99
——の単位　100
電流電圧特性(current-voltage characteristics)　104
線形の——　104
非線形の——　105
電流密度(current density)　101
——ベクトル　101
電流連続の式(current continuity equation)　114
電力(electric power)　121
等価回路(equivalent circuit)　112, 119
透磁率(permeability) 147
等電位面(equipotential surface)　28
導電率(electric conductivity)　106, 107
——の単位　106
ドリフト電流(drift current)　100

な　行

内部抵抗(internal resistance)　119

ノイマンの公式(Neuman's formula) 162

は 行

発散(divergence) 38
反磁界(demagnetizing field) 147
——係数 147
反磁性体(diamagnetic substance) 145
ビオ・サバールの法則(Biot-Savart law) 128
比透磁率(relative permeability) 147
比誘電率(specific inductive capacity) 63
表皮効果(skin effect) 169
表皮の厚さ(skin depth) 169
ファラデーの法則(Faraday's law) 162
不完全誘導(imperfect induction) 89
ブランチ(branch) 119
分極(polarization) 62
分極電荷(polarization charge) 62, 67
——の面密度 63
分極ベクトル(polarization vector) 62
分極率(polarizability) 63
ベクトルポテンシャル(vector potential) 135
変位電流(displacement current) 99, 174
ポアソン方程式(Poisson's equation) 38, 71
ポインティングベクトル(Poynting's vector) 177
ホール効果(Hall effect) 140
保磁力(coercive force) 148
保存力場(conservative field) 27

ま 行

マクスウェルの方程式(Maxwell equation) 175
面電荷密度(surface charge density) 9

や 行

誘電体(dielectric) 61
誘電分極(dielectric polarization) 62
誘電率(permittivity) 63
——の単位 63
誘導係数(coefficient of electrostatic induction) 52
容量係数(coefficient of electrostatic capacity) 52

ら 行

ラプラスの方程式(Laplace's equation) 38, 71, 115
立体角(solid angle) 20
ローレンツ力(Lorentz's force) 127

わ 行

ワット(watt) 122

著者略歴

生駒英明(いこまひであき)(3～5章執筆)

1960年　東京大学理学部物理学科卒業
1962年　同大学院数物系研究科修士課程修了
1968年　理学博士
1988年　東京理科大学教授

小越澄雄(こごしすみお)(6～9章執筆)

1972年　東京大学工学部電気工学科卒業
1977年　同大学院工学系研究科博士課程修了
　　　　工学博士
現　在　東京理科大学理工学部教授

村田雄司(むらたゆうじ)(1～2章執筆)

1964年　東京理科大学理学部物理学科卒業
1980年　同大学院理学研究科博士課程修了
　　　　理学博士
現　在　東京理科大学理工学部教授

2000年3月22日　初版発行
2023年3月24日　初版第17刷発行

工科の電磁気学

著者　生駒英明
　　　小越澄雄
　　　村田雄司
発行者　山本　格

発行所　株式会社　培風館
東京都千代田区九段南4-3-12・郵便番号102-8260
電話(03)3262-5256(代表)・振替00140-7-44725

中央印刷・牧製本

PRINTED IN JAPAN

ISBN978-4-563-03545-7　C3054